BIM 工程师
职业技能培训丛书

基于 BIM 的
Revit
2019 中文版 建筑设计
实战演练

嵇立安 编著

U0277643

人民邮电出版社
北京

图书在版编目（CIP）数据

基于BIM的Revit 2019中文版建筑设计实战演练 / 嵇
立安编著. -- 北京 ：人民邮电出版社，2020.2
ISBN 978-7-115-52227-6

Ⅰ. ①基… Ⅱ. ①嵇… Ⅲ. ①建筑设计—计算机辅助
设计—应用软件 Ⅳ. ①TU201.4

中国版本图书馆CIP数据核字(2019)第230601号

内 容 提 要

本书系统、全面地介绍了 Revit 2019 在建筑方面的基础功能及实际应用，是入门读者快速、全面地掌握 Revit 2019 的理想教材。

本书从 Revit 2019 的基本操作入手，结合大量可操作性实例，系统地讲解了建筑设计阶段的全部流程，深入地阐述了利用 Revit 2019 建立标高、轴网、墙、门、窗、楼板、楼梯、天花板、坡道和栏杆等图元的方法，详细地介绍了 Revit 2019 协作设计功能的实际运用、建筑图纸的设置和出图、方案设计和场地建模等知识。

本书配套提供了书中所有练习的项目文件和结果文件（获取方式见图书封底），以及书中主要练习的视频教程（扫描书中二维码进行观看）。

本书适合作为高等院校建筑设计专业的基础课程教材，也可作为 BIM 软件培训机构的教材。同时，本书也可供建筑设计师、施工专业人员自学。

◆ 编　著　嵇立安

责任编辑　李永涛

责任印制　马振武

◆ 人民邮电出版社出版发行　　北京市丰台区成寿寺路 11 号

邮编　100164　电子邮件　315@ptpress.com.cn

网址　http://www.ptpress.com.cn

山东华立印务有限公司印刷

◆ 开本：787×1092　1/16

印张：23.75

字数：590 千字　　　　　　　　　2020 年 2 月第 1 版

印数：1 – 2 600 册　　　　　　　2020 年 2 月山东第 1 次印刷

定价：69.80 元

读者服务热线：(010)81055410　印装质量热线：(010)81055316
反盗版热线：(010)81055315
广告经营许可证：京东工商广登字 20170147 号

前　言

建筑信息模型（Building Information Modeling，BIM）正在成为建筑设计的基本手段和方法，其意义超过了 CAD（计算机辅助设计）技术带给建筑设计技术的革命。在若干流行的 BIM 类软件中，从市场占有率和技术优势来讲，Autodesk 公司的 Revit 软件都位列前茅。

本书是一本讲解 Revit 软件在建筑设计方面应用的教程，适合建筑师、结构工程师、施工专业人员及相关专业的学生阅读。本书在内容安排上以实例为核心，通过大量的实例介绍所涉及工具的使用方法和设计技巧。协作设计是 Revit 软件中的一项强大功能，本书对协作设计的概念和方法也进行了专门介绍。

全书分为 16 章，各章内容简要介绍如下。

- 第 1 章：Revit 概述。介绍了 Revit 软件的用户界面，使读者初步熟悉 Revit 中的工具、技术及工作流程。
- 第 2 章：墙与幕墙。介绍了利用 Revit 软件构建墙体的方法。
- 第 3 章：楼板、屋顶和天花板。介绍了创建 3 种建筑构件的知识。
- 第 4 章：楼梯、坡道和栏杆。介绍了楼梯、坡道和栏杆的基本知识，这些核心构件是多功能的，本章指导读者创建几种类型的楼梯和栏杆。
- 第 5 章：添加族。介绍了如何向项目中添加核心元素"族"。读者可以使用族来创建大部分内容，Revit 本身提供了强大的族库。
- 第 6 章：修改族。介绍了修改族或创建自己的族，无限扩展用户的库内容。
- 第 7 章：方案设计。介绍了方案设计工作流程，其中用到了 FormIt 软件和 SketchBook Pro 软件生成的设计草图。使用这些草图，用户能进行建筑设计，并在 Revit 中构建模型。
- 第 8 章：房间和颜色填充方案。展示如何向空间中添加房间图元，给它们指定信息，并基于空间、单元或任何用户需要的其他变量创建彩色图解。
- 第 9 章：材质、可视化和渲染。介绍了可视化工具和技术，讲解如何实现演示级别的立面、不等角投影和透视视图。
- 第 10 章：协作设计。介绍了如何把 Revit 工作文件变成多人工作环境。协作设计允许办公室或项目团队中的几个人同时处理同一个 Revit 文件。
- 第 11 章：详图和注释。介绍了如何为设计添加注释，读者将学习如何将尺寸、文本和标签等添加到详图中，以及如何使用补充的细节修饰三维模型。
- 第 12 章：绘图设置。介绍了如何把视图放置在图纸上，以便打印出来分发给项目相关方。
- 第 13 章：场地建模。介绍了如何构建建筑地坪、创建地形表面和建筑红线。
- 第 14 章：工作流程。介绍了 BIM 的工作流程和设计团队组建，讲解了如何把控模型的质量、优化和精简模型。
- 第 15 章：Revit 中的复用功能。介绍了 Revit 中重复生成几何体的主要方法，以及对应的技巧和快捷方式。

- 第 16 章：建筑设计综合演练。以别墅设计为例，讲解了设计一栋建筑物的完整过程。

本书配套提供了书中练习所用到的项目文件、族资源和结果文件，读者可以检验自己的操作结果。另外，还提供了书中主要练习的视频教程，读者可以扫描书中的二维码进行观看。

囿于作者的知识水平，书中一定存有瑕疵或错误，诚请读者指正，以便重印时修改。联系可通过电子邮件：liyongtao@ptpress.com.cn（编辑），jilian63@163.com（作者）。

嵇立安
2019 年 11 月于郑州

目　录

第 1 章　Revit 概述 1

1.1　BIM 概述 1

1.1.1　BIM 的概念 1

1.1.2　BIM 的应用 2

1.2　Revit 2019 概述 3

1.3　Revit 中的图元 4

1.3.1　图元概念 4

1.3.2　图元属性 5

1.4　Revit 2019 的界面 5

1.4.1　使用属性面板查看属性的动态更新 7

1.4.2　使用项目浏览器查看项目内容 8

1.4.3　使用视图控制栏查看频繁使用的视图属性 9

1.4.4　使用 ViewCube 10

1.5　创建简单模型 11

1.5.1　创建楼板 11

1.5.2　创建墙体 12

1.5.3　创建标高 13

1.5.4　改变墙类型 14

1.5.5　放置内墙 16

1.5.6　放置门和窗户 17

1.5.7　等距隔离图元 18

1.6　小结 20

第 2 章　墙与幕墙 21

2.1　理解墙体类型和参数 21

2.1.1　基本墙 21

2.1.2　叠层墙 24

2.1.3　幕墙类型 26

2.1.4　在墙体上放置图元 26

2.2　创建墙外形 26

2.2.1　创建墙外形 27

2.2.2　在墙上放置门 28

2.3　修改墙参数 29

2.4　编辑和重置墙体轮廓 30

2.4.1　编辑和重置墙轮廓 31

2.4.2 附着及分离顶部/底部 32
2.5 在墙体上切割洞口 33
2.5.1 在曲面墙上切割洞口 34
2.5.2 拆分墙体 34
2.5.3 替换墙体 34
2.6 创建幕墙 35
2.6.1 创建与定制幕墙 35
2.6.2 修改幕墙类型属性 37
2.6.3 嵌入幕墙和编辑幕墙轮廓 40
2.6.4 幕墙嵌板 42
2.6.5 增加和删除幕墙网格及竖梃 42
2.6.6 定制幕墙嵌板 44
2.7 小结 46

第 3 章 楼板、屋顶和天花板 47
3.1 创建楼板 47
3.1.1 通过绘制和拾取墙的方法创建楼板 47
3.1.2 编辑楼板边界 48
3.1.3 创建倾斜楼板 50
3.1.4 使用"面洞口"工具创建洞口 52
3.1.5 使用"竖井洞口"工具创建洞口 54
3.2 创建屋顶 55
3.2.1 利用迹线法创建屋顶 55
3.2.2 采用拉伸法创建屋顶 58
3.2.3 创建坡度箭头 61
3.2.4 创建多个屋顶斜坡 62
3.3 增加天花板 64
3.3.1 添加自动生成及绘制出的天花板 65
3.3.2 创建隔板 68
3.3.3 添加灯具并旋转网格 69
3.3.4 倾斜天花板 70
3.4 小结 71

第 4 章 楼梯、坡道和栏杆 72
4.1 创建常规栏杆 72
4.2 创建楼梯 76
4.2.1 用构件创建楼梯 76
4.2.2 通过绘制方式创建楼梯 79

4.2.3　定制并创建构件楼梯平台 81

4.2.4　创建多层楼梯 83

4.2.5　修改标高和楼梯高度 85

4.2.6　在楼梯上安放栏杆 87

4.2.7　编辑栏杆上部扶手和斜度 88

4.3　设计坡道 90

4.4　小结 91

第 5 章　添加族 93

5.1　理解模型层次结构 93

5.2　使用系统族 97

5.2.1　加载系统族 97

5.2.2　传递项目标准 98

5.2.3　放置系统族 99

5.3　使用构件族 100

5.3.1　创建一个新族并把它加载到项目中 101

5.3.2　存储与重载项目中的族 105

5.3.3　使用寄生族 107

5.3.4　放置和修改基于面的族 110

5.3.5　共享的嵌套族 111

5.4　使用内建构件族 114

5.4.1　修改内建族 115

5.4.2　寻找 Revit 族资源 115

5.5　小结 118

第 6 章　修改族 119

6.1　修改三维族 119

6.1.1　视图比例尺与详细程度 119

6.1.2　针对详细程度指定可见性 122

6.2　族类别 125

6.2.1　编辑族类别 126

6.2.2　修改族原点 127

6.2.3　激活并修改房间计算点 130

6.2.4　修改寄居构件 133

6.2.5　合并嵌套族 138

6.3　修改二维族 141

6.3.1　编辑标记族 141

6.3.2　编辑轮廓族 142

6.3.3　修改详图构件 145

6.3.4　修改图框 149

6.4　小结 152

第 7 章　方案设计 153

7.1　输入二维图像 153

7.2　利用三维草图进行设计 154

7.2.1　使用来自 FormIt 的三维草图 155

7.2.2　创建体量楼层 156

7.2.3　更新体量 157

7.3　从体量创建 Revit 图元 158

7.3.1　从体量创建楼板 158

7.3.2　从体量创建墙体 158

7.3.3　创建幕墙系统 160

7.3.4　从体量创建屋顶 161

7.4　小结 163

第 8 章　房间和颜色填充方案 164

8.1　在空间中定义房间 164

8.1.1　房间标记 165

8.1.2　房间边界 165

8.1.3　房间分隔线 165

8.1.4　删除房间 166

8.1.5　添加房间和房间标记 166

8.1.6　修改房间边界 169

8.1.7　删除房间对象 170

8.2　生成颜色填充房间方案 172

8.2.1　增加和修改颜色方案 172

8.2.2　在剖面图上增加标记和颜色填充 174

8.3　小结 177

第 9 章　材质、可视化和渲染 178

9.1　材质 178

9.1.1　定义材质 178

9.1.2　指定材质 180

9.2　图形显示选项 183

9.2.1　立面展示视图 183

9.2.2　展示三维视图 185
9.2.3　三维分解视图 187
9.3　渲染 188
9.3.1　渲染视图 188
9.3.2　交互渲染 191
9.3.3　云渲染 192
9.4　小结 194

第 10 章　协作设计 195

10.1　共享选项 195
10.2　配置共享 196
10.2.1　启动共享 196
10.2.2　创建本地文件和工作集 198
10.2.3　为工作集指定图元并控制其可见性 201
10.3　保存到中心模型 204
10.3.1　双用户工作流程 206
10.3.2　打开与关闭工作集 209
10.4　工作共享显示模式 211
10.5　编辑请求 212
10.6　协作要点 213
10.7　小结 214

第 11 章　详图和注释 215

11.1　创建详图 215
11.1.1　详图线 216
11.1.2　区域 216
11.1.3　构件 217
11.1.4　排列视图中的图元 217
11.1.5　重复详图构件 217
11.1.6　隔热层 218
11.1.7　详图组 219
11.1.8　线处理 219
11.1.9　使用区域增强详图 220
11.1.10　添加详图构件与详图线 224
11.1.11　创建重复详图构件 226
11.2　为详图添加注释 228
11.2.1　尺寸 229
11.2.2　标记 229

11.2.3 文字 229

11.2.4 为详图添加尺寸标注 229

11.2.5 为详图添加标记和文字 231

11.3 创建图例 234

11.4 小结 236

第 12 章 绘图设置 237

12.1 明细表 237

12.1.1 理解明细表 237

12.1.2 创建窗户明细表 238

12.1.3 创建房间明细表 241

12.1.4 创建图纸清单 244

12.2 在图纸上放置视图 245

12.2.1 在图纸上布局平面视图 245

12.2.2 调整裁剪区域 249

12.2.3 在图纸上添加明细表 251

12.3 打印文档 253

12.4 小结 256

第 13 章 场地建模 257

13.1 地形表面 257

13.1.1 通过放置点创建地形表面 258

13.1.2 从输入的 CAD 数据创建地形表面 259

13.1.3 由点文件创建地形表面 261

13.1.4 使用"子面域"工具修改地表 262

13.1.5 使用"拆分表面"工具 264

13.2 创建建筑地坪 265

13.3 建筑红线 267

13.3.1 创建建筑红线 267

13.3.2 用面积标注建筑红线 268

13.4 剪切/填充明细表 270

13.5 小结 273

第 14 章 工作流程 274

14.1 理解 BIM 工作流程 274

14.2 组建 BIM 项目团队 276

14.3 使用 Revit 的项目角色 276

14.3.1 建筑师 276

14.3.2 模型师 277

14.3.3 草图设计师 277

14.4 对模型实施质量控制——关注文件大小 278

14.4.1 清除未被使用的族和组 278

14.4.2 管理链接和图像 279

14.4.3 削减视图数量 280

14.4.4 处理警告 280

14.5 小结 281

第 15 章 Revit 中的复用功能 282

15.1 重复几何形体 282

15.1.1 构件族 282

15.1.2 组 284

15.1.3 在组里创建变种 286

15.1.4 部件 288

15.1.5 创建部件视图 290

15.1.6 Revit 链接 292

15.2 高效技巧和快捷方式 294

15.3 小结 299

第 16 章 建筑设计综合演练 300

16.1 绘制标高和轴网 300

16.2 墙体、门与楼板的绘制和编辑 305

16.2.1 地下一层的创建 305

16.2.2 首层的创建 313

16.2.3 创建二层 320

16.3 创建玻璃幕墙 327

16.4 创建屋顶 328

16.5 平面区域与视图范围 334

16.6 创建楼梯、扶手和坡道 337

16.7 创建结构柱、建筑柱、雨篷和竖井 346

16.8 创建场地 363

16.9 小结 368

第1章 Revit 概述

Revit 建筑软件在建筑、工程和制造行业使用了十几年之后，在一体化 BIM 方面依然独树一帜。在十年以前，三维设计可能还是一种不同寻常的技术，然而时至今日，它已经是一项标准技术了。建筑信息建模也在迅速成为标准技术。

Revit 建筑软件在设计、修改和记录项目信息方面具有独特的能力，整个项目只有一个文件。因为全部数据都在一个单独的项目文件里，所以可以在任何视图中修改模型（规划图、剖面图、立面图、三维图、清单、详图甚至明细表），文件会在所有视图中自动更新。为了开启 Revit 学习之旅，本章将帮助读者熟悉该软件的用户界面及使用 Revit 进行工作的基本步骤。

本章主要内容

- BIM 概述。
- Revit 2019 概述。
- Revit 中的图元。
- Revit 2019 的界面。
- 创建简单模型。

1.1 BIM 概述

1.1.1 BIM 的概念

BIM 是指在建筑设施的全生命周期中创建和管理建筑信息的过程，这一过程需要应用三维、实时、动态的模型软件和数据库，它包含建筑、设备、管线及各种建筑组件的几何信息、时间信息、空间信息、地理信息及工料信息。BIM 就是一个包含建筑全生命周期，包括建筑规划、设计、施工、运营、改造等全部过程中所有信息的大型数据库。

BIM 技术的基本特征如下。

- BIM 不限于在设计中应用，它可应用在建筑工程项目的整个生命周期中。
- 用 BIM 进行设计属于数字化设计。
- BIM 的数据库是动态变化的，在应用过程中不断更新、丰富和充实。
- BIM 提供了各个项目参与方协同工作的平台。

BIM 的核心是建立虚拟的建筑工程三维模型，利用数字化技术，为这个模型提供完整的、与实际情况一致的建筑工程信息库。

工程项目各参与方使用单一的信息源，能确保信息的准确性和一致性，实现了项目各参与方之间的信息交流和共享，也从根本上解决了项目各参与方基于纸介质方式进行信息交流形成的"信息断层"和应用系统之间"信息孤岛"问题。

1.1.2　BIM 的应用

BIM 的应用可归纳为以下几个方面。

一、建筑信息模型的建立与维护

信息模型建立与维护的实质是使用 BIM 平台汇总各项目团队所有的工程信息，消除信息孤岛，并且将得到的信息结合三维模型进行整理和存储，以备项目全过程中项目各相关利益方随时共享。将设计、施工和运营过程融为一体，提高了生产效率。

二、虚拟施工

虚拟施工是 BIM 技术在施工阶段的运用，它是一种在虚拟环境中建模、模拟、分析建筑设计与施工过程的数字化、可视化技术。它的主要作用如下。

(1) 虚拟施工技术可在建筑设计阶段对建筑设计进行分析与优化，确保设计的可施工性。

复杂的建筑项目经常出现设计的可施工性不强或不可行等问题，这将增加返工量，影响施工进度。虚拟施工为此提供了一个有效的平台，通过虚拟技术，设计检测已经成为优化设计、提高设计质量的一个重要手段，它能确保设计的可施工性，使施工过程顺利进行。整合设计，使各专业的协作在设计开始就"自然"地通过中心数据库实现，无须人员的参与、组织和管理，设计中的交流和沟通显而易见。数字模型为客户提供了更加个性化的虚拟样板间，如实时查询居室空间、不同时间段房间内阳光的真实变化等。

BIM 技术在设计方面除了对工程对象进行三维几何信息和拓扑关系的描述以外，还包括完整的工程信息描述，如对象名称、结构类型、建筑材料、工程性能等设计信息，使设计者实现了一体化和可视化设计。

(2) 采用虚拟施工技术可模拟和分析相关施工方案。

通过模拟，可发现不合理的施工程序、设备调用程度与冲突、资源的不合理利用、安全隐患、作业空间不充足等问题，也可以及时更新施工方案，以解决相关问题。还可以进行施工方案的优化。施工方案的优化是一个重复的过程，即通过"初步施工方案—模拟—发现问题—更新方案"循环模拟。提前发现设计和施工中存在的问题，并通过模拟找到解决问题的方法，用于指导真实的施工，直到在真实施工之前找到一个最佳的施工方法，尽最大可能实现"零碰撞、零冲突、零返工"，从而大大降低返工成本，减少资源浪费与冲突及安全问题。不仅如此，虚拟技术的应用，还将彻底颠覆建筑施工"一次性"的概念，引发建筑业的变革——管理方法的改变（变事中、事后管理为事先管理，还可用于招投标阶段的施工组织设计和施工方案，促进建筑业的标准化和预制化）。

(3) 优化施工管理。

虚拟原型技术能在模拟系统里全真运行整个施工过程，项目管理和计划人员可以了解每一步施工活动。如果发现问题，施工计划人员可以提出新的方法，并对新的方法进行模拟以验证其是否可行，这在虚拟施工中叫作施工试误过程，它能够做到在建筑工程施工前识别出绝大多数施工风险和问题，并有效地解决。虚拟施工还提供了可视化的施工空间。施工空间会随着工程的进展不断地变化，它将影响工人的工作效率和施工安全。通过可视化的模拟工作人员施工状况，可以形象地看到施工工作面、施工设备位置的情形，评估施工进展中这些工作空间的可用性、安全性。虚拟施工本身不消耗施工资源，却能事先看到和了解施工过程与结果，可大大降低管理成本、减少风险、增强管理者对施工的控制。

三、基于网络的项目管理

建筑项目管理应用了计算机、互联网和企业内部网络，基于网络的项目管理系统通过采用网络信息技术建立中心数据库，提供建筑工程的信息服务，促进建筑工程各参与方的交流与合作，并不断更新数据库中的数据，可使业主、设计师、监理工程师和承包商及时地掌握工程近况，并做出分析与决策。

1.2 Revit 2019 概述

Revit 2019 是一款可用于 BIM 的软件，利用它提供的强大工具，基于智能模型的流程，用户可以实现规划、设计和建造，并管理建筑和基础设施。Revit 2019 支持多领域设计流程的协作式设计，无论是建筑工程师、机械工程师、电气工程师、管道工程师、结构工程师，还是施工专业人员，Revit 2019 都可提供专门设计的 BIM 功能。

在设计方面，Revit 2019 能够构建建筑构件模型，分析和模拟系统及结构，实现迭代设计，从 Revit 2019 模型生成文档。在协作方面，借助于 Revit 2019，多个项目参与者可以访问集中共享的模型，这将促成更佳的协调，从而减少冲突和返工。Revit 2019 是一个多领域BIM 平台，它包含适用于建筑项目所有领域的功能，当建筑师、工程师和施工专业人员使用一个通用平台工作时，可降低数据转换错误的风险，设计流程的可预测性将变得更高。在可视化方面，Revit 2019 使用模型产生更具吸引力的三维视觉效果，更加方便业主和团队成员沟通设计意图。

Revit 2019 是一个设计和记录平台，它支持建筑信息建模所需的设计、图纸和明细表。建筑信息模型可提供需要使用的项目设计、施工范围、数量和阶段等信息。在 Revit 2019 模型中，所有的图纸、二维视图和三维视图及明细表都是同一个虚拟建筑模型的信息表现形式。对建筑模型进行操作时，Revit 2019 将收集有关建筑项目的信息，并在项目的其他所有表现形式中协调该信息。Revit 2019 的参数化修改引擎可自动协调在任何地方（模型视图、图纸、明细表、剖面和平面视图中）所做的修改。

在 Revit 2019 中，项目是一个单独的设计信息数据库，即建筑信息模型，项目文件包含了建筑的所有设计信息（从几何图形到构造数据），这些信息包括用于设计模型的构件、项目视图和设计图纸。通过使用单独的项目文件，Revit 2019 让用户不仅可以轻松地修改设计，还可以使修改反映在所有关联领域（平面视图、立面视图、剖面视图、明细表等）中。此外，这种仅需跟踪一个文件的方式方便对项目进行管理。

1.3 Revit 中的图元

1.3.1 图元概念

图元是 Revit 中的基本概念和术语，Revit 在项目中使用模型图元、基准图元和视图专有图元 3 种图元类型。Revit 中的图元也称为族，族包含图元的几何定义和图元所使用的参数，图元的每个实例都由族来定义和控制。

Revit 中的图元如图 1-1 所示。

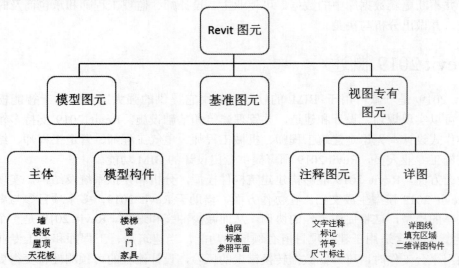

图1-1　Revit 中的图元

(1) 模型图元。

模型图元表示建筑的实际三维几何图形，它们显示在模型的相关视图中。模型图元的示例有墙、窗、门、屋顶、结构墙、楼板、坡道、水槽、锅炉、风管、喷水装置和配电盘等。

模型图元有主体（或主体图元）和模型构件两种类型。

主体包括墙、楼板、屋顶及天花板、场地、坡道等。通常在构造场地现场构建。主体图元的参数设置由软件系统预先设置，用户不能自由添加参数，只能修改原有的参数设置，编辑创建出新的主体类型。

模型构件包括建筑模型中的窗、门和家具，以及植物等三维模型构件。模型构件图元和主体图元具有相对的依附关系，例如，门窗是安装在墙体上的，删除了墙体，则墙体上安装的门窗构件也同时被删除，这是 Revit 软件的特点之一。模型构件图元的参数设置相对灵活，变化较多，所以在 Revit 软件中，用户可以自行定制构件图元，设置各种需要的参数类型，以满足参数化设计修改的需要。

(2) 基准图元。

基准图元可帮助定义项目环境。例如，轴网、标高和参照平面都是基准图元。

(3) 视图专有图元。

视图专有图元只显示在放置了这些图元的视图中，它们有助于对模型进行描述或归档。

例如，尺寸标注是视图专有图元。

视图专有图元有注释图元和详图两种类型。

注释图元是对模型进行归档并在图纸上保持比例的二维构件。例如，尺寸标注、标记和注释记号都是注释图元。

详图是在特定视图中提供有关建筑模型详细信息的二维项。例如，详图线、填充区域和二维详图构件都是详图。

1.3.2　图元属性

放置在图纸中的每个图元都是某个族类型的一个实例，图元有两组用来控制其外观和行为的属性，分别是类型属性和实例属性。

（1）类型属性。

同一组类型属性由一个族中的所有图元共用，而且对于特定族类型的所有实例，它的每个属性都具有相同的值。

例如，属于"桌"族的所有图元都具有"宽度"属性，但是该属性的值因族类型而异。因此，"桌"族内"60×30 英寸"族类型（1525mm×762mm）的所有实例的"宽度"值都为 60 英寸（1525mm），"72×36 英寸"族类型（1830mm×915mm）的所有实例的"宽度"值都为 72 英寸（1830mm）。

修改类型属性的值会影响该族类型当前及将来的所有实例。

（2）实例属性。

一组共用的实例属性适用于属于特定族类型的所有图元，但是这些属性的值可能会因图元在建筑或项目中的位置而不同。

例如，窗户的尺寸标注是类型属性，但其在标高处的高程则是实例属性。同样，梁的横剖面尺寸标注是类型属性，而梁的长度则是实例属性。

修改实例属性的值将只影响选择集内的图元或将要放置的图元。例如：如果选择了一个梁，并且在属性面板中修改了它的某个实例属性值，则只影响该梁；如果选择了一个用于放置梁的工具，并且修改该梁的某个实例属性值，则新值将应用于用该工具放置的所有梁。

1.4　Revit 2019 的界面

Revit 软件的界面类似于 Autodesk 公司的其他产品，如 AutoCAD、Inventor 和 3ds Max。我们也许还注意到它类似于视窗应用程序，如 Word。所有这些应用程序都有功能区概念，工具被放置在面板中，面板组织在选项卡上，而所有这些都放在功能区里，功能区是屏幕顶部的一个带状区域。依照用户选择的图元不同，功能区按上下文自动更新。在本节中，我们将涉及用户界面的最主要方面。不过，我们不详尽考察全部工具和命令。

与其他标准视窗应用程序一样，安装好 Revit 2019 后，依次选择 Windows 开始菜单→所有程序→Autodesk→Revit 2019→Revit 2019 命令，或双击桌面上的 Revit 2019 快捷图标，就可启动该程序。启动完成后会显示类似图 1-2 所示的界面。

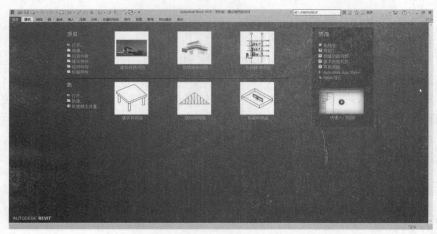

图1-2 Revit 2019 启动后的界面

当打开一个项目文件或新建一个项目文件时，将显示图 1-3 所示的用户界面。

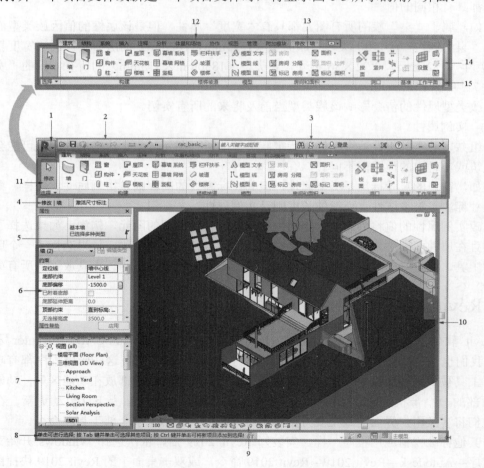

1.应用程序菜单 2.快速访问工具栏 3.信息中心 4.选项栏 5.类型选择器 6.属性面板 7.项目浏览器 8.状态栏 9.视图控制栏

10. 绘图区域 11.功能区 12.功能区中的选项卡 13.功能区中的上下文选项卡 14.功能区当前选项卡中的工具 15.功能区中的面板

图1-3 打开某个项目文件后显示的界面

下面通过练习来熟悉 Revit 软件的用户界面。

1.4.1 使用属性面板查看属性的动态更新

属性面板是个浮动面板，在操作模型时，它处在打开状态，这个面板动态更新以显示所选图元的属性。如果没有选中任何图元，则属性面板显示这个视图的属性。

【练习1-1】：　熟悉属性面板的使用。

通过将一个 Revit 项目文件直接拖进 Revit 程序工作区，或者使用"文件"选项卡中的"打开"命令，都能打开一个 Revit 项目文件。在本练习中，我们将学习属性面板的打开与关闭；通过属性面板对属性进行修改的方法；观察选择不同图元或类型时，属性面板中属性的变化；了解类型选择器的使用方法。

本练习视频

1. 打开"c01-1start.rvt"文件，单击功能区中的"修改"选项卡，找到位于功能区左边的属性面板，单击"属性"按钮，可打开或关闭属性面板（图 1-4）。现在让属性面板处于打开状态。

图1-4　属性面板中的属性按钮

2. 单击"视图"选项卡，找到位于功能区右端的"窗口"面板，单击"用户界面"按钮，勾选或取消勾选"属性"选项（图 1-5），也可打开或关闭属性面板。现在让属性面板处于打开状态。

图1-5　属性面板的打开与关闭

3. 移动光标到绘图区域，然后单击鼠标右键，出现快捷菜单，选择菜单底部的"属性"命令，也可以打开或关闭属性面板。

4. 可以按 Ctrl+1 键切换属性面板的可见性。

5. 属性面板可以驻留在屏幕的两边，也可以位于绘图区。要移动这个面板，只需单击属性面板栏头并拖动它即可。

6. 要使属性面板回到屏幕的左边，只需单击并拖动它到屏幕的左边。

7. 确定没有选择任何图元，查看属性面板，会发现它显示激活视图（当前的三维视图）的属性。使用属性面板右边的滚动条找到属性的"范围"组，勾选"裁剪视图"选项。不需要单击"应用"按钮提交修改，只需把光标移动到绘图区就会使所做的修改自动生效。

8. 选择三维视图中的红色屋顶。注意，这时属性面板发生了更新，所显示的是当前选择对象的属性。这个选择对象就是"基本屋顶 Roof SG Metal Panels roof"。对于这些属性的任何修改只影响这个"屋顶"图元。

9. 在仍然选中这个屋顶的情况下，单击属性面板中端的"类型选择器"按钮，从下拉列表中选择"Warm Roof –Timber"，然后在其他位置单击取消对原来屋顶的选择，这时会发现屋顶不再是红色的了。当从列表里选择另一种类型时，当前视图里的屋顶类型就相应换成了另一种类型，同时类型属性也发生了变化。不过，它的图元属性保持不变。

本练习到此完成。可以将其结果文件与样例文件"c01-1end.rvt"进行对比（本书提供了练习的原始文件和结果文件，以下不再赘述）。

1.4.2　使用项目浏览器查看项目内容

项目浏览器是项目中有关内容的列表，它的结构是棵树，这棵树由项目中的视图、图例、明细表、渲染图、图纸、族、组和链接构成。下面通过练习来熟悉项目浏览器的使用方法。

【练习1-2】：　熟悉项目浏览器的使用方法。

本练习视频

1. 打开"c01-2start.rvt"文件。项目浏览器很像属性面板，它可以驻留在工作区的两边，可以按照练习 1-1 中的步骤 5 和步骤 6 拖动项目浏览器，确定放置项目浏览器的位置。

2. 项目浏览器被构建为一个树形图，视图中的"+"号和"–"号用于展开或收缩树结构中的节点。找到浏览器最上端名为"视图(all)"的节点，单击这个节点前面的"–"号。

3. 单击其他顶层节点前面的"–"号，这些节点包括图例、明细表/数量、图纸（all）、族、组和 Revit 链接。当前的项目浏览器看起来非常小，但实际上在项目里有很多内容。

4. 扩展"族"节点，找到"植物"文件夹，扩展它，接着扩展"RPC Tree – Deciduous"文件夹。

5. 找到"Hawthorn-25'"族，单击选中它，然后拖动到绘图区释放鼠标按键，就会看到帮助放置这棵树的轮廓预览图。把光标悬停在绿地上的任何地方，单击放置这棵树。项目浏览器具有这种方便的拖动放置功能。

6. 项目浏览器还具有搜索工具，如果右击浏览器里的任何元素，就会看到位于快捷菜单底部的"索搜"命令，选择该命令，弹出"在项目浏览器中搜索"对话框，如图 1-6 所示，在其中输入"Kitchen"，然后单击"下一个"按钮。搜索工具将打开浏览器里的文件夹，寻找标题中包含单词"Kitchen"的任何项目内容。一直单击"下一个"按钮，直到找到位于"图纸(all)→A001-Title Sheet"之下的"渲染: Kitchen"视图（图1-7）为止。

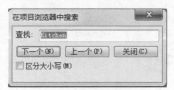

图1-6　"在项目浏览器中搜索"对话框　　　　图1-7　使用搜索对话框找到"渲染: Kitchen"视图

7. 一旦找到了"渲染:Kitchen"视图，就关闭"在项目浏览器中搜索"对话框。双击项目浏览器中的这个视图，一个非常漂亮的渲染图就打开了。

1.4.3　使用视图控制栏查看频繁使用的视图属性

视图控制栏位于每个视图的左下角，对于被频繁使用的视图属性来说，视图控制栏是个快捷方式。大多数情况下，对于当前视图，可以在属性面板中找到同样的参数。图 1-8 所示为视图控制栏。

图1-8　视图控制栏

【练习1-3】：　利用视图控制栏查看频繁使用的视图属性。

1. 打开"c01-3start.rvt"文件，把光标移动到视图控制栏里的按钮上面，就会看到出现的工具提示，该提示显示这个工具的名称。视图控制栏左边的第 1 个按钮是"视图比例(1:100)"，第 2 个按钮是"详细程度"，本练习我们不去改变这些视图属性。

2. 第 3 个按钮是被称为"视觉样式"的立方体，单击这个按钮，从弹出的列表中选择"真实"选项。注意，现在看到了墙体和场地的材质纹理。另外，场地中的树木看起来更加真实。

3. 再次单击"视觉样式"按钮，这次选择列表中的"隐藏线"选项，这是更加常规的黑白样式。

4. 第 4 个按钮是"日光路径"，跳过这个按钮，第 5 个按钮是"阴影"，单击这个按钮就可以看到场景中的阴影渲染效果。

5. 第 6 个按钮是个茶壶，单击它可启动"渲染"对话框，再次单击这个按钮则关闭"渲染"对话框。

6. 第 7 个按钮是"裁剪视图"，它是个十分重要的工具。单击它，可以看到模型的边角部分消失了。注意，其实模型边角没有被删除，只是这个视图被裁剪了。

7. 第 8 个按钮是"显示裁剪区域"，单击这个按钮观察视图的裁剪框，现在能够看到被裁剪的区域。选择这个裁剪框，然后利用裁剪框上的控制柄按需要调整剪裁，图 1-9 所示是一个样例。

图1-9　裁剪框上控制柄的使用

8. 第 9 个按钮可加锁或解锁三维视图，这个按钮仅对三维视图起作用，如果曾经添加文字到一个三维视图，并且不希望让视角发生变化，那么这个工具是非常有用的。

9. 第 10 个按钮看上去像眼镜。当项目变得更加复杂时，这个"临时隐藏/隔离"工具非常有用。选择项目中的屋顶，然后单击眼镜按钮，从列表中选择"隔离图元"选项，这时视图中所有其他图元被隐藏起来，于是就可以只聚焦于这个屋顶。再次单击这个眼镜按钮，选择"重设隐藏/隔离"选项，视图即恢复正常显示。

10. 第 11 个按钮是灯泡，它是"显示隐藏的图元"按钮。单击这个按钮，一个品红色的边框就出现在视图的周围。任何被隐藏的图元也将以品红色线条显示，对于查找出现在有些视图中但没有出现在当前视图中的图元，这种查看模式极有帮助。再次单击这个按钮，即返回正常工作模式。

11. 最后，有 4 个用于特定视图模式的按钮，它们与更高级的工作流程有关。当有一个用于这个视图的视图样板并且需要临时调整视图属性时，"临时视图属性"按钮是有用的。如果用到结构图元以及它们的分析可视化，"隐藏分析模型"按钮是有用的。还有一个"显示约束"按钮，它类似于"显示隐藏的图元"按钮的作用，当要查看有哪些不可见的约束妨碍做出希望的改变时，这个工具非常有用。

1.4.4　使用 ViewCube

ViewCube 是 Revit 中几个导览辅助控件之一，它位于三维视图的右上角，是一个出现在许多 Autodesk 产品中的为人熟悉的用户界面元素。

【练习1-4】：　ViewCube 的使用。

1. 打开 "c01-4start.rvt" 文件。单击 ViewCube 上面标记为 "前" 的面，视图即刻旋转调整，显示正前面立面风格的视图，并且使这个视图的大小适合整个模型。

2. 把光标移动到 ViewCube 上面时，箭头就出现在 "前" 面的每个边上，单击 "前" 面左边的箭头，这个视图自动旋转到左立面。

3. 再次把光标停在 ViewCube 上，这次单击 ViewCube 上方的箭头，这样就呈现出顶视图。

4. 把光标停在 ViewCube 顶面的右下角,单击这个角,视图就会动态地转回起始的角度。

5. 现在单击 ViewCube 上的任意地方并拖动鼠标,视图就会相应旋转,而不是转到预定义的角度,如前、左或上。注意,这时"轴心"一词出现在模型的中心。当对角度满意时就释放鼠标。模型不会缩放来适应这类旋转。

6. 选择模型中的一棵树,然后再次单击并拖动 ViewCube,这时绿色的轴心图标出现在选中图元的中心。如果正在编辑一个具体的图元,对于导览大型模型,这是个很有用的技巧。

7. 如果正在使用鼠标,那么对于缩放操作,滚轮是个理想的装置。如果没有使用鼠标,缩放控制全在 ViewCube 附近的放大镜上,当单击这个图标时,默认的放大工具是"区域放大",可用该工具选择一个矩形,这个矩形就是要拉近查看的区域。

8. 一旦导览视图到了满意的视角,一件重要的事情是保存当前视角。让光标停在 ViewCube 上的任何地方并右击,从快捷菜单中选择"保存视图"选项,命名这个视图,然后单击"确定"按钮。现在,新保存的视图以新名称出现在项目浏览器里的三维视图项下。

9. 这样就保存了视角,但是未保存缩放级别。如果希望保持一定的缩放级别,可使用练习 1-3 中步骤 6 和步骤 7 提到的"裁剪视图"和"显示裁剪区域"工具,使视图显示相关的内容。

1.5 创建简单模型

本节将使用 Revit 完成基本的建模工作流程,通过练习来学习 Revit 中的各种工具的使用方法。

1.5.1 创建楼板

【练习 1-5】: 创建楼板。

1. 打开 "c01-5start.rvt" 文件,这个项目在一个楼层平面视图中打开,视图中有若干条绿色的虚线用于引导用户的练习。单击"建筑"选项卡,找到"构建"面板中的"楼板"工具,选择"楼板"工具进入楼板绘制模式。

2. 这时功能区发生了调整,对应用户所在的绘制模式,最明显的是"模式"面板,其上有红色的 X 图标和绿色的勾选标记图标。这两个图标可使用户取消绘制模式或提交修改。在单击绿色的勾选标记图标之前,需要绘制出楼板的形状。

3. "模式"面板右边的"绘制"面板中有许多不同的绘制工具。因为在适当的地方已经有参考线了,所以选择"绘制"面板中的"拾取线"工具。

4. 把光标停在一条参考线上,这条参考线就会高亮。每单击参考线一次,就在参考线的位置出现一条品红色的线。当完成所有参考线的单击后，可以看到图 1-10 所示的图形。

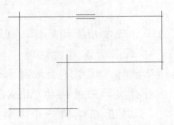

图1-10　裁剪前的楼板轮廓线

5. 单击"模式"面板中绿色的"完成编辑模式"按钮，会出现一个关于交叉线段的错误提示。Revit 要求轮廓线是闭合线，而目前的轮廓线在每个拐角形成交叉线。单击提示框里的"继续"按钮，我们将在下一步解决这个错误。

6. 在"修改|创建楼层边界"选项卡的"修改"面板中有个"修剪/延伸为角"工具，选择该工具，移动光标到希望保留的轮廓线上，这条轮廓线高亮为蓝色。单击这条轮廓线，接着单击希望保存的交叉线，这样拐角上不想要的部分就被修剪掉了。

7. 完成了第一个拐角的修剪之后，Revit 保持在"修剪/延伸为角"状态，单击剩下的交叉线修剪图形的拐角。重复修剪操作，直到修剪好每个拐角，结果如图 1-11 所示。

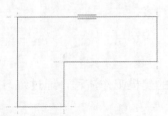

图1-11　修剪好拐角后的楼板轮廓线

8. 单击绿色的"完成编辑模式"按钮，在退出绘制模式时，Revit 就选中这个楼板，可以看到蓝色的选中颜色。可以在属性面板里检查这个楼板的属性，这个楼板位于"Level 1"，它的面积是 232m^2。

1.5.2　创建墙体

本练习视频

【练习1-6】：　创建墙体。

1. 打开"c01-6start.rvt"文件，选择"建筑"选项卡上的"墙"工具，然后选择"绘制"面板中的"拾取线"工具。

2. 把注意力转到属性面板，在绘制墙体之前，需要设置几个参数，修改"定位线"参数，从下拉列表中选择"面层面：外部"选项。

3. 在属性面板中修改"顶部约束"参数为"直到标高：Level 2"。

4. 把光标停在楼板的一条边缘上，先不要单击鼠标，注意出现的浅蓝色虚线，这条虚线指示该墙体要被放置在参考线之内或之外。注意，可能需要放大视图以看清蓝色虚线。

5. 这里把墙建在绿色参考线之内，所以光标稍微移到楼板边缘以内，直到蓝色虚线出现在里面，然后单击鼠标。对每条边缘重复该操作，直到草图看起来如图 1-12 所示。

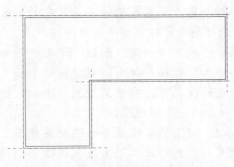

图1-12 沿楼板边缘靠内放置的墙体

1.5.3 创建标高

在 Revit 中，项目基准十分重要，参考平面、轴网和标高被视为基准图元。这些图元通常仅在二维视图中可见，用于移动以它们为参照的任何模型图元。

【练习1-7】： 创建标高。

1. 打开 "c01-7start.rvt" 文件，在项目浏览器的 "视图(all)" 节点下找到 "立面 (Building Elevation)" 节点，双击 "North" 视图。用户可能需要单击 "+" 号来扩展这棵树。

2. 放大视图的右侧，注意 "Level 1" 和 "Level 2" 的图示，选择 "Level 2" 的标高线。此时，标高的名称和高程值都变成了蓝色。

3. 单击 "Level 2" 的高程值，将它从 3000 改为 4500，缩小视图以便能够看到墙体。注意，墙体自动调整到了新的 "Level 2" 高度，这是因为标高数据驱动了练习 1-6 步骤 3 中设置的 "顶部约束" 参数。

4. 找到 "建筑" 选项卡中的 "基准" 面板，选择 "标高" 工具，接着从 "绘制" 面板中选择 "拾取线" 工具。

5. 把注意力转移到功能区下面的选项栏，确认勾选了 "创建平面视图" 选项，然后将偏移量改为 4500。

6. 把光标移动到绘图区，停在 "Level 2" 高程线的上方，直到看到浅蓝色虚线出现在 "Level 2"。如果没有看到这条预览线，可稍微上移鼠标。单击鼠标放置新高程。

7. Revit 根据上一个创建的高程自动命名这个新高程，在这种情况下，"Level 3" 就是正确的顺序，不需要重新命名它。按 Esc 键退出 "标高" 工具。如果希望重新命名这个新标高，可以选择这条标高线，在它变成蓝色后单击标高名称进行修改即可。

8. 选择"Level 3",选择"修改"选项卡中的"复制"工具,单击画布上的任意一点,指定复制命令的起点,然后向上移动鼠标(不要单击),通过键盘输入 3658,然后按回车键完成复制命令。按 Esc 键退出复制命令。注意,可以按住 Shift 键使"复制"或"移动"命令按 100 的增量进行操作。

9. 选择最新的标高线,单击标高名称,把它修改为"Roof",按 Esc 键清除该选择。注意,这个标高符号是黑色的,不是蓝色的。这是使用复制命令的副作用,这意味着这个标高没有对应的平面视图。

10. 单击"视图"选项卡,找到"创建"面板,单击"平面视图"按钮,在下拉列表中选择"楼层平面"选项,弹出"新建楼层平面"对话框,没有视图的标高会被列出。在这种情况下,应该只看到"Roof"标高。单击"确定"按钮创建关联于这个标高的一个新视图。

11. 这时,对应于"Roof"标高的新楼层平面图就展开了,这个视图是空白的。单击"视图"选项卡,找到"窗口"面板,选择"切换窗口"工具,在下拉菜单中会显示当前打开的全部视图,可以单击任何视图实现切换,也可以按住 Ctrl 键,轻按 Tab 键来实现打开视图的循环切换。

说明:关闭不需要的视图。

如果一次打开了多个视图,那么 Revit 会话的执行速度会下降。对于不再使用的视图一定要关闭。如果视图被最大化了,那么除了当前活动视图以外,选择"视图"选项卡中的"关闭隐藏对象"工具将关闭所有视图。如果视图没有被最大化,那么 Revit 只隐藏被覆盖的视图。如果打开了多个项目,则使每个项目只保留一个打开的视图。

1.5.4 改变墙类型

在练习 1-7 里创建了一个附加的标高,这样就增加了建筑物的总高度。在下面的练习里将调整墙的顶部约束,并使用类型选择器更改墙类型。

【练习1-8】: 改变墙类型。

1. 打开"c01-8start.rvt"文件,找到"视图"选项卡中的"创建"面板,单击"三维视图"按钮,或者单击快速访问工具栏中的默认三维视图,或者双击项目浏览器里的{3D}视图。

2. 找到"视图"选项卡中的"创建"面板,选择"关闭隐藏对象"工具,于是这个三维视图就是唯一一打开的视图。在项目浏览器里激活"立面(Building Elevation)"节点下的"South"视图。

3. 在"视图"选项卡上找到"窗口"面板,然后单击"平铺窗口"按钮(也可以使用快捷键 W + T),可以看到两个并排的激活视图(默认的三维视图和"South"立面)。

4. 在任一视图中找到导览栏,单击放大按钮下面的下拉箭头,然后单击"缩放全部以匹配",也可以使用快捷键 Z + A。

5. 找到功能区最左端的"修改"按钮,单击"修改"按钮下面的"选择"按钮，这时出现一个下拉菜单，勾选"按面选择图元"选项，这样就更容易选择墙体了。

6. 单击三维视窗的内部激活这个视图，把光标停在任何一个墙体上，按 Tab 键一次，全部墙体应该高亮了，如图 1-13 所示。这时，位于屏幕最下方的状态栏应该指示"墙或线链"。单击鼠标一次选中这个墙链。

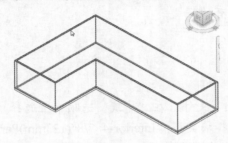

图1-13　全选后的高亮墙体

7. 仍处在全部墙体被选中的状态，注意属性面板，找到"顶部约束"参数，将它的值改为"直到标高：Roof"，然后单击"应用"按钮，或者移动光标进入绘图区使修改自动生效。按 Esc 键或单击绘图区中的空白处取消选择墙体。注意，墙体在三维视图和立面视图中都改变了高度（图 1-14）。

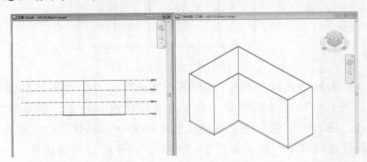

图1-14　在两个平铺的视窗中显示了修改墙体顶部约束后的结果

8. 观察图 1-15，提前查看这一步操作后的结果。在三维视图里，选择对应于 ViewCube "前"面的墙，按住 Ctrl 键，选择与它毗邻的墙体，如图 1-15 所示。

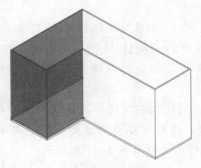

图1-15　按 Ctrl 键选择多个图元

9. 在这些墙体被选中的情况下，查看属性面板上部的类型选择器，发现它指示当前选中的墙体类型是"基本墙 Generic-8″"。单击类型选择器打开这个项目里的墙类型清单，选择其中的"基本墙 Exterior-Brick On CMU"，然后按 Esc 键取消在视图中对墙的选择。

10. 放大刚变换了类型的墙体，这三面墙体的厚度应该发生了变化，以继承所选类型的属性。而且，如果放得足够大，应该能看到墙上的砖块图案，这是"Generic"墙所没有的。

1.5.5 放置内墙

本练习视频

【练习1-9】： 放置内墙。

1. 打开"c01-9start.rvt"文件，在"建筑"选项卡上选择"墙"工具，使用类型选择器选择墙类型"Interior-4 7/8″(123mm)Partition(1-hr)"。注意，应在放置墙体之前进行类型选择。

2. 选择"绘制"面板中的"拾取线"工具，然后单击每个绿色参考平面，这些平面用作内墙参考线，完成后的结果如图 1-16 所示。

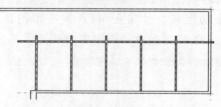

图1-16 放置内墙

3. 在"修改"面板中选择"裁剪/延伸多个图元"工具，单击那个较长的水平方向内墙，然后移动光标到平面图右下角房间的内部单击，接着按下鼠标并向左边拖动，拖出一个包含每个短墙段的选择窗口，释放鼠标。这样，Revit 将整齐地裁剪这些短墙，结果如图 1-17 所示。按 Esc 键清除选择。

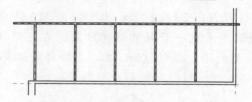

图1-17 使用"裁剪/延伸多个图元"工具的结果

4. 选择"修改"面板中的"裁剪/延伸单个图元"工具，先单击平面图最右端的外墙，然后单击与之相交的内墙。记住，这个工具让用户单击要保留的墙段。

5. 选择"修改"面板中的"裁剪/延伸为角"工具，单击水平内墙，再单击平面图最左边的短内墙，这时可以看到这面短内墙与水平内墙形成正确的墙角。步骤 4 与步骤 5 操作后的结果如图 1-18 所示。

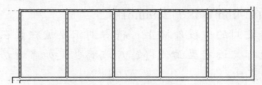

图1-18　步骤4与步骤5操作后的结果

6. 注意，最左边的内墙没有与较厚的类型为"Exterior-Brick On CMU"的墙体对齐。选择"修改"选项卡中的"对齐"工具，操作的第一步，单击厚墙的内边缘，因为这就是要对齐的地方。第二步，单击最左边内墙的外边缘。最后的结果如图1-19所示。

图1-19　使用"对齐"工具后的结果

1.5.6　放置门和窗户

在这个练习里，我们将在墙体上放置门和窗户。门和窗户需要墙体承载，用户将使用项目里被加载的常规门和窗户族。但是应记住，在 Revit 中可以使用任何尺寸、材质和结构的建筑构件。

【练习1-10】：放置门和窗户。

1. 打开"c01-10start.rvt"文件，选择"建筑"选项卡中的"门"工具。注意，类型选择器指示该门类型是"Single-Flush 36″(914mm)×84″(2133mm)"。

2. 把光标停在一面内墙上，将看到被放置在这面墙上的门的预览图，按空格键，观察门转动方向的翻转情况。

3. 把光标稍微向房间里移动，直到门预览图摆动到房间内，按空格键，使门开启方向正确（事先查看图1-20），然后单击鼠标放置这个门。

4. 重复同样的操作，沿着内墙把门放置到其他房间，当完成时，结果应该类似于图1-20所示。注意，当放置门时，如果有门标记出现，可以通过单击"标记"面板中的"在放置时进行标记"按钮来关闭此功能。也可以事后删除这些门标记。

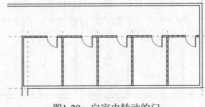

图1-20　向室内转动的门

5. 回到"建筑"选项卡，选择"窗"工具。注意，这时的类型选择器指明窗类型是"Fixed 36″(914mm)×48″(1219mm)"。

6. 把光标停在内墙之间的一段外墙上,将看到正要被放置在这个墙体上的窗户预览图,移动光标靠近墙里面使得窗户玻璃也更加靠近房间的里面,然后单击鼠标放置这个窗户。

7. 重复同样的操作沿着外墙放置若干个窗户,完成后的结果如图 1-21 所示。

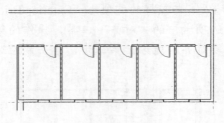

图1-21　房间的窗户

1.5.7　等距隔离图元

在本小节的练习中,将使用尺寸和临时尺寸在内墙之间、门之间和窗户之间创建一个等距关系。本练习将说明使用约束创建设计意图的方法,这是 Revit 参数化建模的基本概念。

【练习1-11】: 等距隔离图元。

1. 打开"c01-11start.rvt"文件,在"注释"选项卡上找到"尺寸标注"面板,单击"对齐"按钮,在选项栏里,将"布置"设为"参照墙中心线",将"设置"改为"参照墙面"。

2. 预览图 1-22,先了解本步骤操作后所要达到的效果。把光标停在最左边的内墙上,应该看到外边缘高亮了,单击鼠标开始建立一个尺寸字符串。

本练习视频

3. 将注意力转到选项栏,把"布置"设定由"参照墙面"改为"参照墙中心线"。

4. 把光标移回到绘图区,停在第一面内墙的中心上面,直到看到在这面内墙的中心出现蓝色的高亮。单击鼠标放置尺寸字符串,对每面内墙做同样的操作。

5. 返回选项栏,将"布置"设定由"墙中心线"改为"墙面",单击这个外墙的内面完成添加尺寸。

6. 把光标移动到内墙上方,单击鼠标在视图中放置尺寸,结果如图 1-22 所示。

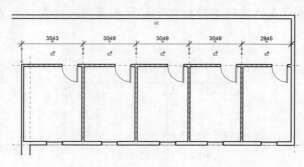

图1-22　内墙的尺寸

7. 在放置了尺寸字符串之后，注意出现的蓝色 EQ 图标，这是等距分隔图元的快捷方式。单击这个图标，墙体会自动等距分离。

8. 很可能会得到一个错误提示信息，因为有个门与墙重叠了。忽略这个警告，关闭出现在右下角的小对话框。下一步我们将使用临时尺寸来帮助间隔门。按 Esc 键两次退出尺寸标注工具。

9. 选择最右边的门，注意出现的蓝色尺寸，这些是所谓的临时尺寸，对于定位门和窗户距离墙体的相对距离，它们是非常有帮助的。注意，这个门距离内墙 762，此距离很好，保持不变。

10. 选择紧邻左边的门，出现临时尺寸线，当把光标停在蓝色的圆圈上时，会出现提示"移动尺寸界线"，每次单击这个蓝色圆圈，尺寸界线会发生变化。单击这个圆圈使尺寸界线出现在门的中间，然后把光标停在它与右边墙壁之间的临时尺寸字符串上，单击蓝色的文本，输入 762，门就移动到了我们希望的位置。对其他门做同样的操作，最后结果如图 1-23 所示。

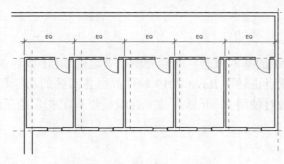

图1-23　相对于墙体等距分布的门

11. 结合使用尺寸和临时尺寸技术来等距分离窗户，选择最右边的窗户。

12. 临时尺寸参考线从窗户中心延伸到外墙的中心，将注意力转到外墙中心的蓝色圆圈图标上，单击这个蓝色圆圈图标，圆圈跳到墙的内面，再次单击，这个圆圈跳到墙的外表面，这时显示的临时尺寸线是从窗户的中心到墙的外表面。

13. 单击右边的这个临时尺寸值，把它改为 1422。

14. 按同样的操作使最左边窗户的中心距外墙的外表面 1422。

15. 单击"注释"选项卡，选择"对齐"工具。

16. 把光标停在最左边窗户的中间，将看到一个很小的垂直高亮出现，它指示这个窗户的中心，单击鼠标在那里放置一个尺寸参考。

17. 把光标停在下个窗户的中间，单击鼠标继续放置尺寸字符串，重复这样的操作，直到每个窗户中心之间都有了尺寸字符串。

18. 把光标移动到这面墙的下面，单击鼠标就完成了放置尺寸字符串。结果如图 1-24 所示。接着单击视图上的 EQ 图标，使窗户等距分布。按 Esc 键两次退出尺寸工具。最终结果如图 1-25 所示。

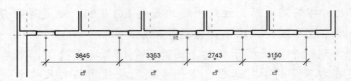

图1-24　放置标注窗户间距的尺寸字符串

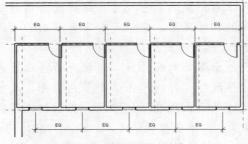

图1-25　等间距分布的窗户

1.6　小结

本章首先介绍了 BIM 的基本概念，然后介绍了著名的 BIM 软件 Revit 的基本功能和特点，讲解了图元概念，重点讲述了 Revit 2019 软件界面各部分的功能和它们的使用方法。本章还通过几个练习使读者对使用 Revit 软件建立建筑模型有了初步的了解。

第2章 墙与幕墙

在 Revit 中，墙属于系统族，即可以根据指定的墙结构参数定义生成三维墙体模型。墙是 Revit 中最灵活也是最复杂的建筑构件。Revit 提供了墙工具，用于绘制和生成墙体对象。在 Revit 中创建墙体时，需要先定义好墙体的类型，包括墙厚、做法、材质、功能等，再指定墙体的平面位置、高度等参数。Revit 提供基本墙、幕墙和叠层墙 3 种族。使用"基本墙"可以创建项目的外墙、内墙及分隔墙等墙体。

本章主要内容

- 理解墙体类型和参数。
- 创建墙外形。
- 修改墙参数。
- 编辑和重置墙体轮廓。
- 在墙体上切割洞口。
- 创建幕墙。

2.1 理解墙体类型和参数

本节主要讨论墙体类型的有关背景知识。

2.1.1 基本墙

Revit 默认模板包括几种墙类型，从墙的外部到内部，按层结构定义墙类型，给每层指定功能、材质和厚度，墙层的功能决定了该墙如何与多个墙类型或其他图元（如楼板）的相交接合。简单的墙类型只有一层，为了便于识别，这些墙类型典型地以"常规"作为名称前缀。更为复杂的墙类型使用多个层来生成整体结构。

(1) 打开"c02-1start.rvt"文件，选择"建筑"选项卡"构建"面板中的"墙"工具。

(2) 在属性面板顶部的类型选择器里选择"Generic - 8″ Masonry"墙类型。

(3) 单击类型选择器下方的"编辑类型"按钮，弹出"类型属性"对话框，如图2-1 所示。

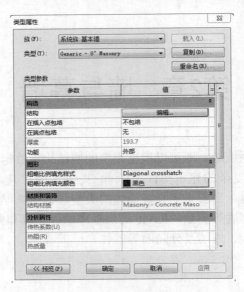

图2-1 "类型属性"对话框

(4) 单击"类型属性"对话框左下方的"预览"按钮，将预览面板中的"视图"
选为"楼层平面：修改类型属性"。观察该种墙体类型的结构样式，如图 2-2
所示。

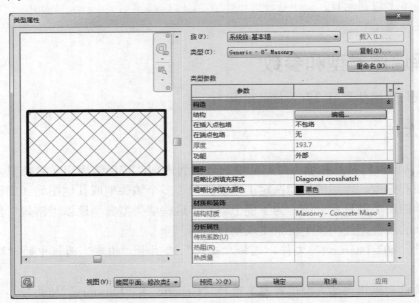

图2-2 观察墙体类型的结构样式

从图 2-2 中可以看出，这种墙体的结构区域由对角交叉线样式定义，这是一个仅有一种
层样式的基本墙，这种层样式定义了该墙体的结构。

能够通过修改基本墙使之包含更多的结构细节。

(1) 保持"类型属性"对话框处于打开状态，单击其上的"类型"下拉列表。

(2) 选择"Exterior-Brick on Mtl. Stud"墙类型，可以看出该类型与"Generic - 8"

Masonry" 墙类型的差别, 如图 2-3 所示。

图2-3 复合墙由几种材质层构成

(3) 单击 "结构" 参数中的 "编辑" 按钮, 弹出 "编辑部件" 对话框, 如图 2-4 所示。

图2-4 "编辑部件" 对话框

可以对墙体添加或删除几何图形, 如果仍在考察上述墙体的结构, 应进行如下操作。

(1) 单击 "编辑部件" 对话框中的 "取消" 按钮关闭该对话框, 然后在 "属性类型" 对话框中选择墙类型 "Exterior - Brick And CMU On MTL. Stud"。

(2) 在 "预览" 面板上将 "视图" 切换到 "剖面: 修改类型属性", 如图 2-5 所示。

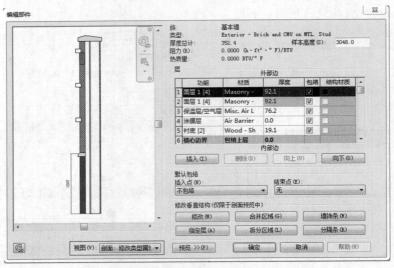

图2-5 预览面板中的"剖面:修改类型属性"视图

(3) 在预览图上放大显示墙体样例的顶部。

可以看到在墙的顶部有个护墙帽,如图 2-6 所示,这是基本墙类型的一种轮廓。

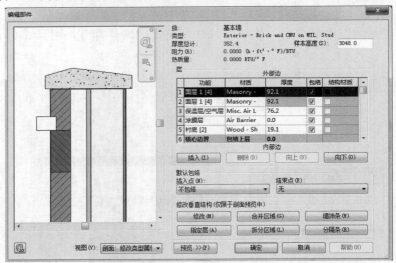

图2-6 墙体的一部分——护墙帽

2.1.2 叠层墙

叠层墙由基本墙构成,但是在垂直方向上结合为一个单独定义的类型。任何基本墙都可以被用来创建叠层墙。

要找到叠层墙类型,应遵循以下步骤操作。

(1) 激活墙工具,访问属性面板中的类型选择器。

(2) 选择墙类型"Exterior - Brick Over CMU w Metal. Stud"。

(3) 单击属性面板中的"编辑类型"按钮,弹出"类型属性"对话框,然后单击其中"结构"参数里的"编辑"按钮。弹出"编辑部件"对话框,如图 2-7 所示。

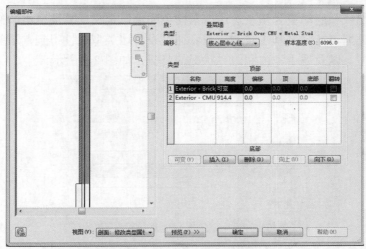

图2-7　叠层墙的类型属性

从图 2-7 中可以看到,这种墙类型由两个不同的基本墙定义。如果需要,可以增加更多的基本墙。

叠层墙体中的一段基本墙必须是高度可变的,以满足墙实例垂直高度的要求。除了规定墙段的高度外,还可以调整水平方向的偏移,或使一个墙体反转取向(向里或向外)。

叠层墙具有一个独特的选项,选中叠层墙之后单击鼠标右键,弹出快捷菜单,在快捷菜单上有个命令叫"断开",如图 2-8 所示。当一面叠层墙被断开时,墙体被还原为相互独立的基本墙,这些基本墙的尺寸与叠层墙中指定的尺寸一样。

图2-8　快捷菜单中的"断开"命令

2.1.3   幕墙类型

幕墙比基本墙或叠层墙更为复杂，由一条简单的墙段定义、幕墙网格、嵌板和竖梃4种元素构成。幕墙类型可能完全基于实例，或者通过设置墙类型属性得到，这些属性设置了网格间距、嵌板类型，以及适于室内和边界状况的竖梃，如图2-9所示。

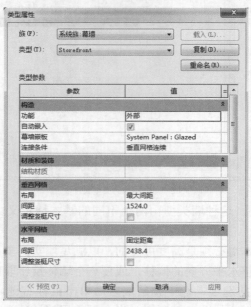

图2-9   幕墙类型定义

2.1.4   在墙体上放置图元

在墙上能放置其他类型的图元，只要墙存在，其上放置的图元也存在。门和窗户是常见的被放置图元。

在墙上放置一扇门非常容易，可以在平面图、立面图或三维视图中进行这种操作。读者可能注意到，只能在墙上放置门，这是因为门族是寄生图元，没有寄主则它无法存在。缘于这种关系，如果删除了寄主图元（如墙），则寄生的图元就会被自动删除。

2.2   创建墙外形

本节练习的目的是通过绘画和拾取已经存在的几何图形创建几个不同的墙外形。首先使用一些绘图工具手工绘制墙体。墙体的通用设置如图2-10所示。

图2-10   墙体的通用设置

然后利用其他墙工具创建弧形，如使用"相切-端点弧"和"圆角弧"工具把墙段连接到已有的墙图元上。

外墙创建好后，通过拾取已经存在的几何图形创建墙体。

2.2.1 创建墙外形

本练习视频

【练习2-1】： 创建墙外形。

1. 打开"c02-1start.rvt"文件，在项目浏览器中激活"楼层平面"节点下名为"Drawing Walls"的平面图，单击"墙"工具，使用"绘制"面板上的各种工具（如直线或圆心-端点弧）创建若干墙段。不用担心创建这些墙段的地点，这只是一个练习。另外，在放置墙段之前应注意选项栏上可用的设置，因为这些设置对于每种工具会有所不同。

2. 激活名为"Tangent-Fillet Walls"的楼层平面图，按照图 2-11 中虚线所示完成墙体的布局。

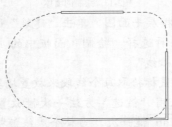

图2-11　按虚线位置放置墙体

3. 在工作面的右上角，两个互相垂直的墙体必须用一个弧形墙体连接。选择两个墙体中的任意一个，右键单击，从右键菜单中选择"创建类似实例"命令，如图 2-12 所示。

图2-12　从右键菜单中选择"创建类似实例"命令

4. 在"绘制"面板上选择"圆角弧"工具，单击一个墙段，然后单击另一个正交墙段，一条曲线段就会出现。

5. 将曲线段移到右上角虚线处单击，该曲线段就把两个墙段连接在一起。再单击半径临时尺寸文本，把半径值改为 2000。

6. 这时墙命令仍处于激活状态，选择位于布局右下角的两个正交墙，重复步骤 4 和步骤 5 的操作，完成两个墙段的弧线连接。

7. 保持墙命令处于激活状态，选择"绘制"面板中的"相切-端点弧"工具，单击位于布局底部墙体的左端点，再单击位于顶部墙体的左端点来完成切线弧墙段的绘制。得到的结果如图 2-13 所示。

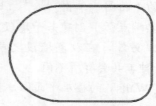

图2-13　绘制的墙体

8. 激活"Picking Walls"楼层平面图，单击"建筑"选项卡，然后选择"构建"面板中的"墙"工具，再选择"绘制"面板中的"拾取线"工具。将选项栏中的定位线设为"墙中心线"。

9. 对于上部的虚线图，用鼠标拾取每个线段来放置墙段。

10. 对于下部的虚线图，采用"链选"方法一次性放置所有墙段。方法是移动光标到一个线段上，按 ⟨Tab⟩ 键一次，当整个虚线链被高亮时，单击来放置整个墙链。最后的结果如图 2-14 所示。

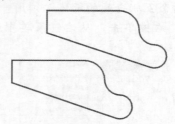

图2-14　生成的墙体

2.2.2　在墙上放置门

【练习2-2】：　在墙上放置门。

1. 打开"c02-2start.rvt"文件，激活名为"Existing Walls"的楼层平面图。

2. 在"建筑"选项卡的"构建"面板上选择"门"工具，在水平墙体上添加 3 个门，门放在垂直墙的左边。

3. 放置完门之后，点选任意一个门，注意出现的临时尺寸。

4. 在这个门被选中的情况下，单击临时尺寸线中间的"移动尺寸界线"控制柄，该控制柄发生右移，单击它与右边控制柄之间的临时尺寸文本，输入 230，如图 2-15 所示。

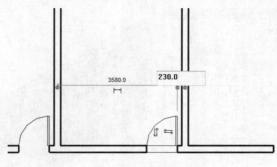

图2-15　在墙上放置门

2.3　修改墙参数

现在已经创建了几个墙外形，搞清楚怎样修改这些外形很重要，有时修改很容易，只要选中墙体并拖动墙端或形状控制柄到一个新的位置即可。在有些情况下，如果希望更为精确地修改，那就要指定一个具体值。

记住，用户可以变更设计，采用什么方法变更取决于用户所处的设计阶段，所有的视图、明细表、标记等都可以发生变更，所以在设计的早期阶段不需要太精确。

下面练习的目标是修改已有的墙类型和实例参数。在前一部分，我们将修改墙的某些类型参数；在后一部分，我们将修改实例的某些参数。

【练习2-3】：　修改墙体的类型参数和实例参数。

1.　打开 "c02-3start.rvt" 文件，激活名为 "Level 1" 的楼层平面，绘制一段直线墙体，这次在绘制墙体时输入 12000。

下面是具体的创建过程。选择"建筑"选项卡中的"墙"工具，选择"绘制"面板中的"直线"工具，在平面上绘制两个直墙段。

2.　按 Esc 键两次退出。单击刚才创建的墙段，墙段上会出现临时尺寸文本，在临时尺寸文本处输入 12000，按回车键。这时，墙的长度就修改为 12000。也可以通过拖曳墙端点来调整墙的长度，如图 2-16 所示。

图2-16　修改墙的长度

3.　单击"视图"选项卡，选择"三维视图"工具打开默认的三维视图。把光标移动到墙的边缘，该墙的轮廓会高亮，单击选中这个墙段。这时会看到在墙的顶部和底部各出现了一个蓝色箭头，它们被称为"造型操纵柄"，可以单击并拖动它们来调整墙顶部和底部的位置。当拖动"造型操纵柄"时，将看到一条临时位置线，直到释放"造型操纵柄"，这条临时位置线才消失。图2-17 所示为"造型操纵柄"和属性面板上显示的实例参数。

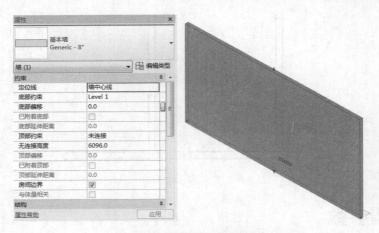

图2-17 造型操纵柄及显示在属性面板中的实例参数

4. 拖动两个造型操纵柄来更新相关联的实例参数（在本例中是"无连接高度"和"底部偏移"的值）。让我们查看其他一些实例参数，对于这些参数的修改将只更新被选中的实例。首先选中这个墙体，查看属性面板，面板中的参数是这类墙的具体实例参数。

5. 更改"定位线"的参数值为"面层面:外部"，"定位线"是墙的原点，如果用一个墙体替换另一个墙体，"定位线"将保持不变。换句话说，如果创建了一个外部墙，并且"定位线"在内表面，那么当改变属性或选择一个更厚的墙体时，墙的厚度会从"定位线"向外部延伸。

6. 找到"底部约束"参数，将它的值改为"Level 2"。"底部约束"是墙的底部，可以在任何时候改变底部约束，墙体会发生移动以反映这种改变。

7. 找到"底部偏移"参数，其值改为 300。"底部偏移"或"顶部偏移"是偏离各自约束之上或之下的值（也可以使用负尺寸）。例如，如果希望让墙体的底部连接到"Level 1"之下 1m，那么"底部偏移"值就是-1。

8. 找到"无连接高度"参数，将其值改为 3655。在没有对"顶部约束"使用一个具体数据时，"无连接高度"值就是墙的高度。如果把"底部约束"参数改回到"Level 1"，然后把"顶部约束"值改为"直到标高:Level 2"，那么"无连接高度"参数变为非激活状态。

2.4 编辑和重置墙体轮廓

从立面图上看，并不是所有的墙体都是由直线组成的，对于由非直线组成的墙体，可以编辑墙的轮廓。在编辑墙的轮廓时，这面墙体会临时转换为立面视图上的轮廓草图。因为这个草图不是基于平面图，所以可以只在一个剖面、一个立面或一个正交的三维视图中编辑轮廓。在墙的轮廓里，可以画出许多闭合的草图线。

如果需要删除编辑过的墙体条件，不用重新进入"编辑轮廓"模式手工删除草图。可以选中这个墙段，然后选择"修改|墙"选项卡上"模式"面板中的"重置轮廓"工具。这样就重置了这个墙段的边界并删除了它内部的任何草图线。

使用"重置轮廓"工具的另一个场景是在试图使用"修改墙"面板中的"附着顶部/底部"工具的时候。在试图附着这个墙体时，根据这个墙轮廓最初是如何编辑的，Revit 可能显示有一个结合错误的信息。如果这个墙轮廓的顶部以前被编辑过，这种情况最可能出现。因此我们应该先重置这个轮廓，然后根据需要试着把这个墙体附着到屋顶。

下面练习的目标是编辑一个墙体轮廓，使之由默认的矩形变为自定义形状，具体而言就是创建一个阶梯形基础墙。再下一个练习，将使用"附着顶部/底部"工具把砖墙附着到基础墙上。

2.4.1 编辑和重置墙轮廓

【练习2-4】： 编辑和重置墙轮廓。

1. 打开"c02-4start.rvt"文件，启动的文件应该打开默认的三维视图。点选宽为 12192 的墙体，然后选择"修改|墙"选项卡中的"编辑轮廓"工具。在项目浏览器中选择"South"立面图，这时墙轮廓如图 2-18 所示。

图2-18 "South"立面图中的原始墙轮廓

2. 增加图 2-19 所示的轮廓线。

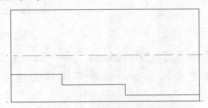

图2-19 增加新的轮廓线

3. 用"删除"工具和"修剪/延伸为角"工具修改出图 2-20 所示的图形。

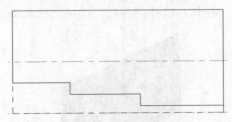

图2-20 整理后的墙轮廓线

4. 图中如果有交叉或断开的线段，当在下一步试图完成这个草图时，就会收到一个错误提示信息。

5. 当完成以上操作之后，单击"完成编辑模式"按钮，如果出现警告信息"控制墙体顶部和底部的最好方法是在属性对话框中修改约束和偏移参数"，可以忽略它。

如果以后设计发生了变化，需要删除这个定制的墙轮廓，可以选择这个墙体，然后使用"重设轮廓"工具。这个工具对于任何被修改过轮廓的墙体都适用。

2.4.2 附着及分离顶部/底部

【练习2-5】： 附着及分离顶部/底部。

本练习视频

1. 打开"c02-5start.rvt"文件，启动的文件应该打开默认的三维视图。选择墙体，选择"修改|墙"上下文选项卡中的"复制到剪贴板"工具，选择"粘贴"下拉菜单中的"与选定的标高对齐"选项，如图 2-21 所示，这时弹出"选择标高"对话框，如图 2-22 所示，选择其中的"Basement"，最后单击"确定"按钮完成粘贴。

图2-21 选择"与选定的标高对齐"选项　　　　　图2-22 "选择标高"对话框

2. 因为这个被粘贴的墙体高于"Basement"和"Level 1"之间的距离，用户会收到一个"高亮的墙重叠"警告，现在不用理会这个警告，以后将调整这个墙体。

3. 从类型选择器把被粘贴的墙类型由"Generic - 4″ Brick"改为"Foundation - 12″ Concrete"，墙体在外观上发生变化以反映新的墙体类型。单击视图控制栏中的"视觉样式"按钮，选择"着色"选项，结果如图 2-23 所示。

图2-23 被粘贴的更新后的墙类型

4. 选择"Foundation - 12″ Concrete"墙体，选择"重设轮廓"工具，删除复制

和粘贴操作之前对这个墙体所做的轮廓编辑。

5. 再次选择"Foundation - 12″ Concrete"墙体，选择"附着顶部/底部"工具，确认选项栏勾选了"顶部"选项，然后单击"Generic - 4″ Brick"墙体。注意，基础墙体发生了附着，并且它的轮廓发生了改变以匹配上面的砖墙，如图 2-24 所示。

图2-24　附着顶部/底部操作的结果

这项技术的优势在于，如果编辑上部墙体的轮廓，那么两个墙体之间的关系得以保持。完成这些步骤远快于编辑两个墙体的轮廓！对相邻的砖墙做出修改，观察附着的基础墙体有什么变化。

6. 在"South"立面视图中选择"Generic - 4″ Brick"墙体，选择"编辑轮廓"工具。调整 3 个阶梯轮廓中的最后一个，将高度由 457 改为 1219。图 2-25 所示为修改前与修改后的对比。单击"完成编辑模式"按钮退出编辑。

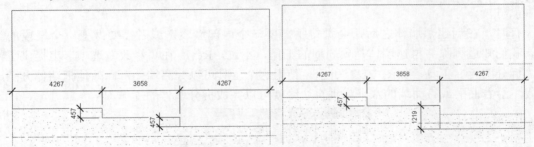

图2-25　最后一个阶梯轮廓修改前后的对比

7. 注意观察，这时砖墙轮廓和基础墙轮廓都发生了变化。

2.5　在墙体上切割洞口

洞口可以开在直面或曲面墙上，"墙洞"命令一般用于曲面墙的情况，这是因为已经有了编辑直面墙立面轮廓的选项。而且当切出一个洞口时，在墙边界范围之外无法绘制，也无法创建由非直线围成的形状。

本节练习的目标是在曲面墙上添加和修改墙洞。

2.5.1　在曲面墙上切割洞口

【练习2-6】：　在曲面墙上切割洞口。

1. 打开 "c02-6start.rvt" 文件，打开的文件应该打开默认的三维视图。
   选择曲面墙，"墙洞口" 工具将出现在 "修改|墙" 选项卡上。

2. 选择 "墙洞口" 工具，然后移动光标到墙上，将得到通过两次单击创建一个
   矩形洞口的提示。

3. 在曲面墙上创建两个洞口，如图 2-26 所示。

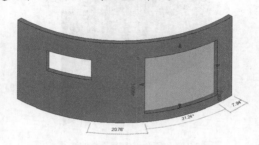

图2-26　在墙体上创建洞口

当选中某个洞口时，属性面板将显示一些约束，如 "顶部偏移" 和 "底部偏移"，这允许用户输入精确尺寸来修改洞口的大小和位置。

4. 对于其中的一个洞口，设其 "底部偏移" 为 305。

5. 如果要删除一个洞口，就移动光标到洞口边缘并单击它，然后按 Delete 键。

2.5.2　拆分墙体

有时，在创建了墙体之后，会觉得不需要一个内部墙段，或者需要改变一个墙段的类型。我们知道删除并再建墙体是项烦琐的工作，不过，Revit 在 "修改" 选项卡上提供了一个 "拆分图元" 工具，如图 2-27 所示。使用这个工具可以分离墙体，高效地把墙体分割成小段。沿着曲面或直面墙的水平或垂直边缘就可以完成拆分墙体的工作。

图2-27　"修改" 选项卡中的 "拆分图元" 工具

2.5.3　替换墙体

采用替换不同墙类型的方法可以避免删除和创建新墙体的额外工作。这就如同选中一个墙体，然后从属性面板改选新类型一样容易（图 2-28 是替换前的墙体，图 2-29 是替换后的墙体）。在设计过程的早期阶段这种方法特别有用，那时，准确的墙体类型可能尚未知道，可以先使用常规或占位作用的墙体类型，然后在后续的设计过程中替换它们。

图2-28　替换前的墙体类型

图2-29　替换后的墙体类型

2.6　创建幕墙

　　幕墙的创建与常规墙的创建非常相似：选择幕墙类型，然后绘制需要的形状。不过，幕墙可用的参数与基本墙或叠层墙不同。

　　下面练习的目标是定制一个幕墙，这个幕墙基于实例（这意味着不用定义任何类型参数）。我们将手工增加幕墙网格，这些网格把幕墙分为更小的嵌板。在该练习的最后部分将增加幕墙竖梃，竖梃是安置在幕墙网格上的。此外，在练习中还涉及手工控制网格宽度的方法。

2.6.1　创建与定制幕墙

【练习2-7】：　创建与定制幕墙。

1. 打开"c02-7start.rvt"文件，启动的文件应该打开默认的三维视图，选择"建筑"选项卡"构建"面板中的"幕墙网格"工具。
2. 当光标停留在幕墙的边缘上时，Revit软件用一条虚线提示网格放置的位置。
3. 使用功能区上默认的"全部分段"工具，沿着水平和竖直方向添加 3 条网格线，如图 2-30 所示。

本练习视频

4. 创建完幕墙网格，接着为幕墙嵌板添加竖梃。选择"构建"面板中的"竖梃"工具，再选择"放置"面板中的"全部网格线"工具。

5. 把光标移动到任意幕墙网格线上，这时它们应该都高亮，这指示了竖梃将被放置的位置。单击鼠标，竖梃就被分配给了所有的空网格线，如图 2-31 所示。按 Esc 键退出该命令。

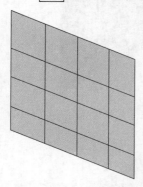

图2-30　创建好的幕墙网格线

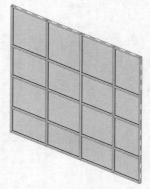

图2-31　按网格线生成竖梃

6. 移动光标到一根垂直竖梃的上面，按 Tab 键若干次，直到鼠标所指的幕墙网格线高亮。涉及幕墙时，Tab 键很重要，因为有几个潜在共享一条公共边缘的图元（墙、嵌板、网格和竖梃），因此有必要按下和释放 Tab 键来确定被选对象，如图 2-32 所示。

7. 一旦这条网格线高亮，就单击选中它，会出现两个临时尺寸。

8. 单击临时尺寸文本，可以输入精确的数值来指示网格线的新位置。

9. 设第一条垂直网格线和最后一条垂直网格线距幕墙边缘都是 610，中间的网格线保持不动；设第一条水平网格线和最后一条水平网格线距幕墙边缘都是 914，结果如图 2-33 所示。

图2-32　选中幕墙网格线

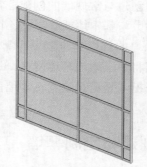

图2-33　完成后的基于实例的幕墙

说明：曲面幕墙嵌板。

在增加垂直网格线之前，创建的曲面幕墙段看起来是平坦的。但是，在设计过程中指定精确的网格位置常常是烦琐且不易修改的。出于方便考虑，从一个专门创建的非常薄且透明的墙体，能够创建一个设计嵌板。使用这个墙体构思设计，以后用幕墙替换它。这个墙体甚至可以有一个相关联的样式文件，这个文件有助于从外观上判定它为幕墙嵌板。在文件"c02-Curtain Walls.rvt"中能找到这类墙体的一个实例，该文件在本章的练习文件夹中。

在前面的练习里，通过使用临时尺寸线，可以修改幕墙网格及安放于其上的竖梃位置，这是因为幕墙类型属性没有任何设定间距的参数。下面练习的目标是针对间距和竖梃类型设置一些类型属性值。

2.6.2 修改幕墙类型属性

【练习2-8】：　修改幕墙类型属性。

本练习视频

1. 打开 "c02-8start.rvt" 文件，打开的文件应该呈现默认的三维视图，如图 2-34 所示。选择两个幕墙中的一个，单击属性面板中的 "编辑类型" 按钮，弹出 "类型属性" 对话框。

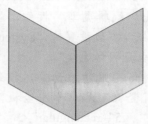

图2-34　文件打开后出现的三维视图

2. 在 "类型属性" 对话框里找到 "垂直网格" 和 "水平网格" 中的 "布局" 设定（当前的设定为 "无"），"垂直网格" 的 "布局" 设为 "固定距离"，"间距" 设为 1524。"水平网格" 的 "布局" 设为 "最大间距"，"间距" 设为1219，如图 2-35 所示。单击 "确定" 按钮关闭 "类型属性" 对话框。

图2-35　在 "类型属性" 对话框中设置有关参数

3. 这时，两个幕墙应该按设置好的网格线间距显示网格线，如图 2-36 所示。

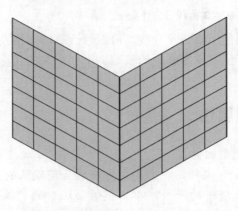

图2-36 按照设置好的网格间距显示网格线

4. 再次选择一个幕墙并单击"编辑类型"按钮，弹出"类型属性"对话框，"构造"项下的"幕墙嵌板"参数设置为"System Panel: Solid"，"连接条件"参数设置为"边界和垂直网格连续"。

5. 向下拖动"类型属性"对话框里的滚动条，找到"垂直竖梃"和"水平竖梃"参数的位置，"垂直竖梃"和"水平竖梃"的"内部类型"都设置为"Rectangular Mullion:2.5″ ×5″ rectangular"。"垂直竖梃"和"水平竖梃"的"边界 1 类型"和"边界 2 类型"也进行同样设置，于是所有的设置使用了同样的矩形竖梃。此时，"类型属性"对话框如图 2-37 所示。单击"确定"按钮关闭"类型属性"对话框，这时两个幕墙应该发生更新，如图 2-38 所示。

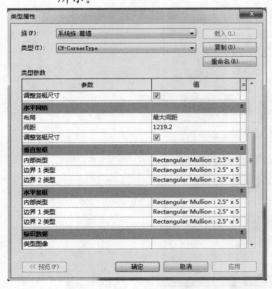

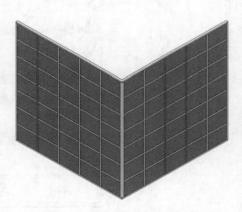

图2-37 在"类型属性"对话框中设置有关竖梃的参数   图2-38 按设置生成竖梃后的幕墙

读者可能发现在幕墙拐角位置，两面幕墙相交。默认情况下不指定拐角竖梃，于是对交界处两个重叠的边缘，使用标准的"Rectangular Mullion:2.5″×5″"竖梃。可以通过设置"边界 1 类型"或"边界 2 类型"的参数值来指定拐角竖梃。

对于不希望更新整个模型每个幕墙实例的所有边界条件的情况，则重写已放置在模型里的竖梃更为适用。当幕墙类型包含了指定的间距和竖梃时，仍然能够修改一个单独的部分，不过先要使用"解锁"工具。

6. 在三维视图下，把光标移动到边界幕墙竖梃上（至于选中边界上的哪个竖梃则无关紧要），多次按 Tab 键，直到这个竖梃高亮，单击选中它。当这个竖梃被选中后，单击鼠标右键并选择"选择竖梃"→"在网格线上"命令，这样就选中了网格线上的每个竖梃，如图 2-39 所示。

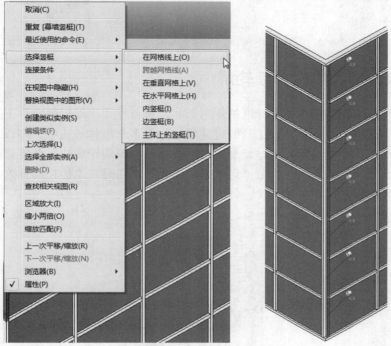

图2-39　网格线上被选中的竖梃

7. 注意，属性面板中的"rectangular mullion"（矩形竖梃）类型显示为灰色。默认情况下不能简单地替换它，因为这种幕墙的类型属性定义了这个类型。要重写这种类型，需要先解锁这些竖梃，方法是选择"修改"面板中的"解锁"工具。现在我们选择这个工具。

8. 当前，网格线上的每个幕墙竖梃都已经被解锁（并且仍处于被选中状态）。在两个幕墙的交界处不需要幕墙竖梃，可以删除它们。在步骤 7 中已经将它们解锁，因此能简单地用 Delete 键删除它们。

9. 重复步骤 6，选中两个幕墙交界处剩下的边界竖梃，然后再次使用"解锁"工具。对于这些读者希望通过属性面板中的"类型选择器"更改幕墙竖梃类型的竖梃，使用"类型选择器"把幕墙竖梃改为"L Corner Mullion:5″ x5″ Corner"，如图 2-40 所示，现在拐角状况应该看起来类似于图 2-41 所示。

图2-40 使用"类型选择器"更改竖梃类型

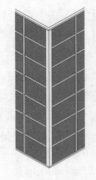

图2-41 幕墙拐角情况

2.6.3 嵌入幕墙和编辑幕墙轮廓

基本墙、叠层墙和幕墙可能是标准的矩形形状,可以使用"编辑轮廓"工具把它们修改为定制形状。在选中一个墙体后该工具即可使用(如果多个墙体被选中,则该工具失能)。当"编辑轮廓"工具被激活后,通过增加轮廓线或修改已有的轮廓线,就能修改墙的矩形轮廓,如图 2-42 所示。此外,在单击"完成编辑模式"按钮时,添加在墙体内部的任何闭合草图线将被视为洞口。

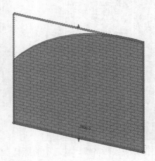

图2-42 编辑墙轮廓

幕墙也能被嵌入墙内,这对定制店面或类似的情况来说是很有用的。用户常常希望将幕墙放置在基本墙或叠层墙里,并且能够自动切割出墙洞。

下面练习的目标是增加一个被嵌入基本墙里的幕墙。在本练习的第二部分,我们将编辑被嵌入的幕墙轮廓来定制它的形状。

【练习2-9】: 嵌入幕墙与编辑幕墙轮廓。

1. 打开"c02-9start.rvt"文件,启动的文件应该打开"Level 1"楼层视图。在这个视图里有个单独的基本砖墙。

2. 选择"构建"面板中的"墙"工具,在属性面板的类型选择器中选择"幕墙:Storefront"墙类型。

本练习视频

3. 单击属性面板中的"编辑类型"按钮,弹出"类型属性"对话框,找到"自动嵌入"参数并勾选(默认情况它应该被选中)。这个参数控制幕墙是否会自动嵌入宿主墙中。

4. 单击 "确定" 按钮关闭 "类型属性" 对话框。在 "Level 1" 视图中，单击幕墙上的任意地方，然后在墙上距离第一个点 6096 处单击第二点。为了准确地确定这个点，可以先用鼠标大致确定位置，然后在尺寸文本处输入这个数值，这样就添加了该幕墙。因为勾选了 "自动嵌入" 选项，所以这面幕墙将与砖墙联系在一起，并且在这个墙体上切出一个洞口。

5. 打开 "South" 立面视图，选择幕墙，在属性面板上把 "底部偏移" 参数改为 610，然后把 "无连接高度" 参数改为 3050，如图 2-43 所示。

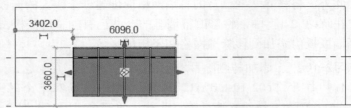

图2-43　宿主墙体里被选中的幕墙

6. 仍处在 "South" 立面视图中，选择嵌入的幕墙，然后单击 "模式" 面板中的 "编辑轮廓" 按钮进入绘制模式。

7. 选择顶部轮廓线，按 Delete 键删除。接着，在此处增加一条新轮廓线，方法是使用 "起点-终点-半径弧" 工具，具体来说，就是选择 "绘制" 面板上的 "起点-终点-半径弧" 工具，单击幕墙的一端，再单击另一端，然后移动鼠标到合适位置，单击确定半径。最后单击 "完成编辑模式" 按钮完成绘制并更新这个幕墙。这时，Revit 可能警告用户，在初始系统里的一些竖梃可能无法创建。这是因为有些竖梃处于绘图区之外。单击提示框中的 "删除图元" 按钮继续进行操作。

围绕这面嵌入幕墙的宿主墙体将发生变化以匹配定义了边界条件的这个新轮廓，如图2-44 所示。

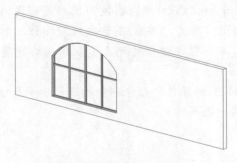

图2-44　完成后的幕墙立面视图

2.6.4　幕墙嵌板

　　幕墙嵌板被定义为幕墙类型属性的一部分。像其他幕墙组件一样，也可以在单个实例的基础上指定幕墙嵌板，或者解锁并变更为另一种填入类型。一个幕墙嵌板可以是个幕墙嵌板族、一个基本墙、叠层墙，也可以是另一种幕墙。

2.6.5　增加和删除幕墙网格及竖梃

　　本章至此已经手工增加了幕墙网格和幕墙竖梃，并且在类型属性里定义了网格线的位置。用户项目中的一个典型幕墙可能有着最为常见的网格间距，该间距在类型属性里预先定义。但是，仍然可以增加或删除网格线。

　　练习 2-10 是在幕墙上手工增加额外的网格线和幕墙竖梃。通过类型属性实现这个目标。此外，将移除一些已有的幕墙网格而创建一个较大的嵌板填充空隙。

　　在练习 2-11 中，将修改幕墙里的一些已有的幕墙嵌板。作为该练习的一部分，将把一个幕墙嵌板门添加到移除了网格和竖梃的区域。

【练习2-10】：　添加与删除幕墙竖梃。

1.　打开 "c02-10start.rvt" 文件（这个练习及下个练习将用到这个文件），启动的文件应该打开默认的三维视图，如图 2-45 所示。单击视图中的幕墙，在属性面板上显示该幕墙类型为 "Storefront–Door"，单击 "编辑类型"，弹出 "类型属性" 对话框，它包含了网格间距和竖梃类型的信息。

本练习视频

图2-45　启动文件时打开的默认三维视图

2.　移动光标到一个垂直的红色竖梃上，按 ⌈Tab⌋ 键数次直到幕墙网格高亮，然后单击选中它。

3.　注意，这时功能区中的 "添加/删除线段" 工具是可用的。仅当幕墙网格被选中时该工具才会出现。单击 "添加/删除线段" 按钮，然后移动光标到一个垂直的红色竖梃上，单击它，这样就删除了幕墙网格及竖梃，这是因为该竖梃寄生在这个网格上。

4.　重复步骤 2 和步骤 3 的操作，删除剩余的红色水平幕墙网格和竖梃。最后将得到图 2-46 所示的一块嵌板。

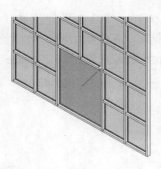

图2-46　被删除的幕墙网格和竖梃

5. 除了在"类型属性"里定义的那些幕墙网格和竖梃以外，也可以添加幕墙网格和竖梃。在"建筑"选项卡的"构建"面板上选择"幕墙网格"工具，然后单击"放置"面板中的"一段"按钮。

6. 为底部剩余的 4 个嵌板添加 4 条垂直网格线，这 4 条网格线位于每个嵌板的中间，距每条边 508。方法是把鼠标光标分别移动到这 4 个嵌板上部水平竖梃的中点，单击左键。注意，矩形竖梃被自动添加，这是因为幕墙类型属性指定了这种类型的竖梃，如图 2-47 所示。

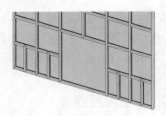

图2-47　添加新的网格和竖梃

7. 用鼠标选择这 4 个新的垂直竖梃（使用 Ctrl 键把它们添加到同一个选择集合中），选择"修改"面板中的"解锁"工具。在垂直竖梃还处于选中状态下，从类型选择器中选择"1″ Square"类型幕墙竖梃，结果如图 2-48 所示。

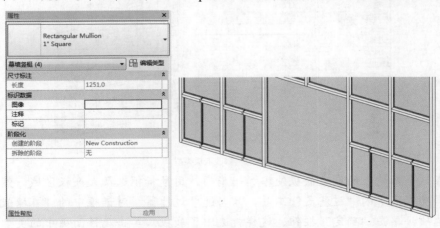

图2-48　使用类型选择器选择新竖梃类型

8. 用鼠标点选与新的"1″ Square"类型竖梃正交的上方竖梃（用 Ctrl 键添加多

个图元到同一个选择集中），然后选择"竖梃"面板中的"结合"工具，如图 2-49 所示。或者单击显示在竖梃上的"切换竖梃连接"符号。这样就实现了新旧竖梃结合。用同样方法完成"1″ Square"类型竖梃和下方竖梃的结合，如图 2-50 所示。

图2-49 "竖梃"面板中的"结合"工具

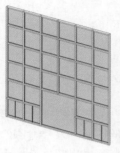

图2-50 结合后的竖梃

2.6.6 定制幕墙嵌板

【练习2-11】：定制幕墙嵌板。

1. 打开"c02-11start.rvt"文件，启动的文件开启默认的三维视图，选择底部的 8 个幕墙嵌板，选择"解锁"工具，然后通过属性面板中的类型选择器将幕墙嵌板从"System Panel Glazed"变更为"System Panel Solid"，如图 2-51 所示。

本练习视频

图2-51 修改嵌板类型

2. 在这个幕墙上的最大嵌板处添加一扇门。用鼠标框选最大嵌板区域，然后选择功能区中的"过滤器"工具，只勾选"过滤器"对话框中的"幕墙嵌板"选项，单击"确定"按钮，这样就选中了嵌板。单击属性面板中的类型选择器，把嵌板类型改为"Curtain Wall Dbl Glass"，如图 2-52 所示。

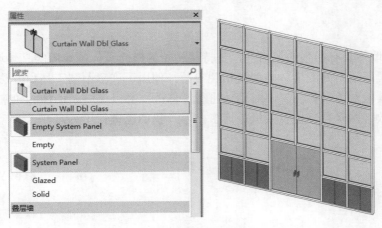

图2-52 修改嵌板类型

3. 添加了门之后，选择门两边位于较低处的垂直竖梃（每边各有两个竖梃），然后选择"竖梃"面板中的"结合"工具，把两个竖梃延伸到幕墙的基底，如图 2-53 右图所示。

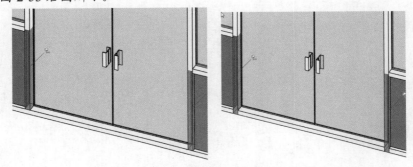

图2-53 门两侧竖梃向下延伸前和延伸后的对比

4. 选中两个加锁的竖梃，选择"修改"面板中的"解锁"工具，或者单击竖梃旁边的解锁符号，按 Delete 键删除这两个竖梃。

5. 这两个竖梃被删除后，幕墙嵌板门会调整尺寸来填充增加的空间。在操作的任何节点上，如果希望嵌板或竖梃恢复以前的类型，使用"修改"面板中的"锁定"工具就会把它们恢复到幕墙类型属性中定义的类型。图 2-54 是最终完成后的幕墙。

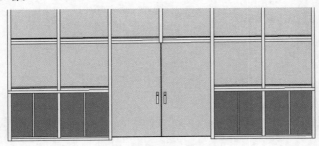

图2-54 完成后的幕墙

2.7 小结

Revit 中的墙体具有很强的灵活性，支持从初始的概念设计到最后的具体墙类型确定。

本章我们学习了不同的墙体类型及相关参数，使用了许多不同工具和方法创建墙体。通过在墙上放置其他对象（如门），对墙体进行了修改，并且调整了墙体的轮廓和形状。对于幕墙、相关参数、网格、竖梃及嵌板等诸多内容，我们也进行了练习。

第3章 楼板、屋顶和天花板

尽管创建楼板、屋顶和天花板的过程不太一样，但用于编辑每种初始设计图元的工具类似，并且方法相同。Revit 提供了灵活的楼板及屋顶创建工具，可以在项目中生成任意形式的楼板和屋顶。与墙类似，楼板、屋顶和天花板也都属于系统族。

本章主要内容

- 创建楼板。
- 创建屋顶。
- 增加天花板。

3.1 创建楼板

楼板是建筑设计中常用的建筑构件，用于分隔建筑各层空间。Revit 建筑软件提供了楼板、结构楼板和面楼板 3 种楼板，其中面楼板用于将概念体量模型的楼层面转换为楼板模型图元，该方式只能用在从体量创建楼板模型的情况。结构楼板是为方便在楼板中布置钢筋、进行受力分析等结构专业应用而设计的，提供了钢筋保护层厚度等参数，结构楼板与楼板的用法没有任何区别。Revit 建筑软件还提供了楼板边缘工具，用于创建基于楼板边缘的放样模型图元。

在下面的练习中，先用绘制形状的方法创建楼板，然后使用"拾取墙"工具定义楼板边界。

3.1.1 通过绘制和拾取墙的方法创建楼板

【练习3-1】： 通过绘制和拾取墙的方法创建楼板。

1. 打开 "c03-1start.rvt" 文件，激活 "Level 1" 楼板平面视图，选择 "建筑" 选项卡 "构建" 面板中的 "楼板" 工具。
2. Revit 自动进入绘图模式，这种模式允许通过创建图形来定义楼板边界。
3. 使用 "绘制" 面板中的 "矩形" 工具画出一块楼板的简单图形，矩形大小为 4500×9000，这个尺寸只是参考数据。
4. 使用属性选项板中的 "类型选择器" 确定楼板的类型为 "Generic-12″"，如图 3-1 所示，单击功能区上 "完成编辑模式" 按钮完成图形的绘制。打开三维视图查看刚才绘制的楼板，如图 3-2 所示。

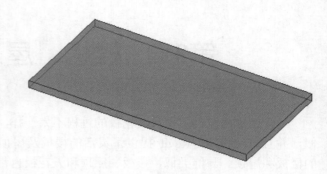

图3-1　使用类型选择器确定楼板类型　　　　　　　　　图3-2　绘制完成的楼板

5. 下面通过拾取墙方式创建一块楼板。打开"Level 1"视图，选择"建筑"选项卡"构建"面板中的"楼板"工具进入绘制模式，从"绘制"面板中选择"拾取墙"工具，这样就可以选择一个单独的墙体或一个完整的墙体链。

6. 把光标移动到墙的上方，墙体会自动高亮，按 Tab 键若干次，选择就在一面墙和一系列墙之间循环。当所有的墙体高亮时，单击墙体来拾取所有墙体。

7. 在属性选项板中，"自标高的高度偏移"参数设为 0，单击"完成编辑模式"按钮退出绘制，结果如图 3-3 所示。

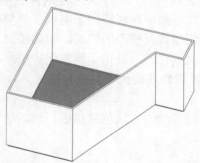

图3-3　使用"拾取墙"工具创建的楼板

　　有一点要注意，当用拾取墙方式创建楼板时，新楼板的边缘取决于在墙的什么位置单击鼠标，要楼板延伸到墙的外边缘，就必须拾取墙的外边缘；要楼板延伸到墙的内边缘，就必须拾取墙的内边缘。

3.1.2　编辑楼板边界

本练习视频

【练习3-2】：　编辑楼板边界。

　　这个练习的目的是编辑和修改已有的楼板边界。

1. 打开"c03-2start.rvt"文件，打开"Level 1"楼层平面图，选择"修改|楼板"选项卡"模式"面板中的"编辑边界"工具，接着使用"绘制"面板中的工具添加直线和弧线，注意要删除相交线，结果如图 3-4 所示。

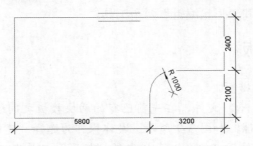

图3-4 修改楼板边界

2. 单击"完成编辑模式"按钮完成草图绘制。单击楼板，可以看到它的尺寸属性已经发生了更新，如图 3-5 所示。

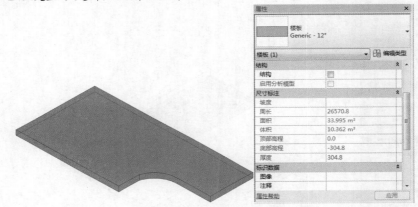

图3-5 修改后的楼板及尺寸属性

3. 在第一块楼板旁边（位置参照图 3-6）创建同样类型和同样初始尺寸（4500×9000）的另一块楼板。在两块楼板之间留出一些空间。

4. 在属性选项板上设置"自标高的高度偏移"参数为 300，可使这块楼板高于"Level 1"楼层 300。

5. 单击"完成编辑模式"按钮完成楼板的绘制，结果如图 3-6 所示。

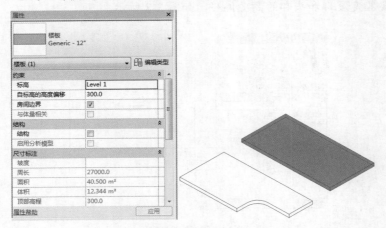

图3-6 高于 Level 1 300 的新楼板

并不是所有楼板都是水平的，Revit 提供了几种创建斜坡的工具，在下面的练习里我们将学习使用"坡度箭头"和"形状编辑"两个工具。

3.1.3　创建倾斜楼板

【练习3-3】：　　创建倾斜楼板。

1. 打开"c03-3start.rvt"文件，在先前已有的两块楼板之间绘制另一块楼板来填充它们之间的空隙，如图 3-7 所示。具体操作为选择"建筑"选项卡中的"楼板"工具，然后使用"绘制"面板中的"矩形"工具在"Level 1"平面视图上绘制出这块楼板，属性选项板中的"自标高的高度偏移"参数设为 0，单击"完成编辑模式"按钮。

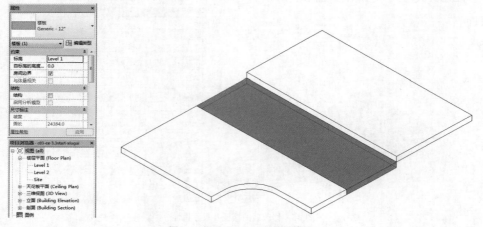

图3-7　位于"Level 1"的新楼板

2. 从图 3-7 中可以看出，这个楼板没有与上部的楼板正确连接。要正确连接，需要使用"绘制"面板中的"坡度箭头"工具，绘制图 3-8 所示的箭头。拾取的第一个位置是箭尾，第二个位置是箭头。

3. 选择坡度箭头，然后修改它的有关参数，使其匹配上楼板和下楼板的位置，一定要指定尾部和头部的高度偏移，如图 3-8 所示。

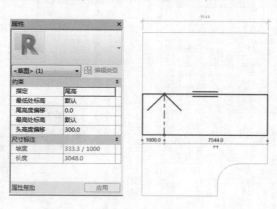

图3-8　坡度箭头参数

4. 单击"完成编辑模式"按钮完成草图绘制，返回默认的三维视图，如图 3-9 所示，倾斜楼板正确地连接了高处楼板和低处楼板。

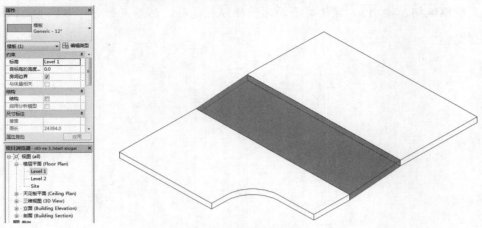

图3-9　完成后的倾斜楼板

使用坡度箭头和单独的楼板可以创建略微倾斜的楼板和下沉区域，但这种方法太过复杂，因为必须创建许多单独的几何构件。针对这种情况，可以使用"形状编辑"工具。

5. 选择高处楼板，可以看到"修改|楼板"选项卡"形状编辑"面板中的形状编辑工具。

6. 假设整个楼板处在正确的标高，只有一块小区域例外，这是为了衔接一个装卸区，这块小区域需要略微下沉。通过选择"形状编辑"面板中的"添加分隔线"工具来定义这个下沉区域的上界和下界，使用该工具添加图 3-10 所示的若干条直线，在添加直线的时候，尺寸和位置不会如图中所示的准确，可以选用"注释"选项卡中的"对齐"工具，把有关尺寸标注出来，然后用"修改|楼板"选项卡中的"修改子图元"工具调整点的位置，使尺寸符合图3-10 中所示的参考尺寸。

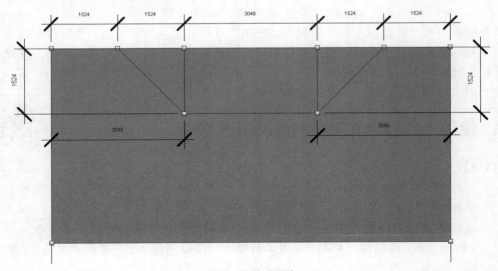

图3-10　添加分隔线

7. 现在已经添加了适当的位置来分隔这个斜坡，需要修改线的端点来改变楼板的斜度。返回默认的三维视图，当光标移动到线端时，Revit 软件就高亮图形操纵柄，按 ⌐Tab⌐ 键使某个具体的操纵柄高亮，然后点选它，如图 3-11 所示。

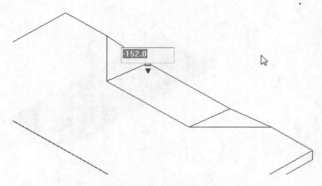

图3-11 编辑图形操纵柄

8. 调整图 3-11 所示图形操纵柄的高程，在本案例中要降低该楼板，因此它的值必须为负，我们设为-152mm。通过使用正值也能增加一个小区域的高程。

9. 对于右边的图形操纵柄做同样操作，完成后的下沉区域如图 3-12 所示。

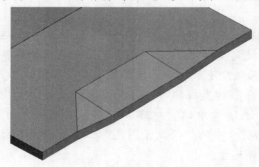

图3-12 完成后的下沉区域

要在楼板上开个临时或不规则的洞口，使用"开洞"工具很方便；要贯穿楼层在垂直方向开出重复的洞口（如竖井或电梯井），可以使用"竖井"工具，该工具可迅速方便地在诸多层楼板、屋顶和天花板上创建洞口。下面两个练习就是在楼板对象上创建洞口，第一个练习使用"面洞口"工具，第二个练习使用"竖井洞口"工具。

3.1.4 使用"面洞口"工具创建洞口

【练习3-4】： 使用"面洞口"工具创建洞口。

1. 打开"c03-4start.rvt"文件，在"建筑"选项卡中有个"洞口"面板，选择其中的"面洞口"工具。

2. 选择斜楼板的任意边沿，单击它进入绘图模式。在中间的斜楼板上绘制一个 3000×1000 的洞口，单击"完成编辑模式"按钮完成绘制，结果如图 3-13 所示。

本练习视频

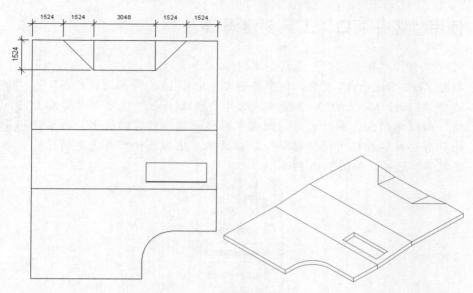

图3-13 创建的洞口

　　选择这个洞口并利用"模式"面板中的"编辑边界"工具，可以编辑先前创建的草图。这种类型的洞口垂直于楼板、屋顶或天花板的斜面，而"垂直洞口"工具创建的洞口垂直于它所在的标高。

3. 在"洞口"面板上选择"垂直洞口"工具，在第一个洞口的上方绘制另一个同样尺寸的洞口，结果如图 3-14 所示。

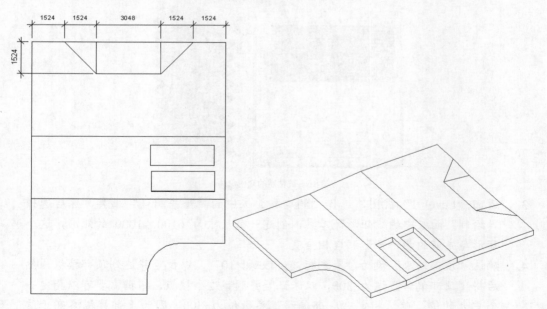

图3-14 绘制同样尺寸的洞口

这两个洞口差异细微，但一个洞口垂直于楼板，另一个洞口垂直于标高。

3.1.5 使用"竖井洞口"工具创建洞口

【练习3-5】：　使用"竖井洞口"工具创建洞口。

1. 打开"c03-5start.rvt"文件,这个样例文件中有 10 个等间距的标高,选择"Level 1"上的 3 个楼板,选择"修改|楼板"选项卡"剪贴板"面板中的"复制"工具,把选中的楼板复制到剪贴板上,再单击"剪贴板"面板中的"粘贴"下拉菜单,然后选择"与选定的标高对齐"选项,如图 3-15 所示。

图3-15　选择"与选定的标高对齐"选项

2. 选择"Level 2"至"Level 10",单击"确定"按钮,如图 3-16 所示。

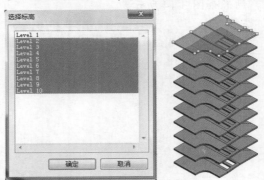

图3-16　被粘贴的几何形体

3. 返回"Level 1"视图,选择"洞口"面板中的"竖井洞口"工具,然后选择"绘制"面板中的"矩形"工具,创建一个尺寸为 6100×1000 的矩形,这个矩形与先前的两个矩形洞口相垂直。

4. 确认"顶部约束"设为"直到标高:Level 10",以使竖井达到顶部楼板,然后将"顶部偏移"设为 300,以保证竖井洞穿这个楼板,根据需要可以指定一个更大的值。确认指定"底部偏移"参数值为-300,因为上部楼板略高于这个标高,如图 3-17 所示。单击"完成编辑模式"按钮完成竖井的创建。

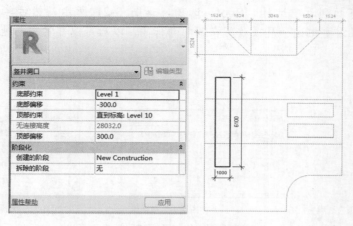

图3-17　创建贯穿多个楼层的竖井

图 3-18 显示了三维视图中的竖井，所有的楼板被自动切割。任何后来创建的位于这些标高之间的天花板、屋顶及其他楼板也将被自动切割。

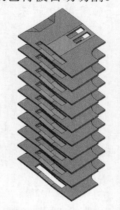

图3-18　三维视图中的竖井

3.2　创建屋顶

创建屋顶有迹线法和拉伸法两种基本方法。迹线法很像创建楼板：从一个草图创建屋顶，通过绘制线段或拾取墙体创建草图。与楼板一样，如果拾取外部墙体作为参照，那么移动墙体将移动对应的屋顶边缘。

在下面练习中将通过拾取墙体的轮廓线创建屋顶。

3.2.1　利用迹线法创建屋顶

【练习3-6】：　利用迹线法创建屋顶。

1. 打开 "c03-6start.rvt" 文件，打开 "Level 1" 平面图，找到 "建筑" 选项卡中的 "构建" 面板，选择 "屋顶" 下拉菜单中的 "迹线屋顶" 选项，如图 3-19 所示。这时弹出一个对话框，如图 3-20 所示，要求选择该屋顶相关联的标高。从下拉列表中选择"Roof"选项，如图 3-21 所示，然后单击"是"按钮。如果需要把这个屋顶放置在不同的标高，以后可以非常容易地修改。

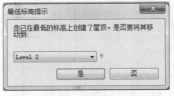

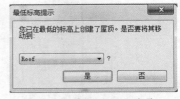

图3-19　选择"迹线屋顶"选项　　　　图3-20　"最低标高提示"对话框　　　　图3-21　选择"Roof"选项

2.　这时"绘制"面板中的"拾取墙"工具是预选项，取消选项栏中的"定义坡度"设定，设置选项栏中的"悬挑"参数值为257。

3.　移动光标到一个外部墙体上，按 Tab 键，直到整个链高亮，然后单击左键，这样就创建了整个屋顶轮廓，如图 3-22 所示。单击"完成编辑模式"按钮。

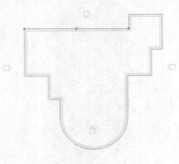

图3-22　屋顶轮廓

4.　我们需要的是倾斜屋顶，所以要分别指定哪个屋顶边缘与斜坡有关。选择"修改|屋顶"选项卡中的"编辑迹线"工具，选择图 3-23 中所指定的轮廓线，勾选选项栏中的"定义屋顶坡度"选项，然后设置"坡度"的参数值为500/1000。

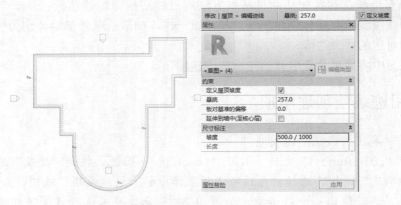

图3-23　屋顶轮廓线和坡度属性

5. 单击"完成编辑模式"按钮完成草图的绘制,打开默认的三维视图。

6. 选择屋顶,设置属性选项板中的"自标高的底部偏移"值为 1830。

7. 接下来需要修改墙体,以使它们附连到屋顶斜坡上。把光标移动到一面外墙上,按 Tab 键,直到整个墙链高亮。

8. 单击选中墙链,选择功能区中的"附着顶部/底部"工具,然后单击屋顶,这时可以看到墙体的高度发生了变化,附连到屋顶斜面上了,如图 3-24 所示。

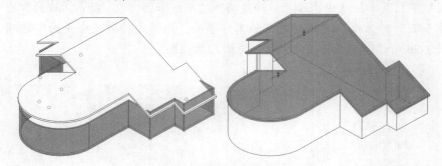

图3-24　调整墙体高度

9. 旋转这个建筑物一周,观察墙体与屋顶的连接情况,可以注意到,大多数墙体恰当地显示出来了,只有一个地方外墙与屋顶之间出现了空隙,如图 3-25 所示。

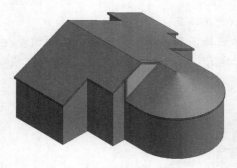

图3-25　需要修正的外墙

10. 选择屋顶,选择"编辑迹线"工具再次进入绘制模式。

11. 调整 3 条屋顶边缘以便更好地适应墙体几何形状。分别选中图 3-26 左图所示的屋顶边缘,勾选选项栏中的"定义屋顶坡度"选项。

12. 单击"完成编辑模式"按钮,Revit 生成新的屋顶形状,如图 3-26 右图所示。

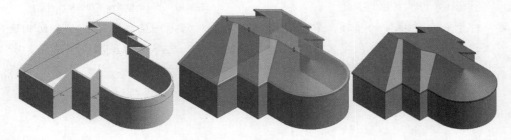

图3-26　使用迹线法创建的屋顶

下面采用拉伸法创建屋顶，并把创建好的屋顶连接到已有的屋顶上。

3.2.2　采用拉伸法创建屋顶

【练习3-7】：　用拉伸法创建屋顶。

1. 打开"c03-7start.rvt"文件，在"建筑"选项卡的"构建"面板上单击"屋顶"下拉菜单，从中选择"拉伸屋顶"选项，如图 3-27 所示。这时弹出"工作平面"对话框，提示指定新的工作平面。选择"拾取一个平面"选项，如图 3-28 所示，单击"确定"按钮返回三维视图。

图3-27　选择"拉伸屋顶"选项

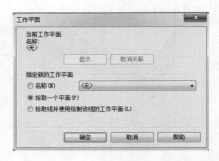

图3-28　"工作平面"对话框

2. 拾取图 3-29 中所示的屋顶面。

3. 这时弹出"屋顶参照标高和偏移"对话框，用户需要把这个拉伸屋顶与一个标高联系起来，"标高"项选择"Roof"，"偏移"项参数保持 0.0，如图 3-30 所示，单击"确定"按钮开始创建轮廓。

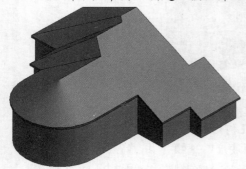

图3-29　拾取高亮的屋顶面

图3-30　"屋顶参照标高和偏移"对话框

4. 对于一个被拉伸的屋顶，它的轮廓线不闭合，只是一条线段（或一系列相连的线段），这条线段定义了被拉伸屋顶的顶部。总厚度由屋顶类型决定，并且可以在以后进行修改。对于本例而言，将创建一个弧形。从"绘制"面板中选择弧形工具，创建一个近似于图 3-31 所示的弧。

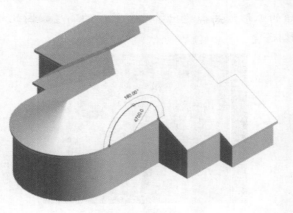

图3-31　创建弧线

5.　当画完这段弧时，单击"完成编辑模式"按钮，这时生成拉伸的屋顶，如图 3-32 所示。显然，这不符合我们的预期。这时，我们将属性选项板里"拉伸终点"项的值设为-6100，将看到拉伸屋顶变为图 3-33 所示。

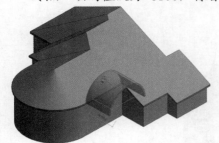

图3-32　生成拉伸屋顶

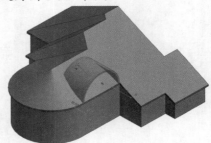

图3-33　修改了"拉伸终点"项参数值后的拉伸屋顶

6.　这个屋顶由创建的弧形生成，但是没有完全延伸到已有的屋顶，也没有连接到面。

7.　选择拉伸出的屋顶，选择"修改|屋顶"选项卡"几何图形"面板中的"连接/取消连接屋顶"工具。

8.　把光标移动到拉伸屋顶的后边缘上，这条边沿线会高亮，如图 3-34 中的左图所示。单击该边缘线，然后把光标移动到希望这个拉伸屋顶所要连接屋顶面的边缘，这时该面的边缘线会高亮，如图 3-34 中的右图所示，单击选择这个面。

图3-34　附连屋顶

9.　拉伸的屋顶向后延伸与另一个屋顶面相交，结果如图 3-35 所示。然而，需注意，由于初始的弧形过高，超出了已有屋顶的高度，因此相连接时无法维持拉伸屋顶的形状。

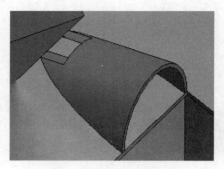

图3-35 拉伸的屋顶过高

10. 调整初始轮廓，使这个弧形低于所要连接屋顶的高度。选择拉伸屋顶，选择"编辑轮廓"工具，结果如图 3-36 所示，出现了原来的轮廓线，显示为红色。

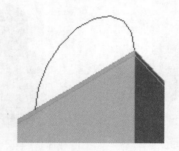

图3-36 选择拉伸屋顶

11. 选择轮廓线，可以看到它的半径临时尺寸，单击这个临时尺寸，输入 3657，该轮廓线将变得更小。

12. 单击"完成编辑模式"按钮返回模型视图，将看到拉伸屋顶发生了更新，已经符合连接要求，如图 3-37 所示。

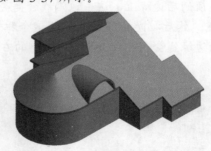

图3-37 用拉伸法创建的屋顶

控制屋顶斜度的另一种方法是使用坡度箭头，坡度箭头允许指定两个参照面和两个标高，以及箭头首部和尾部的高度偏移。

在下面的练习中将修改一个水平屋顶约束，并使用坡度箭头生成特定的倾斜屋顶形状。

3.2.3 创建坡度箭头

【练习3-8】： 创建坡度箭头。

1. 打开"c03-8start.rvt"文件，选择屋顶，选择功能区中的"编辑迹线"工具进入绘图模式。

2. 选择"绘制"面板中的"坡度箭头"工具，增加一个如图 3-38 所示的坡度箭头。注意，"头高度偏移"的值设为 2000。这个坡度箭头的尾部必须位于草图的边界上，而坡度箭头的头部实际上可以指向任意方向。

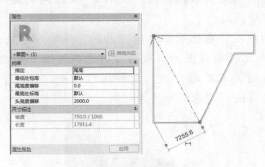

图3-38 使屋顶倾斜

3. 单击"完成编辑模式"按钮结束编辑。注意，一个单斜坡贯通这个屋顶。如果没有坡度箭头，在这个方向指定一个斜坡几乎不可能。

也可以使用多个坡度箭头创建屋顶斜坡。在创建两个必须在同一位置精确相交的斜坡时，这项技术将给用户极大的帮助，如果没有斜坡箭头，完成这项工作极为困难。

4. 选择屋顶，选择"编辑迹线"工具再次进入绘图模式，删除已有的坡度箭头。

5. 沿着北—南和东—西屋顶边界，绘制出两个新的坡度箭头，使这两个箭头的头部在屋顶的左上角相遇。在属性选项板设置这两个坡度箭头具有如下属性。

- "尾高度偏移"为 0。
- "头高度偏移"为 2000。

6. 确认两个箭头的尾部和头部的高度偏移值是相同的。单击"完成编辑模式"按钮完成草图绘制，最后得到的屋顶如图 3-39 所示。

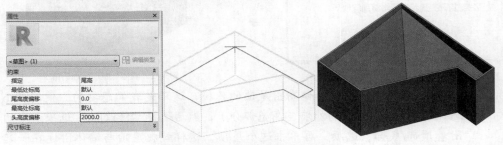

图3-39 通过两个坡度箭头创建的屋顶

下面的练习使用"定义斜坡"选项创建垂直于边缘的多个斜坡。

3.2.4 创建多个屋顶斜坡

【练习3-9】: 创建多个屋顶斜坡。

1. 打开"c03-9start.rvt"文件，选择屋顶，选择"编辑迹线"工具，进入草图绘制模式，删除两个已有的坡度箭头。

2. 选择表示屋顶轮廓的所有线段，方法是：一直按 Ctrl 键并分别选择每个线段；或者把光标移动到一条线段上，按 Tab 键，高亮全部轮廓线段，然后单击左键选中全部线段。

3. 对于这些选中的线段，在选项栏里的"悬挑"项输入参数值-1000，结果如图3-40 所示。可以比较参数值为正或为负时悬挑伸缩方向的变化，负值时悬挑伸出墙外，正值时悬挑在墙体内。需要注意的是，仅对于通过"拾取墙"工具创建的屋顶轮廓线，"悬挑"项才可用。

图3-40　设置"悬挑"项后的屋顶轮廓线

4. 在屋顶边界线段都选中的情况下，勾选属性选项板里的"定义屋顶坡度"选项，在属性选项板中修改它的"坡度"属性值为 750/1000，单击"完成编辑模式"按钮。这时会弹出对话框，如图 3-41 所示，单击"是"按钮，则高亮显示的墙就附着到屋顶了。可以单击"是"按钮，也可以单击"否"按钮，由于教学的需要，这里单击"否"按钮，目的是讲解如何操作可使墙体与屋顶附着在一起。此时屋顶看上去应该如图 3-42 所示。

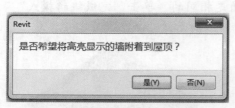

图3-41　选择对话框

图3-42　墙体与屋顶附连的情况

5. 由图 3-42 可以明显看到墙体高出屋顶的悬挑，这不是我们想要的。使用 Tab 键选择图 3-43 中所示的外墙（高亮部分），然后选择"修改|墙"选项卡中的"附着顶部/底部"选项，再单击这个屋顶。这样就把屋顶与墙体附连在一起了，结果类似于图 3-44 所示。

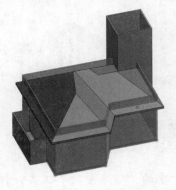

图3-43　选中的外墙

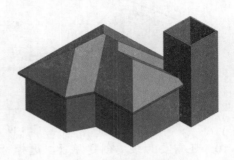

图3-44　屋顶与墙体附连

6. 在塔墙处的两个重叠的屋顶边沿需要修正。单击屋顶，然后选择"编辑迹线"工具再次进入绘图模式，这时，与塔墙相交的屋顶如图 3-45 所示。我们要使伸入到塔墙中的悬挑收缩到塔墙的位置，为此，选中这两条边界，设置选项栏中的"悬挑"参数为 0，取消选择选项栏中的"定义坡度"选项，这时的悬挑如图 3-46 所示。

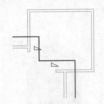

图3-45　修改前塔墙处的屋顶边沿

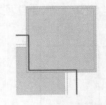

图3-46　调整后塔墙处的屋顶边沿

7. 单击"完成编辑模式"按钮，这时弹出一个对话框，如图 3-47 所示。因为我们不希望塔墙附着于这个屋顶，所以单击"否"按钮。最终结果如图 3-48 所示。

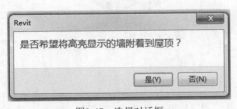

图3-47　选择对话框

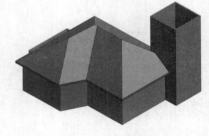

图3-48　完成后的屋顶

8. 接下来在塔墙上创建屋顶，为此，单击"建筑"选项卡，选择"迹线屋顶"工具，出现"最低标高提示"对话框，指定 Level 6，然后单击"是"按钮。

9. 使用"拾取墙"工具选中整个塔墙，属性选项板中的"坡度"参数设为 250/1000，选项栏中的"悬挑"参数设为 609.6，单击"完成编辑模式"按钮。这时弹出对话框，询问是否希望将高亮显示的墙附着到屋顶，单击"是"按钮，如图 3-49 所示。

图3-49 在塔墙上创建屋顶

10. 还需要为矮墙创建屋顶，选择"建筑"选项卡中的"迹线屋顶"工具，弹出对话框时指定 Level 2。

11. 使用"拾取墙"工具拾取三面矮墙，然后使用"直线"工具绘制一条沿着外墙面的线段，将矮墙连成封闭的矩形，连接时可能会用到"修剪/延伸为角"工具。

12. 对于三面矮墙，"坡度"参数设为 166.7/1000，"悬挑"参数设为 304.8，结果如图 3-50 所示。单击"完成编辑模式"按钮，当弹出对话框时，单击"是"按钮（即墙与屋顶附着在一起），结果如图 3-51 所示。

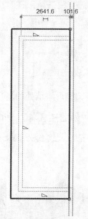

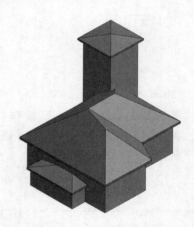

图3-50 为矮墙上的屋顶设置坡度和悬挑参数

图3-51 在矮墙上创建的屋顶

3.3 增加天花板

在 Revit 软件中放置和修改天花板的操作很容易，当移动墙体时，附连于那些墙体的天花板将发生伸缩，自动适合新的条件。在 Revit 软件中，创建天花板有两个不同的工具。

- 自动天花板工具：这个"天花板"工具位于"建筑"选项卡的"构建"面板中，当选择这个工具时，默认情况是"自动天花板"。这意味着当光标放到一个空间上时，Revit 软件将试着找到墙的边界。

- 绘制天花板工具：对于定制的情况，"绘制天花板"工具是有用的。例如，必须画出天花板底面或隔板的边界，或者，对于天花板对象没有展开到整个空间的情况，就要绘制它的边界。

在下面的练习中，首先自动创建天花板，然后创建一块定制化的天花板。

3.3.1　添加自动生成及绘制出的天花板

【练习3-10】：添加自动生成与绘制出的天花板。

1. 打开"c03-10start.rvt"文件，此时打开了"level 1"楼层平面图，选择"构建"面板中的"天花板"工具，为平面图底部的房间添加天花板，如图 3-52 所示。当光标移动到房间空间上时，Revit 就指示出它的边界。

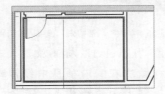

图3-52　Revit 勾勒出天花板边界

2. Revit 提供了 4 种默认天花板类型，即一种基本类型和 3 种复合类型，这里选择"2×2′ ACT System"类型。

3. 当单击将第一块天花板放置到楼板平面图上时，工作界面右下角会出现一个警告，如图 3-53 所示，这种警告会频繁发生，通常，不应该忽略警告，因为可能在同一个地方放置了多个天花板。找到项目浏览器"视图"→"天花板平面"节点中的"Level 1"，打开这个视图，在该视图中天花板对象是可见的。

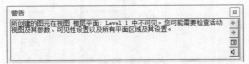

图3-53　警告提示

4. 选择"建筑"选项卡中的"天花板"工具，单击图 3-54 所示房间的内部来自动放置天花板。注意，Revit 软件根据选择的空间会居中放置网格线。打开三维视图，结果如图 3-55 所示。

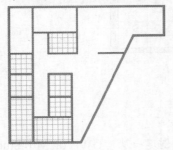

图3-54　放置天花板后的房间

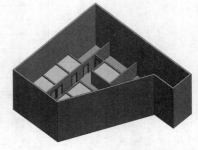

图3-55　放置天花板后的三维视图

我们希望四周的墙体降低到接近天花板的高度，因此，点选四周的墙体，在属性面板上把"顶部约束"项的参数改为"直到标高：Level 2"，结果如图 3-56 所示。

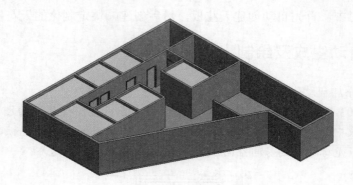

图3-56　修改"顶部约束"参数后的结果

5. 在天花板平面图的左上角"Level 1"标高放置天花板，但是这次将在两个空间共享这块天花板，这种做法在室内项目中经常遇到。房间的隔板只延伸到天花板的下面（而非连接到上面的结构）。选择"建筑"选项卡中的"天花板"工具，出现"修改|放置天花板"选项卡，选择"天花板"面板中的"绘制天花板"工具，增加图 3-57 中所示的轮廓线，单击"完成编辑模式"按钮，结果如图 3-58 所示（平面图和三维图）。

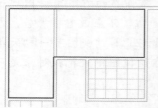

图3-57　增加天花板轮廓线

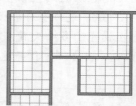

图3-58　添加的天花板

6. 在平面图的右上方区域使用"绘制天花板"工具创建另一块天花板，如图 3-59 所示，天花板的类型为"2′ × 4′ ACT System"。

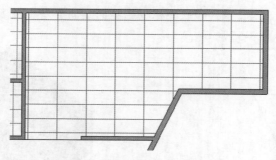

图3-59　创建的另一块天花板

7. 用"绘制天花板"工具在图 3-60 中显示的区域创建一块"GWB on Mtl. Stud"类型的天花板，结果如图 3-61 所示。

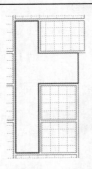

图3-60 在边界所示的区域创建一块天花板

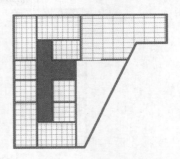

图3-61 创建好的天花板

默认情况下，GWB 材质没有表面图案，我们为用于天花板的 GWB 创建一种新材质，并赋予这种材质一种图案。

8. 选择天花板，单击属性选项板中的"编辑类型"按钮，弹出"类型属性"对话框，单击其中"结构"项的"编辑"按钮，弹出"编辑部件"窗口。

9. 单击"材质"栏下面的"Gypsum Wall Board"，再单击出现的省略号按钮就打开了"材质浏览器"。找到"石膏墙板"类型，右击它，选择快捷菜单中的"复制"命令，如图 3-62 所示，然后重新命名这个材质为"Gypsum Ceiling Board"。

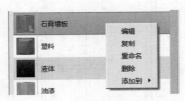

图3-62 选择快捷菜单中的"复制"项

10. 选中"Gypsum Ceiling Board"材质，找到"图形"选项卡中的"表面填充图案"，单击"填充图案"栏，弹出"填充样式"对话框，拖动滑块，找到"Sand"后单击它，如图 3-63 所示。这样就把该表面图案与材质联系起来。

图3-63 为材质指定表面图案

11. 一直单击"确定"按钮，直到关闭全部对话框并返回天花板平面视图。最后的结果如图 3-64 所示。现在，能够区分出安置了天花板的区域。

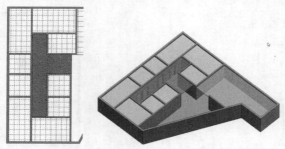

图3-64 安置完成后的天花板视图

下面练习的目标是创建一个隔板来分隔两块天花板。

3.3.2 创建隔板

【练习3-11】：创建隔板。

1. 打开 "c03-11start.rvt" 文件，放置用作隔板的墙体，如图 3-65 所示。在这个墙体的属性选项板里，确认设置 "底部偏移" 的值为 2400，"无连接高度" 的值为 700。这样就创建了两面高过头部的墙体。

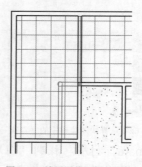

图3-65 放置用作隔板的墙体

2. 编辑天花板最容易的方法是选择一条网格线，然后选择 "修改|天花板" 选项卡中的 "编辑边界" 工具。将这块天花板的轮廓线修改为图 3-66 中左图所示的形状，然后单击 "完成编辑模式" 按钮退出。

3. 用 "绘制天花板" 工具绘制一块新的 GWB 天花板，它的 "自标高的高度偏移" 参数值设为 2700。单击 "完成编辑模式" 按钮之前的天花板形状如图 3-66 右图所示。

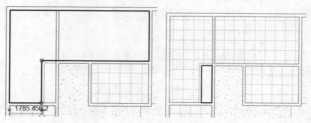

图3-66 编辑边界

4. 单击 "完成编辑模式" 按钮。

5. 为了更好地理解在三维视图中完成的结构，进入三维视图，右击 ViewCube，从级联菜单中选择"三维视图：Section Box 1"命令，如图 3-67 所示。

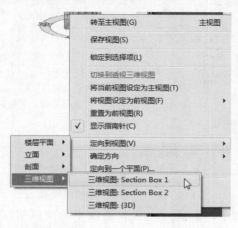

图3-67 选择"三维视图：Section Box 1"选项

6. 旋转这个视图，或使用 ViewCube 选择合适的角度。使用操纵箭头拖动剖面盒的边界，使之类似于图 3-68 所示。我们可以发现这种工作方式很有帮助，因为在交流任何设计问题时，同时拥有二维和三维视图的支持。

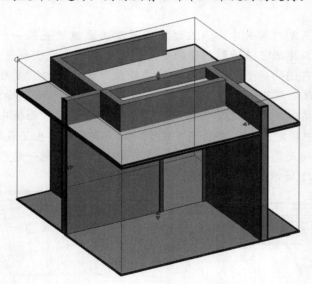

图3-68 最终的剖面盒位置

下一个练习是在天花板上添加灯具，并旋转天花板网格。

3.3.3 添加灯具并旋转网格

【练习3-12】：添加灯具并旋转网格。

1. 打开 "c03-12start.rvt" 文件，单击"插入"选项卡，从"从库中载入"面板上选择"载入族"工具。弹出"载入族"对话框，浏览并打开"建筑\照明设备\

69

天花板灯"文件夹，双击"天花板-线槽灯"文件，如图 3-69 所示。

图3-69　载入"天花板－线槽灯"文件

2. 单击"系统"选项卡，单击"电气"面板中的"照明设备"按钮，天花板灯具族应该是默认设定。

3. 从属性选项板的类型选择器中选择"0600mm×1200mm（2 盏灯）"类型。要把灯具放置到天花板平面图的右上角，该区域的天花板类型是 2′×4′（0600mm×1200mm）ACT System，所选灯具的尺寸与天花板的尺寸相吻合。

4. 灯具的插入点是灯具的中心。在适当位置单击左键放置第一个灯具，然后使用"对齐"工具把它移动到正确的位置。也可以依次点击放置完 4 个灯具，然后再调整它们的位置。还可以使用"修改"面板中的"复制"工具，复制第一个灯具来生成其他 3 个灯具。放置后的灯具如图 3-70 所示。

5. 当要旋转网格时，可以选择任意网格线，使用"修改"面板中的"旋转"工具。本案例中指定了 10° 旋转角。注意，灯具也同样发生了旋转。

6. 当单击并拖动天花板上的网格线时，天花板中的灯具也一起移动。旋转后的结果如图 3-71 所示。

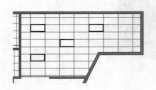

图3-70　放置灯具

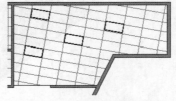

图3-71　旋转后的天花板网格

在下面的练习中，将在编辑天花板的边界时放置一个斜坡箭头来倾斜该天花板，也将介绍改变天花板类型的方法。

3.3.4　倾斜天花板

【练习3-13】：倾斜天花板。

1. 打开"c03-13start.rvt"文件，选中天花板，使用属性选项板中的类型选择器把天花板的类型改为"GWB on Mtl.Stud"。注意，这时天花板发生了更新以反映新的天花板类型。

2. 单击天花板的边缘，选择"修改|天花板"选项卡中的"编辑边界"工具。

3. 选择"坡度箭头"工具，放置一个坡度箭头，在属性面板上将它的"尾高度偏移"参数值设为 0，将它的"头高度偏移"值设为 1000，如图 3-72 所示。

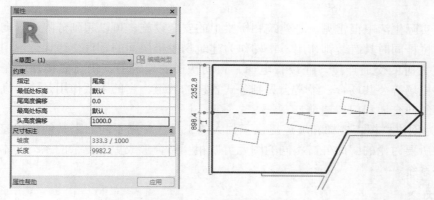

图3-72　给天花板添加一个坡度箭头

4. 单击"完成编辑模式"按钮。单击三维视图，再右击 ViewCube，从级联菜单中选择"三维视图：Section Box 2"命令，结果如图 3-73 所示。天花板上的灯具随着修改后的天花板一同倾斜。

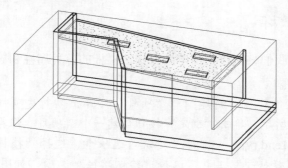

图3-73　倾斜后的天花板

3.4 小结

在 Revit 中，楼板、屋顶和天花板是不同的对象类型，但它们共享相对来说通用的修改工具。本章我们学习了创建楼板、修改楼板、给楼板增加洞口、改变楼板边界或增加坡度、创建屋顶、修改屋顶坡度的方法。最后，我们学习了创建天花板、修改天花板边界和类型，以及在天花板上安装灯具的方法。

第4章　楼梯、坡道和栏杆

栏杆在实际生活中很常见，是建筑和桥梁上的安全设施，可以起到分隔、导向的作用，设计美观的栏杆同时具有装饰作用。楼梯作为建筑物中楼层间的垂直交通构件，用于楼层之间和高差较大时的交通连接，在设有电梯、自动扶梯的建筑中，仍需要楼梯。在商场、医院、酒店和机场等公共场合，经常会见到各式各样的坡道，它的主要作用是连接高差地面，作为楼面的斜向交通和门口通道。

Revit 为创建栏杆、楼梯和坡道提供了强大的工具，使用不同的工具创建和控制这些图元正是本章所要讨论的。此外，不同的图元可以相互结合形成更为复杂的系统，本章的练习也涉及这些系统。

本章主要内容

- 创建常规栏杆。
- 创建楼梯。
- 设计坡道。

4.1　创建常规栏杆

在下面的练习里，我们将创建栏杆，编辑构造栏杆的各种属性和构件。

【练习4-1】：　创建栏杆。

1. 依次单击"文件"→"新建"→"项目"，弹出"新建项目"对话框，如图 4-1 所示，单击"确定"按钮创建一个新项目。保存项目，命名为"c04-1end.rvt"。选择"建筑"选项卡，选择"楼梯坡道"面板中的"栏杆扶手"工具，选择"绘制路径"选项，如图 4-2 所示，进入绘制模式。

本练习视频

图4-1　"新建项目"对话框

图4-2　选择"绘制路径"选项

在绘制栏杆之前要先创建一个新的栏杆类型。

2. 通过属性面板中的类型选择器选择"900mm"类型，单击属性面板中的"编辑类型"按钮，弹出"类型属性"对话框，可以看到当前的栏杆扶手类型是

"900mm"。单击对话框中的"复制"按钮，命名新栏杆为"设计"，然后
单击"确定"按钮两次退出所有的对话框。注意，这时属性面板中的栏杆扶
手类型已经变成"栏杆扶手-设计"。

3. 画一条长为 10000mm 的路径线。

这条线将定义栏杆路径。在 Revit 中，每个栏杆必须是单条相连轮廓线（同一个栏杆中
不允许有多条不相连的轮廓线）。

4. 单击"完成编辑模式"按钮退出绘图模式，单击三维视图按钮，查看这个栏
杆，如图 4-3 所示。接下来，开始编辑这个栏杆的某些属性。

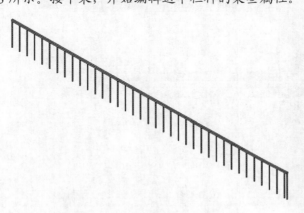

图4-3　创建的栏杆

5. 选择栏杆，单击属性面板中的"编辑类型"按钮，弹出"类型属性"对话
框，如图 4-4 所示。

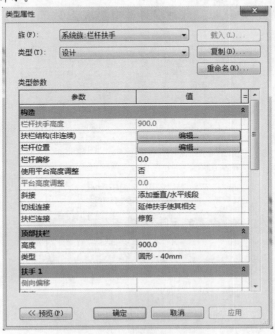

图4-4　"类型属性"对话框

6. 单击"扶栏结构（非连续）"项的"编辑"按钮，弹出"编辑扶手（非连

续）"对话框，单击"插入"按钮，将增加另一种栏杆。在"名称"栏中输入"低栏杆"，"高度"项的值设为 300，"轮廓"项参数改为"矩形扶手:50×50mm"，如图 4-5 所示，单击"确定"按钮返回"类型属性"对话框。

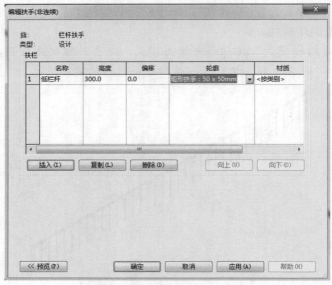

图4-5　"编辑扶手（非连续）"对话框

7. 在"类型属性"对话框中，"顶部扶栏"部分的"高度"项设为 1060，"类型"项保持"矩形-50×50mm"不变，如图 4-6 所示。"顶部扶栏"部分的参数控制栏杆中的顶部扶栏。每种栏杆类型要求至少有一根扶栏，否则 Revit 无法创建这种类型。

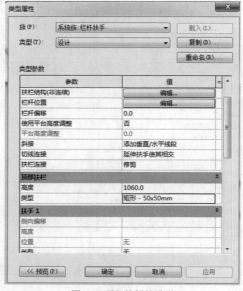

图4-6　顶部扶栏的设置

接下来将修改栏杆柱。

8. 单击"类型属性"对话框中"栏杆位置"项后面的"编辑"按钮。弹出"编辑栏杆位置"对话框，找到其上的"主样式"面板，单击第二行（常规栏杆），它的"栏杆族"项的参数选择"栏杆–正方形:25mm"。"相对前一栏杆的距离"项的参数值设为125。

9. 在"支柱"面板上，将"起点支柱""转角支柱"和"终点支柱"3 行的"栏杆族"项均设为"无"，如图 4-7 所示，这将阻止在起点和终点创建多余的柱子。

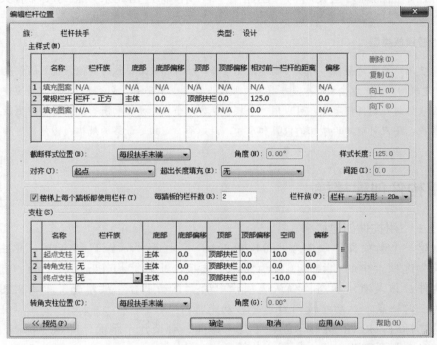

图4-7 "编辑栏杆位置"对话框

10. 单击"确定"按钮关闭"编辑栏杆位置"对话框，再次单击"确定"按钮关闭"类型属性"对话框。完成后的栏杆如图 4-8 所示。

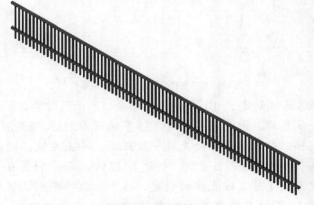

图4-8 完成后的栏杆

4.2　创建楼梯

　　Revit 中有"楼梯（按构件）"和"楼梯（按草图）" 两种楼梯创建工具，位于"建筑"选项卡的"楼梯坡道"面板上。如名字所提示的那样，用"楼梯（按构件）"工具创建的楼梯能被拆分成构件。该工具是 Revit 的默认楼梯工具。"楼梯（按草图）"工具位于"楼梯"的下拉菜单中。本章中的大多数练习用到的是"楼梯（按构件）"工具。

　　我们将在下面的练习里使用构件创建一个直线楼梯，由此来熟悉与楼梯有关的选项和构件。

说明：便利地替换族类型。

　　注意，使用"类型选择器"可以动态地改变楼梯、栏杆和坡道，这与其他系统族的情况一样。对于 Revit 建筑构件族，这个过程也是一样的。假设设计发生了变化，或者还没有确定将要使用的楼梯类型。在设计过程的任何节点，可以用一个族替换另一个族，楼梯和所有视图将相应更新。在设计的早期阶段，用户可能知道楼梯的位置和尺寸，但是不一定知道最终的规格。因此，这种方法十分有用。

4.2.1　用构件创建楼梯

【练习4-2】：　用构件创建楼梯。

1.　创建一个新项目，命名为"c04-2end.rvt"。打开"标高 1"平面图，单击"建筑"选项卡中的"楼梯（按构件）"选项，此时"构件"面板中的"直梯"构件应该是激活状态。确认选项栏中的"自动平台"被勾选。单击视图左边的任何一点，然后缓慢向右水平移动光标。

　　在移动光标时，Revit 会显示创建了几个踢面，剩余几个踢面，即从"标高 1"到"标高 2"还有多少踢面需要完成，如图 4-9 所示。

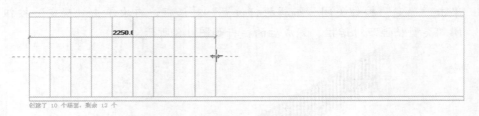

图4-9　显示创建的踢面数和剩余踢面数

2.　当看到提示信息"创建了 10 个踢面，剩余 12 个"时单击，这样就创建了该楼梯的第一段直梯。由于没有创建足够多的踢面到达"标高 2"，还需要创建另一段直梯。向右水平移动光标一段距离，单击左键，创建了一段平台，然后向右水平移动光标，当看到"创建了 12 个踢面，剩余 0 个"的提示时单击，这样就完成了第二段直梯的创建。接下来，单击刚才创建的平台，该区域高亮，按住鼠标左键水平方向拖曳平台边缘的控制柄，利用键盘输入 1525，则第二段直梯的起始点与第一段直梯的距离就设为了 1525。当整个楼梯创建完成后，为了使这个尺寸显示在视图上，需要选择"测量"面板中的"线性尺寸标注"工具，将 1525 这个尺寸标注在视图上。完成后的直梯如图 4-10 所示。

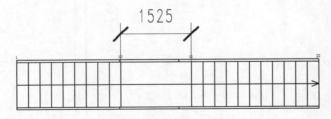

图4-10　带平台的构件楼梯

3. 仍处在编辑模式，选择"工具"面板中的"栏杆扶手"工具，弹出"栏杆扶手"对话框，如图 4-11 所示。单击下拉列表，选择"900mm"类型，如图 4-12 所示，单击"确定"按钮关闭对话框。

图4-11　"栏杆扶手"对话框

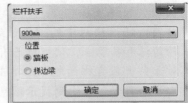

图4-12　选择"900mm"类型

4. 单击"完成编辑模式"按钮完成构件楼梯的创建，然后单击快速访问工具栏中的三维视图按钮，结果如图 4-13 所示。

图4-13　带栏杆的楼梯

现在开始创建第二个构件楼梯，这次创建一个转折楼梯。

5. 打开"标高 1"平面图，首先使用"建筑"选项卡中的"墙"工具绘制两段墙体，水平墙体长 3700，垂直墙体长 3400。然后，使用"工作平面"面板中的"参照平面"工具创建两个参照平面，将垂直参照平面命名为参照平面 1，水平参照平面命名为参照平面 2。结果如图 4-14 所示。

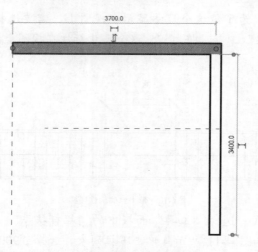

图4-14 创建的墙体和参照平面

6. 使用"楼梯（按构件）"工具创建楼梯，但是，在拾取一个点创建第一段直梯前，将选项栏中的"定位线"设为"梯边梁外侧：左"，这将对齐楼梯的外边缘和拾取点，使抓取已有几何图形更容易。

7. 对于第一段直梯的起点，单击参照平面 1 的端点，该端点与墙相交。光标向右水平移动，当看到提示信息"创建了 10 个踢面，剩余 12 个"时单击，这样就创建了第一段直梯。

8. 对于第二段楼梯的创建，选项栏中的"定位线"使用同样的设置，单击参照平面 2 与墙的交点。光标向下移动，当看到"创建了 12 个踢面，剩余 0 个"的提示时单击，创建第二段直梯，如图 4-15 所示。

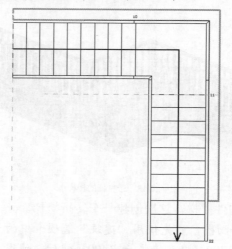

图4-15 创建的楼梯

构件楼梯的优点之一是可以用形状控制点动态地改变楼梯。

9. 选择自动创建的楼梯平台，注意图形控制点。拖动楼梯平台边缘图形控制点向下移动来放大楼梯平台。注意这段楼梯自动下移，以对应新的楼梯平台尺寸。

10. 仍处在编辑模式，选择"工具"面板中的"栏杆扶手"工具，弹出"栏杆扶手"对话框，单击下拉列表，选择"900mm"类型，单击"确定"按钮关闭对话框。

11. 单击"完成编辑模式"按钮，完成构件楼梯的创建。打开三维视图，结果如图 4-16 所示。

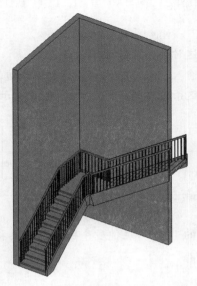

图4-16　创建的带扶手楼梯

在下面的练习里，将通过绘制方式创建一个直线楼梯，熟悉楼梯工具的工作流程和属性。

4.2.2　通过绘制方式创建楼梯

【练习4-3】：　通过绘制方式创建楼梯。

1. 打开"c04-3start.rvt"文件，打开"Level 1"平面视图，选择"建筑"选项卡中的"楼梯（按草图）"工具，从左到右单击任意两点（这两点要分开得足够远，以便 Revit 显示创建了 18 个踢面），这样将在"Level 1"和"Level 2"之间创建了一个具有 18 个踢面的直梯。

2. 选择上部边界线，拖动右端点操纵柄回退两个踢面，如图 4-17 所示。

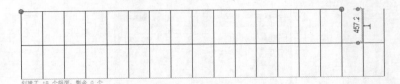

图4-17　回退两个踢面

3. 使用"起点-终点-半径弧"工具为两个踢面画出定制的新边界线。

4. 利用"修改"面板中的"修剪/延伸单个图元"工具将踢面线延长，使它与步骤 3 中添加的新边界线相交，如图 4-18 所示。

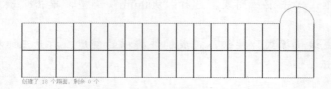

图4-18　新边界和踢面轮廓线

5.　单击底部的边界线，这时临时尺寸显示为 457.2。

6.　单击临时尺寸文本，输入 762，以此向下移动这条边界线。注意，很多条踢面轮廓线没有自动随着这条边界线下移，如图 4-19 所示。

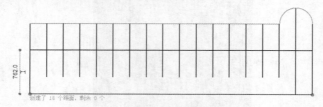

图4-19　底部边界线下移

7.　使用"修改"面板中的"修剪/延伸多个图元"工具将踢面线延伸到新边界线位置，如图 4-20 所示。

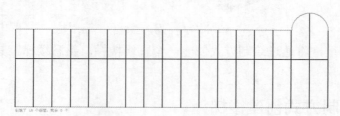

图4-20　更新后的边界线位置

8.　单击属性面板中的"编辑类型"按钮打开楼梯的"类型属性"对话框。

9.　找到"踢面"栏，取消选择"结束于踢面"选项，单击"确定"按钮关闭对话框。这将删除在楼梯终点生成的踢面。

10.　此时仍处在编辑模式，选择"工具"面板中的"栏杆扶手"工具，弹出"栏杆扶手"对话框，选择"梯边梁"选项，如图 4-21 所示，这将确定栏杆扶手被安装到楼梯上的位置。

图4-21　选择"梯边梁"选项

单击"完成编辑模式"按钮完成楼梯的创建。

忽略任何创建的实际踢面数量警告。

11. 选中自动创建的两个栏杆扶手，在属性面板的类型选择器里将类型改为
    "Glass Panel - Bottom Fill"。创建的楼梯如图 4-22 所示，显然楼梯栏杆扶手
    的上部挡板不符合实际情况。选择栏杆，注意属性面板中的"从路径偏移"
    参数，取消数值前的"-"号，则消除了不符合实际情况的挡板，最终效果如
    图 4-23 所示。

图4-22　生成的楼梯

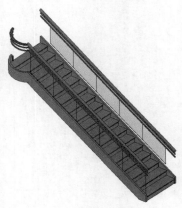

图4-23　最终完成的楼梯

4.2.3　定制并创建构件楼梯平台

【练习4-4】：　定制并创建构件楼梯平台。

1. 打开"c04-4start.rvt"文件，打开楼层的"Level 1"平面视图，选择图中的楼
   梯，选择"编辑楼梯"工具进入编辑模式。

2. 单击图中的楼梯平台对象，要定制楼梯平台形状，因此需要将该平台转换为
   草图构件。

3. 选择"工具"面板中的"转换"工具，这时会弹出提示对话框，如图 4-24 所
   示，单击"关闭"按钮关闭对话框，保证这个转换是不可逆的。

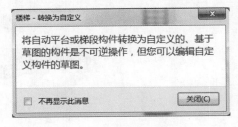

图4-24　提示对话框

注意，这时在"工具"面板上出现了一个"编辑草图"工具。

4. 选择"编辑草图"工具开始编辑平台的边界，删除靠近墙体且长度最长的平
   台边界线。

5. 选择"绘制"面板中的"边界"工具，再选择"拾取线"工具。将选项栏上
   的"偏移量"参数设为50。这样，光标在距墙50之内就可以拾取到墙。

6. 拾取室内墙面，创建新的平台轮廓线。使用"修剪/延伸为角"工具清理新绘制的边界线，结果如图 4-25 所示。单击"完成编辑模式"按钮。注意，仍处在编辑构件楼梯状态，只是结束了编辑平台草图。现在，我们增加第二个楼梯平台。

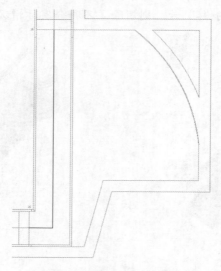

图4-25　绘制的平台边界线

7. 单击"构件"面板中的"平台"工具，选择"创建草图"工具。
8. 确定属性面板上的"相对高度"参数被设为 4572，"绘制"面板上选中"边界"，然后在第二段直梯的终点绘制第二个楼梯平台，如图 4-26 所示。
9. 单击"完成编辑模式"按钮完成新楼梯平台草图绘制，再次单击"完成编辑模式"按钮，完工的楼梯如图 4-27 所示。

图4-26　绘制的第二个楼梯平台

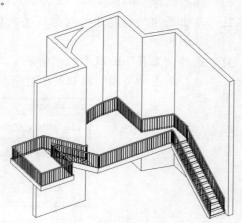

图4-27　完工的楼梯

在下面的练习里，通过使用"多层顶部标高"实例属性修改已有的楼梯，使之跨越多个项目标高。

4.2.4　创建多层楼梯

【**练习4-5**】：　创建多层楼梯。

　　本练习的样例文件中有 5 个项目标高，我们在标高之间重复创建已有的楼梯，因为标高之间具有一致的层高。

1.　打开 "c04-5start.rvt" 文件，激活三维视图。

2.　选择楼梯，找到属性面板中的"多层顶部标高"实例参数，它的当前设定是"无"，把值改为"Level 5"，看看发生了什么情况，结果如图 4-28 所示。Revit 将重复创建这个楼梯直到指定的标高，包括连接在这个楼梯上的栏杆。

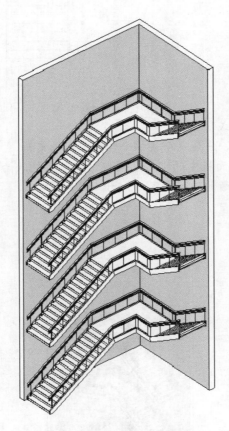

图4-28　直到 "Level 5" 的多层楼梯

3.　选择其中靠墙的一个栏杆。注意，此时 4 个栏杆实例都被选中。

4.　在属性面板上把栏杆扶手类型改为 "Guardrail–Pipe"，4 个栏杆发生了同样的变化。

5.　选择楼梯，选择"编辑楼梯"工具进入编辑模式。

6.　打开 "Level 1" 楼层平面视图。用鼠标框选楼梯平台处，选择"选择"面板中的"过滤器"工具，弹出"过滤器"对话框，取消选中"楼梯：支撑"选项，保留选中"楼梯：平台"选项，单击"确定"按钮，这样就选中了楼梯平台。使用图形操纵柄调整平台边界与每个直梯边缘的距离为 760，如图 4-29 所示。

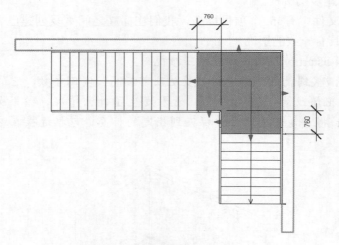

图4-29　调整平台图形

7. 单击"完成编辑模式"按钮。

8. 再次打开三维视图，发现每个楼梯平台都已经被更新。

9. 选择楼梯，将属性面板中的"多层顶部标高"参数改为"Level 4"。楼梯将发生更新，以对应新的顶层指定，如图 4-30 所示。

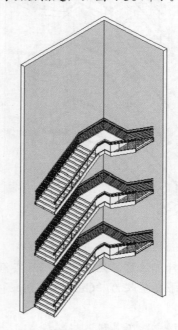

图4-30　更新后的多层楼梯

4.2.5 修改标高和楼梯高度

【练习4-6】： 修改标高和楼梯高度。

打开"c04-6start.rvt"文件，这个样例文件中有两个标高和一个楼梯。

1. 打开"North"立面视图，选择"Level 2"标高对象，单击标高文本 3658，输入 4570。

2. 标高高度更新后，系统将产生一个警告："楼梯顶端超过或无法达到楼梯的顶部高程"。实质上，需要额外的踢面以达到新的高度。

3. 选择楼梯，单击"编辑楼梯"按钮，打开"Level 1"楼层平面视图。

4. 在属性面板里，注意"所需踢面数"和"实际踢面数"的参数，所需踢面数是 26，但实际已有的踢面数只有 21，需要增加 5 个额外的踢面以达到"Level 2"。

5. 选择最后一段直梯，它当前的踢面是从 15 到 21。用鼠标拖动蓝色的控制柄（显示"拖曳梯段末端"提示），在拖动时出现楼梯的半色调轮廓线，如果希望创建所需的 26 个踢面数，则要拖动到的位置如图 4-31 所示。

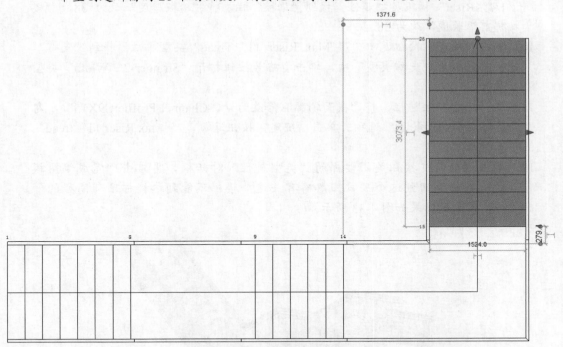

图4-31 要拖动到的位置

6. 单击"完成编辑模式"按钮返回，打开"North"立面视图。注意，现在的楼梯高度实际上达到了"Level 2"。

7. 调整楼梯的几个属性。打开三维视图，选择楼梯，单击"编辑楼梯"工具重新进入编辑模式。选择最后一段楼梯，在属性面板上取消选择"以踢面结束"选项，这将从楼梯上删除最后的小踢面，如图 4-32 所示。

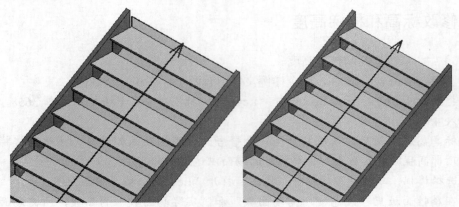

图4-32 删除最后的踢面

8. 取消对楼梯的选择，仍处在编辑模式，单击属性面板中的"编辑类型"按钮，弹出"类型属性"对话框，对于其中的"支撑"栏，勾选"中部支撑"选项，这就为楼梯增加了一个额外的楼梯斜梁。

9. 在"构造"栏找到"梯段类型"，单击省略号按钮启动"2″ Tread 1″ Nosing 1/4″ Riser"梯段类型属性。找到"踏板"栏，将"踏板厚度"改为 38，"楼梯前缘长度"改为 38。

10. 单击"确定"按钮返回"7″ Max Riser 11″ Tread"类型属性。找到"支撑"栏下的"右侧支撑类型"项，单击省略号按钮打开"Stringer-2″ Width"类型属性。

11. 在"尺寸标注"栏，将"截面轮廓"修改为"C-Channel-Profile:C9X15"，勾选"翻转截面轮廓"选项。单击"确定"按钮返回"7″ Max Riser 11″ tread"类型属性。

12. 单击"确定"按钮关闭楼梯的"类型属性"对话框，再单击"完成编缉模式"按钮返回到这个项目。忽略有关这个楼梯不能到达楼梯顶部高程的警告，最后的结果如图 4-33 所示。

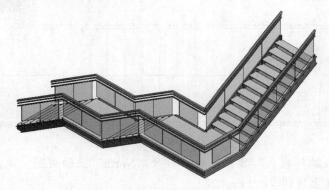

图4-33 设计的楼梯

在下面的练习里，将创建一个新的栏杆，并把这个栏杆用于已有的楼梯。

4.2.6 在楼梯上安放栏杆

【练习4-7】： 在楼梯上安放栏杆。

1. 打开 "c04-7start.rvt" 文件，在 "Level 1" 平面视图上，单击 "建筑" 选项卡 "楼梯坡道" 面板中的 "栏杆扶手" 下拉菜单，选择 "绘制路径" 工具。

本练习视频

2. 使用 "绘制" 面板中的 "拾取线" 工具，选择 3 条楼梯斜梁的内线（见图 4-34 中的实线）。

3. 找到属性面板里的 "约束" 栏，设置 "从路径偏移" 的参数为 50，如图 4-35 所示。使用类型选择器将栏杆扶手类型选为 "900mm"。

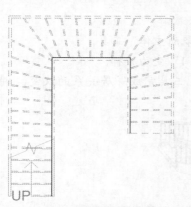

图4-34 拾取楼梯斜梁的内线

图4-35 设置 "从路径偏移" 参数值

4. 单击 "完成编辑模式" 按钮完成栏杆的创建。

5. 使用同样的方法创建另一个栏杆，不过它是安装在外部 3 个楼梯斜梁上的。对于这个栏杆，"从路径偏移" 项的参数设为-50，如图 4-36 所示。使用类型选择器将栏杆扶手类型选为 "900mm"。

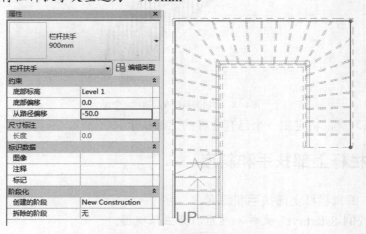

图4-36 设置参数及栏杆类型

6. 单击 "完成编辑模式" 按钮完成草图编辑。

7. 打开三维视图，可以看到栏杆还没有附连到楼梯上，而是附连到了 "Level 1"，如图 4-37 所示。

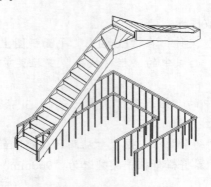

图4-37　栏杆没有安装到楼梯上

8. 选择一个栏杆，单击 "工具" 面板中的 "拾取新主体" 工具。

9. 单击楼梯，改变栏杆的寄居关系，从 "Level 1" 变为楼梯。

10. 对于第二个栏杆，同样使用 "拾取新主体" 工具完成寄居关系的改变。调整三维视图的视角，得到的结果如图 4-38 所示。

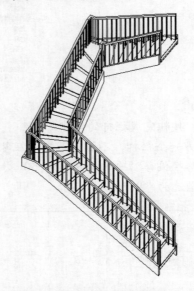

图4-38　寄居关系修改后的栏杆位置

在下面的练习里，将定制一个已有栏杆的上部扶手。

4.2.7　编辑栏杆上部扶手和斜度

【练习4-8】：　编辑栏杆上部扶手和斜度。

1. 打开 "c04-8start.rvt" 文件，然后打开三维视图。

2. 移动光标到上部矩形扶栏，按 Tab 键一次，上部扶栏高亮。

3. 单击选择扶栏，如图 4-39 所示。

本练习视频

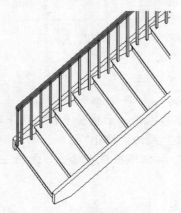

图4-39　选择上部扶栏

4. 选择"连续扶栏"面板中的"编辑扶栏"工具，再选择"工具"面板中的"编辑路径"工具，最后选择"绘制"面板中的"直线"工具。

5. 从已有路径的端点开始，为顶部栏杆画一条定制路径，如图 4-40 所示。为了便于绘制，应切换到"North"立面视图。

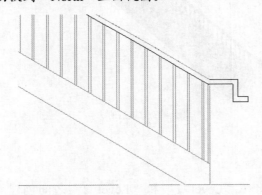

图4-40　在"North"立面视图中修改的扶手

6. 单击"完成编辑模式"按钮两次结束编辑顶部扶手操作，返回项目。

接下来，将修正位于平台上扶手的约束条件，使之匹配平坡。

7. 打开"Level 1"楼层平面图。单击选中扶手，如图 4-41 所示，然后选择"编辑路径"工具。

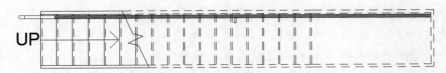

图4-41　选中扶手

8. 使用"修改"面板中的"拆分图元"工具在楼梯平台的边缘拆分栏杆路径，如图 4-42 所示。

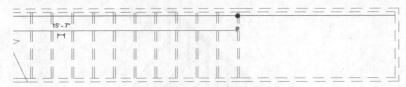

图4-42　拆分栏杆路径

9. 按 Esc 键两次退出，然后选择位于楼梯平台的扶手轮廓路径。

10. 在选项栏中设置"坡度"项为"水平"。

11. 单击"完成编辑模式"按钮退出扶手绘制，打开三维视图进行查看，结果如
图 4-43 所示。

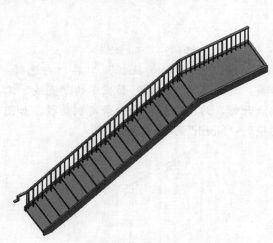

图4-43　修改后的扶手

4.3　设计坡道

在下面的练习里，将在"Level 1"和"Level 2"之间创建一段直线坡道。因为从
"Level 1"到达"Level 2"（两个标高相距 3000），按照最大 1:12 的斜度，要求坡道的长
度为 36600，这个长度不包括平台。

【练习4-9】：　创建坡道。

1. 创建一个新项目，命名为"c04-9end.rvt"，打开"Level 1"视图。

2. 找到"建筑"选项卡的"楼梯坡道"面板，选择"坡道"工具。

3. 在属性面板里，设置坡道类型为"Ramp 1"，"底部标高"为
"Level 1"，"顶部标高"为"Level 2"。

本练习视频

4. 使用"绘制"面板中的"梯段"工具，添加图 4-44 所示的直段。

5. 为了将所有的楼梯平台和坡道放置在正确的位置，在创建它们之后，选择边
界和踢面线，使用"修改"面板中的"移动"工具移动它们，按图 4-44 中标
注的尺寸进行调整。

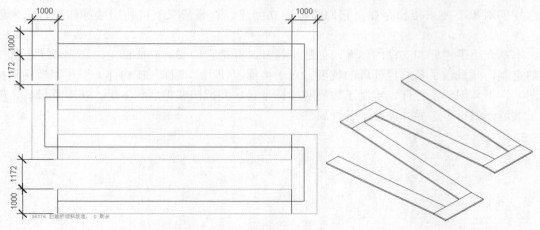

图4-44　绘制的直段坡道

6. 选择"工具"面板中的"栏杆扶手"工具，弹出"栏杆扶手"对话框，选择"玻璃嵌板–底部填充"栏杆，如图 4-45 所示，单击"确定"按钮关闭对话框。

图4-45　从"栏杆扶手"对话框选择栏杆

7. 单击"完成编辑模式"按钮完成草图绘制。打开默认的三维视图，可以看到图 4-46 所示的坡道。

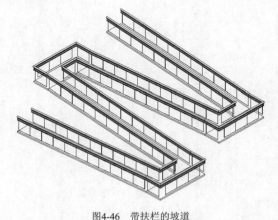

图4-46　带扶栏的坡道

4.4　小结

Revit 中的楼梯、栏杆和坡道是单独的对象类型，它们共享某些基础参数。此外，像栏杆这样的对象不要求楼梯存在，它们能被独立创建。有些情况下可使用楼梯作为寄主来创建。

　　本章介绍了栏杆和支柱的属性，创建了栏杆，并把它们安装到楼梯上。还完成了上部扶手的定制，并重设了某些栏杆段的坡度。对于楼梯，使用"楼梯（按构件）"和"楼梯（按草图）"工具创建了栏杆。定制了边界和楼梯平台，并把楼梯扩展到多层。在本章最后，创建了坡道，编辑了边界并调整了各种属性。

第5章　添加族

族是一个包含通用属性（称作参数）集和相关图形表示的图元组。属于一个族的不同图元的部分或全部参数可能有不同的值，但是参数（其名称与含义）的集合是相同的。族中的变体称作族类型或类型。

例如，"家具"类别包含可用于创建不同家具（如桌子、椅子和橱柜）的族和族类型，"结构柱"类别包含可用于创建不同的加宽法兰、预制混凝土柱、角柱和其他柱的族和族类型，"喷头"类别包含可用于创建不同的干式和湿式喷头系统的族和族类型。

尽管族具有不同的用途并由不同的材质构成，但它们的用法却是相关的。族中的每一类型都具有相关的图形表示和一组相同的参数，称作族类型参数。

在项目中使用特定族和族类型创建图元时，将创建该图元的一个实例。每个图元实例都有一组属性，从中可以修改某些与族类型参数无关的图元参数。这些修改仅应用于该图元实例，即项目中的单一图元。如果对族类型参数进行修改，这些修改将仅应用于使用该类型创建的所有图元实例。

Revit 中包含系统族、构件族和内建族 3 种类型的族。在项目中创建的大多数图元是系统族或可载入族。可以组合可载入族来创建嵌套和共享族。非标准图元或自定义图元是使用内建族创建的。

通过本章中的各种练习实例，读者能更好地理解不同的族类型。

本章主要内容

- 理解模型层次结构。
- 使用系统族。
- 使用构件族。
- 使用内建构件族。

5.1　理解模型层次结构

前面已经学习了一些基础模型图元，如墙、楼板和屋顶。这些对象类型在 Revit 软件中称为系统族，为了更好地说明什么是族，以及它如何关联于工作流程，下面探讨在 Revit 平台上数据是如何组织的。

Revit 程序的特性之一是它内在的模型分层结构，简单来说，这个分层结构可以表达为（从广泛到具体）项目、类别、族、类型和实例。

- 项目：对于模型几何形体和信息来说，它是个总容器。
- 类别：这是将要被放置在项目里的内容结构。通过类别，Revit 软件保证图元的一致性并管理图元的行为，如门如何与墙连接。也使用类别管理图形显示及图元的可见性。

- 族：族是用户在 Revit 项目中所创建的几何形体的基础。
- 类型：这是一个族内的可重复变种。例如，"six-panel door"族可以有多种类型，每种类型有尺寸和材质变种。
- 实例：这是放置在项目模型里的实际图元。例如，门 607 也许是放置在项目里的第 25 个实例，这个门实例属于"six-panel door"族中的"36″×80″ Wood（0915×2032mm）"类型。

在下面的练习里，使用对象样式设置整个项目的一些显示属性，然后使用可见性/图形替换对话框改变一个视图的设置，最后使用"替换视图中图形"→"按图元"改变几个实例的可见性。

【练习5-1】：　关于显示方面的设置。

1. 打开"c05-1start.rvt"文件，打开"Level 1"视图，单击"管理"选项卡，选择"设置"面板中的"对象样式"工具，弹出"对象样式"对话框，如图 5-1 所示。

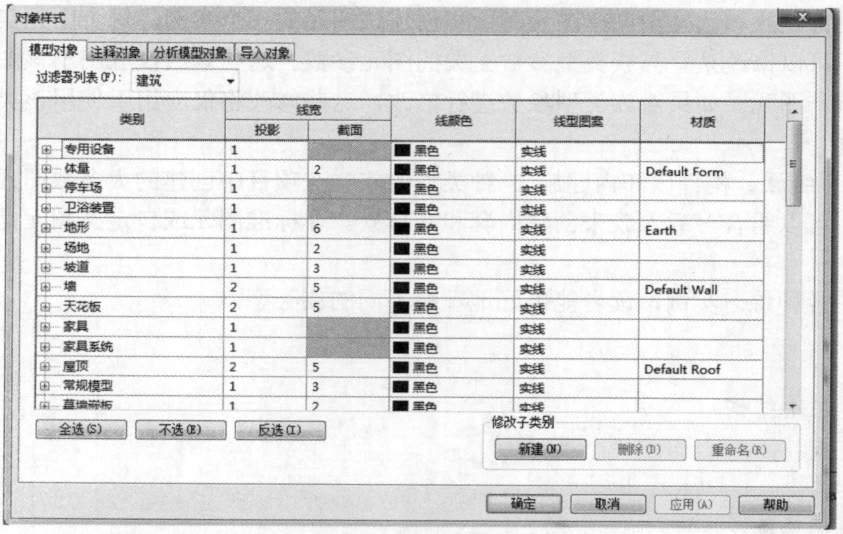

本练习视频

图5-1　"对象样式"对话框

"对象样式"对话框里的类别由软件建立，不能被改变，可使用这些类别修改项目中图元类别的默认显示特性。

2. 在"对象样式"对话框里的"模型对象"选项卡上，找到"墙"类别，单击它的"线颜色"域，打开"颜色"对话框，设置线颜色为红色，单击"确定"按钮。

3. 单击"确定"按钮关闭"对象样式"对话框。现在每个项目视图里的所有墙体都用红线而非黑线显示，如图 5-2 所示。

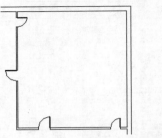
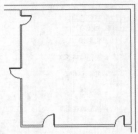

图5-2 对象样式墙体线颜色

4. 按键盘上的 V+G 键（这是可见性/图形替换命令的快捷方式，这个命令位于功能区的"视图"选项卡上），弹出可见性/图形替换对话框，如图 5-3 所示。

图5-3 可见性/图形替换对话框

对于每个视图，单击属性选项板上可见性/图形替换项的"编辑"按钮也可以弹出可见性/图形替换对话框。

5. 在可见性/图形替换对话框的"模型类别"选项卡上找到"门"类别，勾选它的"半色调"域。

6. 找到"家具"类别，取消其"可见性"，关闭这个视图里所有家具类别图元的显示。

7. 单击"确定"按钮关闭可见性/图形替换对话框。现在门在"Level 1"楼层平面视图中以半色调显示，家具不可见。

8. 选中"Level 1"视图中的几个门，右键单击，从快捷菜单中选择"替换视图中图形"→"按图元"命令，弹出"视图专有图元图形"对话框，取消选中"可见"选项，如图 5-4 所示，单击"确定"按钮关闭该对话框。

图5-4 "视图专有图元图形"对话框

这样，在"Level 1"楼层平面视图里这些门实例不再可见，然而在本视图以及其他视图里，别的门实例仍然可见，如图 5-5 所示。

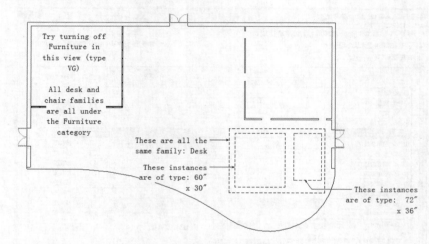

图5-5 完成后的项目、视图及图元重写

在前面的练习里，在 3 个层次上对对象做出了改变。对于选中的类别，"对象样式"是项目范围的变化。可见性/图形替换对话框是对选中类别在具体视图里的重写。"替换视图中图形"→"按图元"是对选中类别的一个实例在具体视图里的重写。

Revit 使用系统族、构件族和内建族 3 种族类型，系统族和内建族只存在于项目文件中，而构件族以项目环境之外的 RFA 文件的形式创建和保存。内建族应该仅在特殊的每族只有一个对象的情况下使用，在设计这些对象时，需要附近的几何体作为参照。在内建族里不可能有多个同样的实例。

一、系统族

系统族可以创建在建筑现场装配的基本图元。例如：

- 墙、屋顶、楼板；
- 风管、管道。

能够影响项目环境且包含标高、轴网、图纸和视窗口类型的系统设置也是系统族。系统族是在 Revit 中预定义的，不能将其从外部文件中载入项目中，也不能将其保存到项目之外的位置。

二、可载入族

可载入族是用于创建下列构件的族：

- 通常是购买、提供并安装在建筑内和建筑周围的建筑构件，如窗、门、橱柜、装置、家具和植物；
- 通常是购买、提供并安装在建筑内和建筑周围的系统构件，如锅炉、热水器、空气处理设备和卫浴装置；
- 常规自定义的一些注释图元，如符号和标题栏。

由于可载入族具有高度可自定义特征，因此是 Revit 中最经常创建和修改的族。与系统族不同，可载入族是在外部 RFA 文件中创建，并可导入或载入项目中。对于包含许多类型的可载入族，可以创建和使用类型目录，以便仅载入项目所需的类型。

三、内建族

内建图元是在用户需要创建当前项目专有的独特构件时所创建的特殊图元。可以创建内建几何图形，以便参照其他项目几何图形，使它在所参照的几何图形发生变化时进行相应的大小调整和其他调整。在创建内建图元时，Revit 将为该内建图元创建一个族，该族包含单个族类型。

创建内建图元需用到许多与创建可载入族相同的族编辑器工具。

5.2 使用系统族

需要理解的第一个族类型是系统族。看待系统族的最好方式是把它们视为其他几何体类型的宿主。例如，墙、楼板、天花板和屋顶等三维图元允许门和窗户等其他图元存在于它们之上或之内。其他三维图元，如楼梯和栏杆扶手，也是系统族。

系统族的独特之处在于它们通过使用一组规则创建几何体。举例来说，对于一面简单的墙体来说，它的厚度由一系列结构层（骨架、衬板和面层）定义，它的长度用一个线性路径表达，它的高度通过水平边界线（或者一个基准面，或者另一个像屋顶那样的图元）的某个集合建立。再举一个例子，楼板的厚度通过多个层来定义，它的垂直位置通过一个基准面（标高）确定，它的边界范围通过一系列线段定义。在项目里，这些规则是实例和类型属性。

有些系统族是二维的，这些系统族类型包括文字、尺寸和被填充的区域。尽管二维族类型仍被认为是系统族，但最好称它们为项目设置，以避免与通常理解的族含义混淆。

5.2.1 加载系统族

因为系统族仅存在于项目环境中，所以在项目之间只有几种方法能够加载它们。第一种方法是使用"传递项目标准"工具，这种方法在项目之间传递一个选中类别的全部族和类型。

传递系统族的另一种方法是使用 Windows 的剪贴板功能在项目之间复制/粘贴内容。如果要加载数量有限的具体族到激活项目中，这种方法非常实用。

管理系统族的另一个技巧是把系统族包含在项目模板里。在操作 Revit 软件得心应手后，将开始定制自己的模板，这样在设计和生产过程中就最小化了需要加载的数量。

在下面的练习里，将探索使用"传递项目标准"工具在两个项目之间复制墙族。

5.2.2　传递项目标准

本练习视频

【练习5-2】：　"传递项目标准"工具的使用。

1. 打开"c05-2start.rvt"文件，在这个项目文件中有一些要复制到新项目中的定制墙类型（TypeA.1、TypeB.3 和 TypeC.4），不要关闭"c05-2start.rvt"项目文件。

2. 使用默认模板创建一个新的项目文件，如图 5-6 所示。选择"建筑样板"，单击"确定"按钮。

图5-6　"新建项目"对话框

3. 在这个新项目中，找到"管理"选项卡中的"设置"面板，选择"传递项目标准"工具。

4. 在弹出的"选择要复制的项目"对话框中，单击"放弃全部"按钮，然后勾选清单中的"墙类型"，如图 5-7 所示。

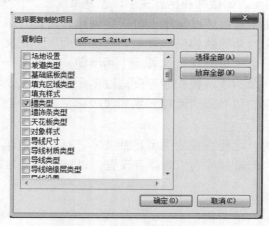

图5-7　选择在项目间传递的墙类型

5. 确认从"c05-2start.rvt"文件复制。

如果打开了两个以上的项目文件，为保证从预期的文件中复制，做这种核实十分必要。

6. 单击"确定"按钮关闭"选择要复制的项目"对话框完成传递。如果有提示出现，就选择"只传递新的"选项。"只传递新的"选项将只复制当前新项目里没有的墙（这样就可避免同名覆写）。

7. 在新项目中选择"建筑"选项卡中的"墙"工具，单击属性选项板中的类别选择器，从下拉列表可以找到刚才传递过来的墙类型，即 TypeA.1、TypeB.3和 TypeC.4，如图 5-8 所示。

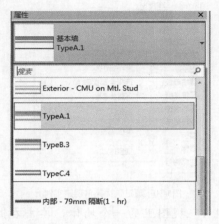

图5-8　在类别选择器中可以看到传递过来的墙类型

8. 使用这些新类型创建一些墙体，如图 5-9 所示，其中左图是平面视图，右图是三维视图。

图5-9　使用新类型创建的墙体

在下面的练习里，将使用各种方法放置墙族。

5.2.3 放置系统族

本练习视频

【练习5-3】：　放置墙族。

1. 打开"c05-3start.rvt"文件，打开"Level 1"视图。在项目浏览器里，单击"族"项前的"+"号来展开族类别。

2. 单击"墙"族前的"+"号来展开墙类别，会看到 3 个值（基本墙、幕墙和叠层墙），这些是包含在一个项目里的 3 个墙族。

3. 点开"基本墙"列表可以看到"基本墙"族里的所有墙类别。

4. 单击并拖动名为 TypeB.3 的墙类别，把它从项目浏览器中拖到"Level 1"视图中。

5. 在这个视图里绘制一些墙体，按 Esc 键两次退出该命令。

6. 在项目浏览器里右击同一个墙类型，从快捷菜单中选择"创建实例"命令，这是添加该种墙类型新实例的另一种方法，如图 5-10 所示。

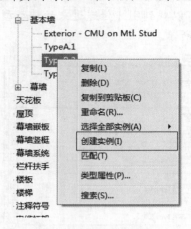

图5-10 通过快捷菜单创建实例

7. 点选添加到"Level 1"视图里的一个墙体，单击右键，从快捷菜单中选择
   "创建类似实例"命令，如图 5-11 所示。这是从选中的同样墙类型创建一个
   新实例的另一种方法。

图5-11 使用"创建类似实例"放置墙体

还有一种创建墙体的方法，因为在步骤 7 刚使用了"墙"工具，通过选择右键菜单中的
"最近使用的命令"能访问刚才使用过的命令。不用选择视图中的任何对象，只需单击鼠标
右键，然后从右键菜单中选择"最近使用的命令"就可开始创建另一个墙体。

5.3 使用构件族

需要理解的第二种族类型是构件族。构件族以 RFA 文件的形式存在于项目环境之外，
由从门窗到家具和设备的一切物体构成。可以把构件族设想为在其他地方制造，然后运输到
现场进行安装的任何对象。与前面提及的系统族不同，系统族可以被视为在施工现场组装的

任何对象。

类似于系统族，构件族也有二维专有视图形式，包括标记、符号、详图构件和轮廓。

- 标记：这些构件族是可以调整大小的注释，这些注释包含了所谓的标签。标签是特殊的文字图元，它传达模型图元中的信息。应注意，信息（数字、名字、主旨等）被存储在这个构件中，而不是在这个标记中。在项目里标记附属于系统或构件族。

- 符号：（通用注释）这些构件族是可以调整大小的注释，这些注释也可以包括标签（类似于标记）。符号与标记之间的主要差异是符号可以自由放置，并且在项目里不需要寄主。符号也可以被加载和用在其他族（如标记）里。

- 详图构件：这些构件族最常用于草图视图或模型视图中以添加附加的细节，详图构件可以作为简单详图线段的更理想的替代物，这些构件可以被加上标记或标明主旨。第 11 章 "详图和注释" 中将介绍详图构件的更多信息。

- 轮廓：轮廓族是个特殊的二维族类型，用于生成模型几何体，绘制出的特殊轮廓用于创建拉伸物，它们被用于与其他系统族（如栏杆扶手、墙围和幕墙竖梃）的连接。在创建一个轮廓族之后，它必须被加载到一个项目里，然后关联于一个特定的系统族类型。一个轮廓的功能必须在这个族的参数中定义，如图 5-12 所示。

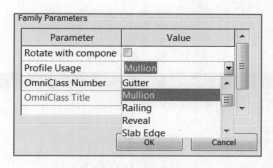

图5-12　定义一个轮廓的功能

在下面的练习里将考查族的类别，然后探索把族加载到项目里的各种方法。

5.3.1　创建一个新族并把它加载到项目中

一个族的初始类别由该族创建时所使用的模板决定。在下面的练习中，将使用一个默认模板创建一个新族。

【练习5-4】：　创建一个族并把它加载到项目中。

1. 单击 "文件" 选项卡，出现下拉菜单，依次单击 "新建" → "族"，如图 5-13 所示，这时，弹出 "新族 – 选择样板文件" 对话框，如图 5-14 所示。

本练习视频

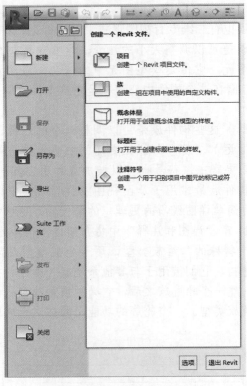

图5-13　单击"新建"→"族"

图5-14　"新族－选择样板文件"对话框

　　这个族样板清单与我们在这个项目环境（对象样式，可见性/图形替换）里看到的类型清单相一致。对于一个特定类别的属性、基本材质和参照平面，都预构造了可用的族样板。

　　2.　选择"公制卫生器具.rft"，单击"打开"按钮，Revit 用户界面稍有变化，变为"族编辑器"。记住，仍处在主 Revit 应用程序。

3. 找到"创建"选项卡下的"属性"面板，选择其中的"族类别和族参数"工具，打开"族类别和族参数"对话框，如图 5-15 所示，显示出族被指定的类别（卫浴装置）。

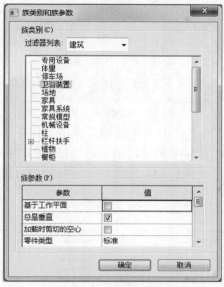

图5-15 查看族类别和参数

4. 单击"确定"按钮关闭"族类别和族参数"对话框。

接下来要保存这个族，并把它载入到项目当中。

5. 单击"文件"选项卡，再单击"另存为"→"族"。这时弹出"另存为"对话框，在文件名处输入"Plumbing Test"（注意，现在文件扩展名是.rfa），如图 5-16 所示，单击"保存"按钮。

图5-16 "另存为"对话框

6. 利用这个默认样板创建一个新项目。单击"文件"选项卡，依次单击"新建"→"项目",弹出"新建项目"对话框,如图 5-17 所示,单击"确定"
按钮,创建了一个新项目。

图5-17　"新建项目"对话框

单击"快速访问工具栏"中的"打开"按钮,弹出"打开"对话框,在文件列表中找到
"Plumbing Test"族文件,如图 5-18 所示,单击对话框中的"打开"按钮。

图5-18　在"打开"对话框中找到"Plumbing Test"族文件

选择"族编辑器"面板中的"载入到项目并关闭"工具,如图 5-19 所示。与"载入到
项目"工具不同,"载入到项目并关闭"工具将关闭这个族文件。

图5-19　"族编辑器"面板

如果打开了不止一个项目文件,Revit 会询问载入哪个项目文件。如果只打开了一个项
目文件,Revit 会切换到这个项目,并立即开始放置刚载入的族。注意查看选项卡,这时
"放置构件"处于激活状态,查看属性选项板,将发现"Plumbing Test"族是当前族。

7.　按 Esc 键两次取消放置这个族。

加载族的另一种方法是使用"载入族"工具,这个工具位于"插入"选项卡的"从库中
载入"面板。

8.　选择"载入族"工具打开"载入族"对话框。

9.　打开"门"文件夹,找到需要加载的族文件。注意,可以通过按 Shift 键或
Ctrl 键选择多个族一次性加载。

10. 选择几个族后单击"打开"按钮，如图 5-20 所示，这样就载入了这几个选中的族。这时，展开项目浏览器中的"门"族，就会看到刚才载入的几个族，如图 5-21 所示。

图5-20　载入族时选择多个族

图5-21　项目浏览器中出现的新载入族

在下面的练习中，将把项目中的一个族保存为 RFA 文件，然后把它重新加载到另一个项目中来替换其他族。

5.3.2　存储与重载项目中的族

在项目工作的某些节点，可能需要保存项目中的特定族，用于其他项目或存放到族库中，也可能需要用一个族替换另一个族（结果更新了全部实例）。

【练习5-5】：　存储与重载项目中的族。

1. 打开"c05-5start.rvt"文件，从默认的三维视图中应该能看到 4 个双玻璃门，如图 5-22 所示，它们是族"Double-Door_TypeA"的实例，下面从这个项目中提取并保存它们。

本练习视频

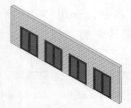

图5-22　打开文件后的三维视图

2. 在项目浏览器中依次点开"族"→"门"，选择"Double-Door_TypeA"，右击这个族，从快捷菜单中选择"保存"命令，如图 5-23 所示，这样就打开了"保存族"对话框。找到本书第 5 章文件的保存位置，单击"保存"按钮保存这个族。这样就把这个门族保存为一个 RFA 文件。

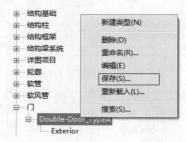

图5-23　选择"保存"项

3. 使用建筑样板创建一个新项目，绘制四面墙体形成一个矩形，然后在每面墙体上安置"单扇-与墙齐"门族的几个实例，如图 5-24 所示。

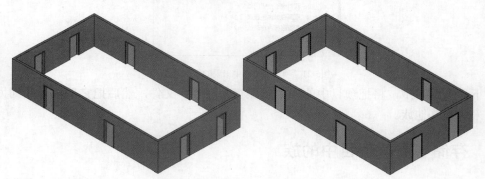

图5-24　创建墙体并放置"单扇-与墙齐"门族的几个实例

4. 在这个新项目中，点开项目浏览器中的"族"→"门"，选中"单扇-与墙齐"，右击这个族，选择快捷菜单中的"重新载入"命令，如图 5-25 所示。

图5-25　选择"重新载入"命令

5. 这将启动"打开"对话框，找到先前保存"Double-Door_TypeA.rfa"族的位置，选中这个门族，单击"打开"按钮。

6. Revit 不会从单扇门族中删除这个已有的族类型。当提示该族已经存在时，选择"覆盖现有版本"，如图 5-26 所示。替换后的结果如图 5-27 所示。

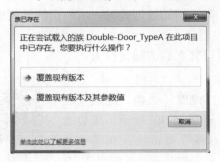

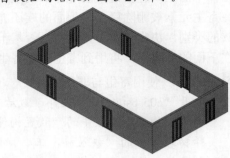

图5-26 选择"覆盖现有版本" 图5-27 使用"Double-Door_TypeA.rfa"门族替换单扇门族

7. 注意，项目浏览器中族名的变化反映了重新加载的族，这个被加载族的任何族类型现在也在这个项目中了。以前的"单扇-与墙齐"门族的所有实例仍然使用原来的族类型，我们要把它们替换为新的"Exterior"类型。

8. 在默认的三维视图中右击这种门族中的一个实例，选择"选择全部实例"→"在视图中可见"命令，这样就选中了全部门实例，如图 5-28 所示，然后从类型选择器中把这种门类型变为"Exterior"类型，如图 5-29 所示。

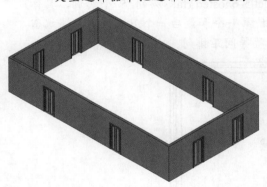

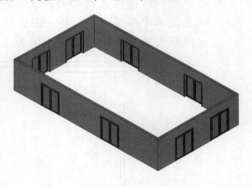

图5-28 选中全部门实例 图5-29 替换为新的族类型

5.3.3 使用寄生族

对于三维构件族来说，应当清楚一个族是否为寄生族。那么如何才能知道一个族是否为寄生呢？当一个构件命令被激活，并且试图放置一个族时，判断寄生或非寄生的一个简单方法是观察光标。对于一个寄生族，光标将变为◎形状，这表示不能放置这个族，除非正在单击一个适当的寄主。

对于寄生元素的主要限制是，没有寄主它就不能存在。某些构件族，如门和窗户，一定是寄生的，因为它们的行为规定，在放置它们时，它们要切入寄主几何体。举例来说，创建一个新门或窗户族时可以看到这种情况。当打开这样的门族或窗户族时，也会有一个墙系统族存在，它被用作寄主。其他构件，如家具、管道和照明设备，可能不需要被建模为寄生构件，这种类型的对象被放置在一个模型里，它们几乎总是参照于它们被放置的标高。

有个略微不同的寄生族是所谓的基于面的族。事实上，这些族类型可以被放置在任何表面或工作平面上，包括链接的 Revit 模型，它们不受对寄生族那样的限制，没有寄主元素，甚至在寄主元素被删除后，基于面的族还能够存在。当族初始被创建时，所使用的族模板将决定族的类别，决定它是否寄生、是否基于面。

在下面的练习里，将用到寄生和非寄生族，并且研究它们的预设行为。

【练习5-6】： 使用寄生与非寄生族。

1. 打开"c05-6start.rvt"文件，激活"Level 1"视图。选择"建筑"选项卡"构建"面板中的"放置构件"工具，如图 5-30 所示，然后选择功能区中的"载入族"工具。弹出"载入族"对话框，在其中找到要载入的"c05-6hosted.rfa"文件。

本练习视频

图5-30 选择"放置构件"工具

2. 在位于设计图右上角的房间里，放置"c05-6hosted.rfa"族的 5 个实例，具体位置是水平隔墙上，如图 5-31 所示。使第一个和最后一个卫浴装置与墙端留出间距大约 914.4mm，设置另外 3 个装置等间距排列。

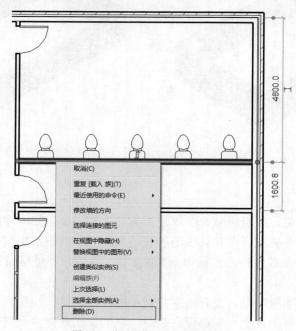

图5-31 将卫浴装置放在水平隔墙上

3. 单击功能区中的"修改"按钮，然后点选寄主隔墙并上下移动它，观察这些构件如何随着墙体移动。

4. 删除步骤 2 中放置了构件的隔墙。当这个墙体被删除时，寄生其上的卫浴装置就被自动删除了，如图 5-32 所示。使用工具栏中的"放弃"工具恢复这个墙体和其上的设备。

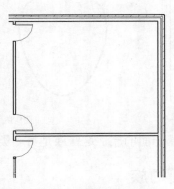

图5-32 卫浴装置随墙体被删除

5. 接下来将使用非寄生族。再次启动"放置构件"命令，单击功能区中的"载入族"按钮，弹出"载入族"对话框，在其中找到"c05-6unhosted.rfa"文件，把它载入项目里。

6. 沿着同一面隔墙的反面放置"c05-5unhosted.rfa"族的 5 个实例，放置后如图 5-33 所示。使用"旋转"工具把隔墙下面的 5 个卫浴装置反转，然后放大这个图形，可以使用"对齐"工具轻松地使它们与墙和对边的图元对齐，结果如图 5-34 所示。

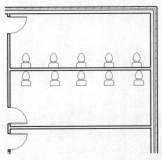
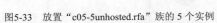

图5-33 放置"c05-5unhosted.rfa"族的 5 个实例

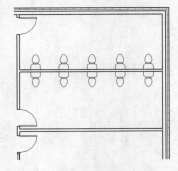

图5-34 反转卫浴装置的方向

7. 选中这 5 个"c05-5unhosted.rfa"族实例，勾选选项栏中的"与邻近图元一同移动"选项。

8. 上下移动寄主隔墙，观察到这些装置与寄生族表现出同样的行为。

9. 删除寄主隔墙，可以看到非寄生装置保留下来了（但是寄生设备再次被删除了），如图 5-35 所示。通过修改属性选项板中的"标高"参数，能轻易地把选中的构件从一个标高移动到另一个标高，如图 5-36 所示。

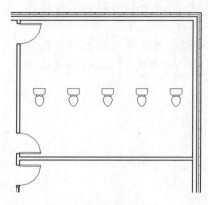

图5-35　删除隔墙后的情况

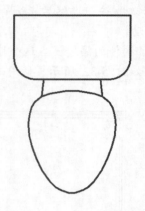

图5-36　调整对象的标高属性

在练习 5-7 中将放置和修改基于面的族，这些族是另一类寄生族。

5.3.4　放置和修改基于面的族

【练习5-7】：　放置和修改基于面的族。

1. 打开 "c05-7start.rvt" 文件，会打开默认的三维视图，可以看到这个有
着多个屋顶的项目的实际范围。

本练习视频

"c05-ex-7.Facebased.rfa" 常规模型族已经载入到 "c05-7start.rvt" 项目里。这个族的一
个实例被放置在了屋顶，如图 5-37 所示。如果需要，可以在项目浏览器里的 "族" → "常
规模型" 下找到这个族。这个族起初从族样板 "Generic Model face based.rft" 中创建。

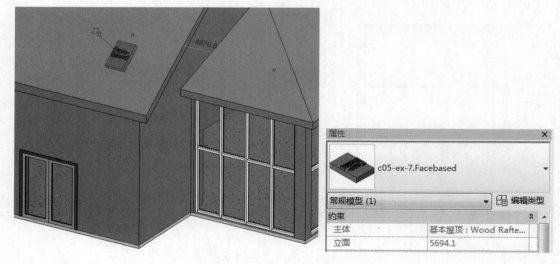

图5-37　屋顶上的基于面族

2. 选择 "建筑" 选项卡中的 "放置构件" 工具。默认族应该是 "c05-ex-
7.Facebased.rfa"。

3. 在放置一个族实例之前，应注意功能区 "放置" 面板中的选项，"放置在面
上" 与 "放置在工作平面上" 是可用的，因为这个族是基于面的族（默认应

该是"放置在面上")。

4. 采用"放置在面上"方法，在屋顶和墙体上增加这个族的几个实例。注意，当移动光标到一个对象上时，它的面将被预亮，表示这就是基于面的族将要寄生的面。

5. 选择一个添加到墙上的族。注意，属性选项板里的"主体"参数是灰显的，它表示这个基于面的族所依附的对象。

6. 删除"c05-ex-7.Facebased.rfa"族所寄生的一面墙体。这时要注意两件事：第一，基于面的族没有随寄主一起被删除；第二，主体参数更新为<不关联>，以表明该族不再关联于一个主体，如图 5-38 所示。

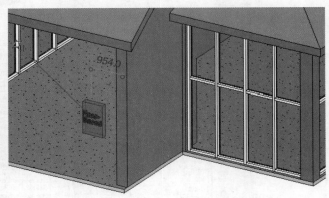

图5-38　寄主删除后的基于面的族

Revit 软件中的大多数族有一个称为"共享"的设置，该设置对于包含了其他 Revit 族的族（被称为嵌套）来说特别重要。当被嵌套族设为"共享"时，将发生 3 个基本变化。

(1) 被嵌套族将出现在明细表中。

(2) 当寄主族被加载到项目中时，它的嵌套族也将单独加载到这个项目中。

(3) 通过使用 Tab 键在寄主族和嵌套族之间切换，可以选中嵌套族。

在下面的练习中将修改被嵌套族的"共享"设置，并且探索发生在这个项目环境中的行为变化。

5.3.5　共享的嵌套族

【练习5-8】：　嵌套族的"共享"设置。

1. 打开"c05-8start.rvt"文件，激活"Level 1"视图。图中有 8 个"Work Station Desktops"家具系统族，该族包含两个嵌套族——chair 和 storage pedestal（椅子和存储柜）。打开默认的三维视图，如图 5-39 所示。打开项目浏览器中"明细表/数量"项下的"Desk Layout Schedule"视图，如图 5-40 所示。

本练习视频

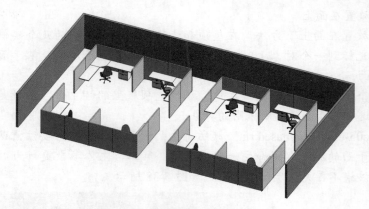

图5-39　默认的三维视图

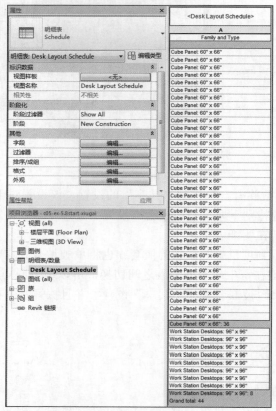

图5-40　明细表视图

2. 注意，这个明细表不包含"chair"或"storage pedestal"（椅子或存储柜），当前，这些嵌套族没有设为"共享"，所以它们没有被包含在项目明细表中。也可以确认它们不存在于这个项目中，点开项目浏览器中的"族"→"家具系统"，只能看到"Cube Panel"和"Work Station Desktops"族。

3. 选择一个"Work Station Desktops"族实例，选择功能区中的"编辑族"工具。一旦这个族打开，可以看到它包含了工作台及椅子和存储柜嵌套族。

4. 选择浏览器中的"Chair-Executive"族，右击它，从快捷菜单中选择"编辑"

命令，这时就打开了这个嵌套族，勾选属性选项板中的"共享"选项。

5. 把这个嵌套族"Chair-Executive"载入到主体"Work Station Desktops"族里，方法是单击"载入到项目并关闭"按钮，这时弹出"载入到项目中"对话框，如图 5-41 所示，勾选"Work Station Desktops.rfa"，如图 5-42 所示，单击"确定"按钮。这时弹出"保存文件"对话框，单击"否"按钮，如图 5-43 所示。如果出现"族已存在"对话框，选择"覆盖现有版本"选项，如图 5-44 所示。

图5-41 "载入到项目中"对话框

图5-42 勾选"Work Station Desktops.rfa"

图5-43 "保存文件"对话框

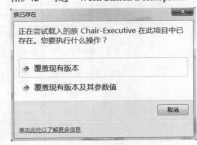

图5-44 选择"覆盖现有版本"选项

6. 对于嵌套族"Storage Pedestal"进行同样的操作，重复步骤4和步骤5。

7. 此时，两个嵌入在主体"Work Station Desktops"族中的嵌入族设置成了共享。如果要加载该主体族到这个练习项目中，双击视图中的某个家具系统，就打开了"Work Station Desktops.rfa"，单击功能区中的"载入项目并关闭"按钮，当弹出对话框询问保存文件时，单击"否"按钮。

8. 因为"Work Station Desktops"族已经存在于这个项目中，会弹出"族已存在"对话框，选择"覆盖现有版本"选项，如图 5-45 所示。

"覆盖现有版本"只是简单地用这个族版本覆盖项目版本，"覆盖现有版本及其参数值"具有同样的功能，但同时也覆盖族版本中被更新的任何参数值。

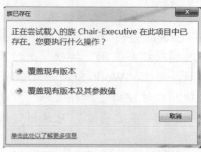

图5-45　"族已存在"对话框

9. 点开项目浏览器中的"族"→"家具系统"，将看到嵌套的"Chair-Executive"和"Storage Pedestal"族已被加载到这个项目中，这是因为将它们设置为"共享"了。

10. 移动光标到椅子族实例上，按 Tab 键。当椅子显示为预选中时，单击选中它。甚至可以单击属性选项板中的"编辑类型"按钮来查看只读模式的各种椅子属性。这个行为上的变化也会出现，因为已经把这个族设为"共享"。

11. 共享嵌入族带来的最大变化是项目明细表中所包含的内容，可打开"Desk Layout Schedule"视图查看结果。

12. "Chair-Executive"和"Storage Pedestal"族被包含在了这个项目明细表中，如图 5-46 所示。

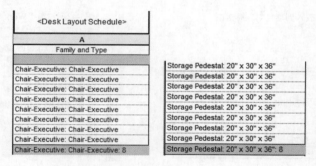

图5-46　两个嵌入族出现在了明细表中

对于需要加进项目明细表的族，应记住：嵌套族不会被列出，除非它们被设置为"共享"。

5.4　使用内建构件族

内建构件族是个特殊的构件族类型，它们在项目环境下创建，而不是用族编辑器创建，因此，项目中的几何体可以用作参照。内建构件族不会存在于当前项目之外，其创建命令在"建筑"选项卡的"构件"下拉菜单中，名称是"内建模型"。

内建构件族与构件族的主要差别是关于多实例问题，当构件族在项目里有多个实例时，更新这个族几何体将更新全部实例。内建构件族不支持同一个族的多个实例，因此，它们仅用于独一无二的几何体。内建构件的复制与原始构件无关，并且不会随着原始实例的变化而更新。

在下面的练习里将修改一个已有的内建族。

5.4.1 修改内建族

本练习视频

【练习5-9】： 修改内建族。

1. 打开 "c05-9start.rvt" 文件，打开该项目的默认三维视图。
2. 单击视图中的台面，选择功能区中的 "在位编辑" 工具来编辑 "橱柜" 族，如图 5-47 所示。

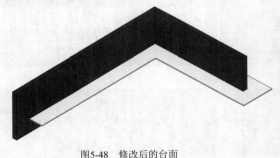

图5-47 编辑 "橱柜" 内建族

不同于 "族编辑器" 环境，用户正在项目环境里编辑该族。对于利用已有环境或几何体创建定制的项目族来说，这是非常实用的技术。

3. 选择台面，选择功能区中的 "编辑拉伸" 工具。

下面对工作台面的形状进行少许修改，即删除曲线边缘。

4. 选择图中弯曲的轮廓线，按 Delete 键。
5. 增加一段新的轮廓线，生成一个 90° 拐角，并且确保这条轮廓线闭合。
6. 当完成这条轮廓线并且使之闭合后，单击 "完成编辑模式" 按钮。

注意，用户仍处在编辑这个族的状态。对于需要创建其他拉伸或进一步修改这个族的情况，需要处在这个编辑状态。

7. 为了返回项目并结束编辑这个内建族，单击 "在位编辑器" 面板中的 "完成模型" 按钮，修改后的台面如图 5-48 所示。

图5-48 修改后的台面

5.4.2 寻找 Revit 族资源

到目前为止，我们学习了 Revit 族的基础内容，下面我们将讨论开始设计时可能面对的一个重要问题，那就是怎样找到适用的族。发现之旅的最好出发点是随 Revit 软件一起安装的内容。这些默认族由相对简单的几何形体创建，对于大多数常规建筑类型，这些族作为基础应该是足够了。

　　如果按默认设定安装了 Revit 软件，在打开一个项目文件的情况下，单击"插入"选项卡中的"载入族"按钮，将出现图 5-49 所示的对话框。用户可以根据所需族的类别从中查找相应的族。

图5-49　"载入族"对话框

　　此外，如果使用百度搜索关键词"revit 族库"，将得到大量的资源信息，例如"构件坞"网站（图 5-50）、"型兔"网站（图 5-51）和"毕马汇"网站（图 5-52）等，读者可根据需要从相关网站上进行下载。

图5-50　"构件坞"网站

图5-51　"型兔"网站

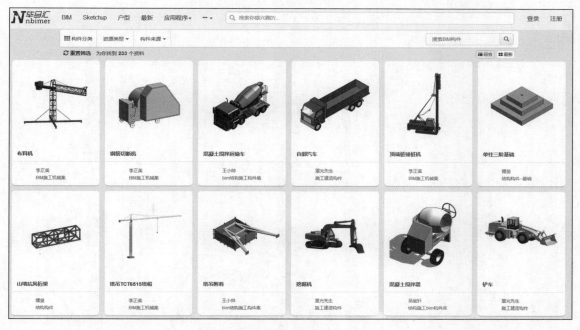

图5-52　"毕马汇"网站

5.5　小结

　　Revit 里的族构成了项目中的大多数几何体，我们只介绍了其中很少一部分族。通过对本章的学习，我们了解了系统族、构件族和内建族 3 种族类型，对于对象样式的模型分层结构、视图可见性和元素覆写，都进行了练习。对于构件族，使用了不同的类别和选项。在下一章中，我们将扩展关于族的知识。

第6章 修改族

现在，在项目中增加了大量的族，随着设计的进展，会发现有必要修改族。有时，使用更有针对性的族代替通用族是最好的解决方案。还有一种情况也应该修改族，那就是打开启动的构件族，微调几何图形使之更好地适合设计。两种方案都可行时，实际选择哪种方案取决于对设计来说哪种方案更好一些。

本章主要内容

- 修改三维族。
- 族类别。
- 修改二维族。

6.1 修改三维族

正如在第 5 章学到的，寻找族和放置族颇为简单，但是，学习修改族则要多花费一些时间。当向项目中加载一个族时，首先考虑的事情之一是在不同方向和尺度上该族显示的详细程度。构件族的每个部分不需要在所有比例尺下都展现出来，过于详细很可能带来混淆不清（尤其是在较小比例尺情况下）。回想我们使用铅笔绘图的年代，把握绘制的详细程度很容易。但是，具有图形缩放能力的高解析度计算机显示器和现代打印技术可以让我们生成远超必要或者有实际意义的细节。那么，怎样在使用 Revit 软件时使细节的显示程度恰到好处呢？这是我们所要掌握的。在本章中，我们将探讨一些修改族的基础技术。

在下面的练习里，将使用不同缩放层级优化显示信息的视图。在练习的第二部分，将修改视图的详细程度，观察可见性的变化。

6.1.1 视图比例尺与详细程度

本练习视频

【练习6-1】： 视图比例尺与详细程度。

1. 打开 "c06-1start.rvt" 文件，激活 "South" 立面视图，右击这个视图，从快捷菜单中选择 "区域放大" 命令，用鼠标拾取两点画出一个包围桌子的矩形区域，这样就放大了桌子位置的视图，如图 6-1 所示。不过，这不会给用户一种该区域能被清晰打印出来的感觉。

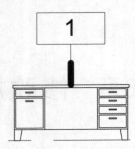

图6-1　放大桌子

2.　保证视图能被清晰打印出来的最好方法是单击导航栏（在视图的右边）放大镜图标下方的向下箭头，选择"缩放图纸大小"选项。使用"缩放图纸大小"选项的结果如图 6-2 所示。

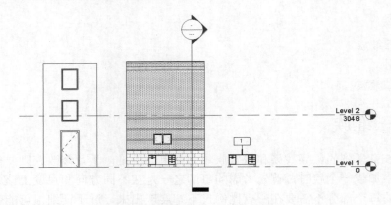

图6-2　使用"缩放图纸大小"选项的结果

3.　在项目浏览器里，双击立面节点中的"Desk"，打开"Desk"视图。把属性面板上比例尺项的值分别改为 1:500、1:200 和 1:100。可以看到在不同比例尺下书桌外观的变化，如图 6-3 所示。

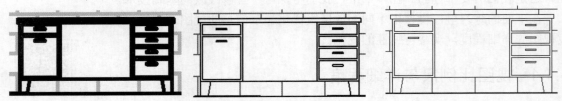

图6-3　书桌在不同比例尺情况下的立面图

　　正像我们所看到的，在每种视图比例尺下，这个书桌的全部几何形体，包括抽屉和金属构件，都是可见的。但是没有必要如此，一个实用的经验法则是，如果两条线显示有重叠，它们就不需要可见。

4.　要查看不同比例尺情况下 Revit 显示信息的设置，可以找到"管理"选项卡→"设置"面板→"其他设置"，从下拉列表中选择"详细程度"，结果如图 6-4 所示。从图中可以看到，不同比例尺对应不同的详细程度。单击"确定"按钮关闭对话框。

图6-4　视图比例与详细程度的对应关系

说明：详细程度。

在"详细程度"设定中，可以选择使用粗略、中等或精细 3 类视图比例尺中的哪一类。基于视图被创建时所选择的比例尺，一些图元将自动显示或隐藏。但是，为了利用这项功能，必须知道项目内容的视图比例尺与详细程度有着对应的关系。也应该知道"详细程度"和"视图比例尺"参数是项目视图的独立属性。因此，如果改变一个视图的比例尺，详细程度不会自动变化。仅在一个视图被初创时，显示在图 6-4 中的设定才自动生效。

现在，让我们交互式地观察 Revit 如何利用视图比例尺与详细程度的对应关系来控制族的可见性。

5. 打开项目浏览器中名为"Cabinet"的立面图，这个视图显示了一个橱柜族，同时，有一些其他对象隐藏在这个视图中。

6. 这个视图的当前详细程度被设为"粗略"，在属性面板上把"详细程度"项的值从"粗略"改为"中等"，观察图形有什么变化。我们看到了视图里的橱柜嵌板和摆线，如图 6-5 所示。

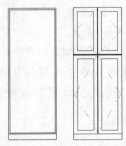

图6-5　"粗略"和"中等"详细程度下的橱柜视图

7. 把"详细程度"从"中等"改为"精细"，再次观察图形有什么变化。我们看到了橱柜上的金属构件，而这些构件在"粗略"或"中等"详细程度下是不可见的，如图 6-6 所示。

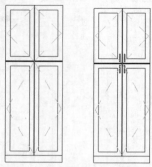

图6-6 "中等"与"精细"详细程度下的橱柜视图

就某个具体详细程度而言，是什么控制一个族里的哪些图元被显示出来呢？在下面的练习里，将编辑一个族，并且针对具体详细程度指定几何图形的可见性。

6.1.2 针对详细程度指定可见性

【练习6-2】： 针对详细程度指定可见性。

1. 打开"c06-2start.rvt"文件，进入"Level 1"视图，单击项目浏览器族类中"橱柜"族前的"+"号，出现"Tall Cabinet-Dpuble Door"族，右键单击它，从快捷菜单中选择"编辑"命令。这时就打开了这个橱柜的三维视图，如图 6-7 所示。

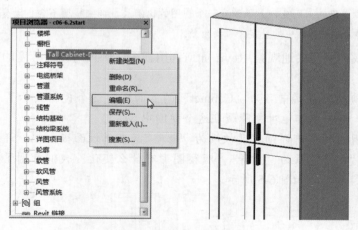

图6-7 打开橱柜的三维视图

2. 在这个三维视图中，选择橱柜上的金属附件（柜门拉手），单击"修改|拉伸"选项卡"模式"面板中的"可见性设置"按钮，弹出"族图元可见性设置"对话框，如图 6-8 所示。

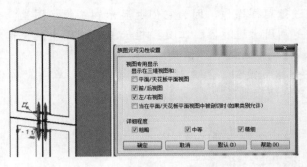

图6-8　编辑金属附件的详细程度

该对话框可确定拉手在视图取向和详细程度方面的可见性。当前，这个拉手在所有详细程度（粗略、中等和精细）上都可见。

3. 通过取消"粗略"和"中等"选项的勾选，使拉手只在"精细"程度上显示，如图 6-9 所示。

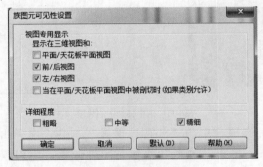

图6-9　仅选择"精细"程度上显示

4. 单击"确定"按钮关闭对话框。选中橱柜的两个表面嵌板拉伸（有两个单独的拉伸，这两个拉伸构成了橱柜的前部，即边框和嵌板），如图 6-10 左图所示。改变可见性设置，使它们在"中等"和"精细"详细程度时显示，"粗略"详细程度时不显示，如图 6-10 右图所示，单击"确定"按钮关闭对话框。

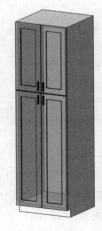
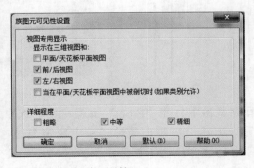

图6-10　设置橱柜前部的可见性

5. 对模型线段进行同样操作，因为它们也显示在三维视图里。仅选取模型线段的便捷方式是利用"过滤器"工具。框选三维视图中的全部对象，然后选择"选择"面板中的"过滤器"工具。

6. 单击"放弃全部"按钮，再勾选"线（橱柜）"，单击"确定"按钮返回模型。这时，只有线段被选中，如图 6-11 所示。

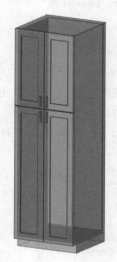

图6-11　选中模型中的线段

7. 选择"修改|线"选项卡中的"可见性设置"工具，在弹出的对话框中取消选中"粗略"选项，单击"确定"按钮关闭对话框，返回模型。接下来只选择拉手附近的线段。在同一个三维视图窗口中框选拉手周围，再次使用"过滤器"工具，只勾选"线（橱柜）"。再次打开"族图元可见性设置"对话框，取消选中"中等"选项，只有"精细"选项被勾选，如图 6-12 所示。单击"确定"按钮关闭对话框。

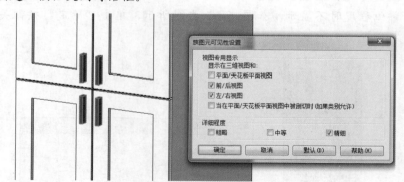

图6-12　框选及设置可见性

8. 在项目浏览器中打开"Front"立面视图，选中虚摆线（有 8 条），选择"可见性设置"工具，在弹出的对话框中取消勾选"粗略"选项，使橱柜门不可见时项目中的这些线也不可见。单击"确定"按钮关闭对话框。

9. 单击"修改|线"选项卡中的"载入到项目"按钮，再次加载这个橱柜族到项

目中。这时出现"族已存在"对话框，如图 6-13 所示，选择"覆盖现有版本"选项。

图6-13　"族已存在"对话框

10. 返回项目中，最后一步是从项目浏览器中打开"Cabinet"立面视图，可以看到这个橱柜的前面。单击视图控制栏中的"详细程度"按钮，设详细程度为"粗略"，这时就看不到橱柜线段、面板和柜门拉手；设为"中等"，则应该看到面板和虚线；设为"精细"，则应该看到柜门拉手。详细程度的 3 种情况如图 6-14 所示。

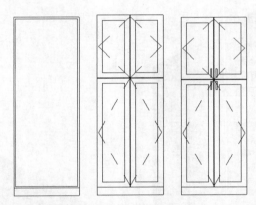

图6-14　对应不同详细程度的橱柜外观

6.2　族类别

根据族构件的类别可以列出族构件的明细表，在开始新的族构件建模时要确定它的类别。当创建新的族构件时，必须先选择合适的模板。

有一点十分重要，那就是要区分族类别与创建族所用的模板。族类别可以以后改变，但寄主类型不能以后改变。在创建一个新族时，有几个通用模型族模板是可用的，以下是几个样例：

- Generic Model ceiling based.rft;
- Generic Model face based.rft;
- Generic Model floor based.rft;

- Generic Model roof based.rft;
- Generic Model wall based.rft。

如果用"Generic Model floor based.rft"开始创建一个新族，可以把类别从"常规模型"变为"家具"。然而，不可能将寄主从楼板改变为墙，对应于创建模板，寄主族参数是固定的。

在下面的练习中，将改变一个已有族的类别，并将它加载到项目中。

本练习视频

6.2.1 编辑族类别

【练习6-3】： 编辑族类别。

1. 打开"c06-3start.rvt"文件，出现一个基于面的盒子，当把光标移动到这个盒子上时，提示信息显示它是常规模型。本练习的目的就是把这个盒子由常规模型变为专用设备。在三维视图中选择并右击这个基于面的盒子，在快捷菜单中选择"编辑族"命令，如图 6-15 所示。

当"族编辑器"打开时，注意这个盒子所居的"平台"，它是基于面族的有关"面"的环境，如图 6-16 所示。基于面族和寄居族在它们的样板里已经有了几何环境（附带有关键参数和参照平面），以便能在相应环境里建模并测试参数控制的行为。

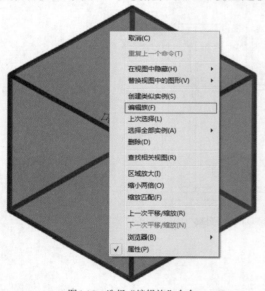

图6-15 选择"编辑族"命令

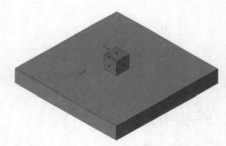

图6-16 编辑基于面族

当这个构件被初创时，它需要基于面，所以使用了默认的基于面样板"Generic Model face based.rft"。因为这个族类别从未被修改过，所以仍然使用初始的"常规模型"类别配置它。现在假设随着设计的进展这个构件需要被列为"专用设备"。

2. 找到"创建"选项卡中的"属性"面板，单击"族类别和族参数"按钮。当"族类别和族参数"对话框出现时，当前的类别被选中（即常规模型）。从列表中选择"专用设备"，如图6-17所示，单击"确定"按钮。

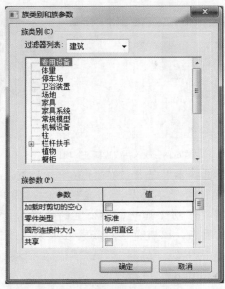

图6-17　改变族类别

3. 单击"族编辑器"面板中的"载入到项目"按钮，再次把该族载入到项目环境。

4. 对于弹出的提示框，选择"覆盖现有版本"选项。这个族没有显示出发生了变化，但现在是根据它的新类别列出这个族。

5. 为了确认类别的变化，应移动光标到这个族上，提示信息应该显示更新后的族类别为专用设备。

在下面的练习里，对于平面图和立面图情况，将修改一个族的原点，然后把更新后的族载入到项目中。

6.2.2　修改族原点

【练习6-4】：　修改族原点。

说明：理解原点。

一个族将围绕它的原点进行收缩，因此当族的尺寸发生变化时，原点保持不变。在放置族的时候，族的原点由光标定位。如果用同类别的另一个族替换一个族，它们应该具有同样的原点。另一方面，如果有一个原点位于角落的族，用另一个原点在中心的族替换它时，则这个族实例将发生移位。

1. 打开"c06-4start.rvt"文件，激活"Level 1"平面视图。单击"建筑"选项卡的"构件"下拉列表，选择"放置构件"工具。

2. 在"修改|放置构件"上下文选项卡上，单击"载入族"按钮，弹出"载入族"对话框。从文件夹"建筑→家具→3D→桌椅→椅子"中找到"转椅12.rfa"族，选中它，单击"打开"按钮，然后在书桌下面的中间位置放置椅子，如图 6-18 所示。放置好椅子后，按 Esc 键退出。

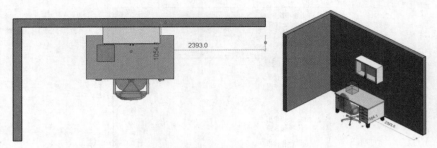

图6-18　载入并放置椅子到项目中

3. 选择书桌，从"类型选择器"选择 72″ × 36″（1830mm×915mm）类型。这时，书桌尺寸的变化使椅子不再居于书桌的中心，因此必须移动椅子。如果有许多椅子和书桌需要移动（如一个办公室的情况），这项任务将是非常烦琐的。我们改变书桌的原点，以避免这种场景在未来修改设计时出现。

4. 选择书桌，选择功能区中的"编辑族"工具，在"族编辑器"里打开这个书桌，然后打开"Ground floor"平面视图。

一个族的原点由具有"定义原点"属性的任意两个参照平面确定。在下面的步骤里，将通过这个参数改变参照平面。

5. 选择图 6-19 所示的两个参照平面，在它们的属性面板上勾选"定义原点"选项。

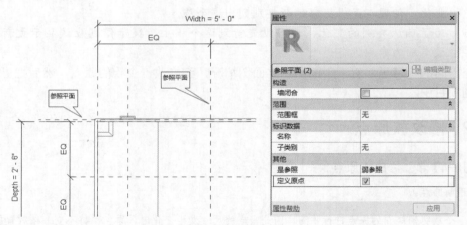

图6-19　编辑一个族的原点

6. 选择功能区中的"载入到项目"工具，再次把这个族加载到项目中。对于出现的"族已存在"对话框，选择"覆盖现有版本"选项。这个族首先移动，以新原点对齐旧原点，有效地重新定位了这张书桌。选择这张书桌并向椅子方向移动。以后，如果改变了书桌类型，它将使用这个新的原点，并在当前位置上调整大小。图 6-20 中的左图是书桌为 72″ ×36″ 尺寸时的位置，右图是书桌为 60″ ×30″ 尺寸时的位置。从图中可以看出，当使用"类型选择器"选择不同大小的书桌类型时，书桌相对椅子的位置保持不变，即椅子始终位于书桌中间。

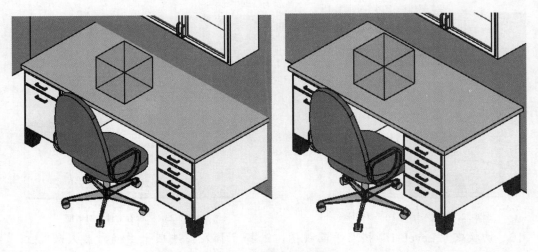

图6-20　不同尺寸书桌时的情况

对于一些特殊族类别，如基于墙的族，也可以在立面图里设置"定义原点"参数。举例来说，对于要求为壁柜的顶部指定一个精确高程的情况，这种方法也很有用。

7. 打开默认的三维视图，单击书桌族上方的"Upper Cabinet"族，单击功能区中的"编辑族"工具，这样就在"族编辑器"中打开了这个壁柜。

8. 在项目浏览器中双击打开"Placement Side"立面视图，选择壁柜顶部的参照平面，勾选属性面板中的"定义原点"选项，如图 6-21 所示。注意，这个参照平面的高程在地板线以上 2000mm。

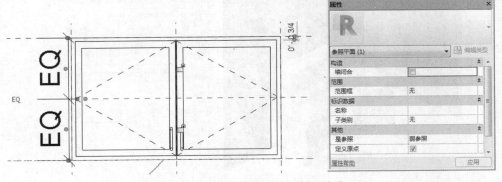

图6-21　参照平面的"定义原点"选项

9. 为了重新加载这个族，单击功能区中的"载入到项目并关闭"按钮。当提示保存修改时，单击"否"按钮。如果打开了多个文件，需要指定哪个是开始项目，本练习中的开始项目是"c06-4start.rvt"，因此，勾选该项目，如图 6-22 所示。单击对话框中的"确定"按钮，这时出现"保存文件"对话框，询问"是否要将修改保存到 Upper Cabinet.rfa?"，单击"否"按钮，如图 6-23 所示。之后出现"族已存在"对话框，选择"覆盖现有版本"选项。就像"Desk"族的情况一样，"Upper Cabinet"族发生了变化，反映了新的原点。

图6-22 "载入到项目中"对话框

图6-23 "保存文件"对话框

10. 切换回"Level 1"楼层平面视图，选择"插入"选项卡中的"载入族"工具，从弹出的"载入族"对话框中选择一个吊柜族实例，单击"打开"按钮把这个族载入到项目中。这时，点开浏览器中的"族"→"橱柜"，可以看到新载入的族。选择浏览器中的这个吊柜，然后选择"建筑"选项卡中的"放置构件"工具，移动光标到某个墙面上单击，就完成了放置构件的操作。按 Esc 键两次退出。

单击视图中的某个吊柜，通过设置属性面板上"立面"参数的值可以设定这个吊柜与参照平面的距离，如图 6-24 所示。

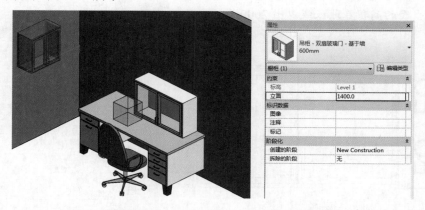

图6-24 属性面板上的"立面"参数决定了吊柜与参照平面的距离

在下面的练习里，将激活一个门族里的房间计算点，修改它的位置，然后把它载回到项目中，接着查看修改后带来的变化。

6.2.3 激活并修改房间计算点

【练习6-5】： 激活并修改房间计算点。

1. 打开"c06-5start.rvt"文件，激活"Level 1"视图，图中有很多存储单元，每个存储单元安装了一个"Double-Flush"门族，每个单元包含一个房间，这个房间与走廊墙体有一定距离。打开项目浏览器里的"Door Schedule"明细

表，如图 6-25 所示。注意，"Double-Flush" 门族检测到了 "Corridor" 房间
（这些门毗连 "Corridor" 房间），而没有检测到 "Storage" 房间（这些门没
有接触到 "Storage" 房间）。

<Door Schedule>			
A	B	C	D
Family	Mark	From Room: Name	To Room: Name
Double-Flush	001	Corridor	
Double-Flush	002	Corridor	
Double-Flush	003	Corridor	
Double-Flush	004	Corridor	
Double-Flush	005	Corridor	
Double-Flush	006	Corridor	
Double-Flush	007	Corridor	
Double-Flush	008	Corridor	
Double-Flush	009	Corridor	
Double-Flush	010	Corridor	
Double-Flush	011	Corridor	
Double-Flush	012	Corridor	
Double-Flush	013	Corridor	
Double-Flush	014	Corridor	
Double-Flush	015	Corridor	
Double-Flush	016	Corridor	

图6-25　门明细表

Revit 中的大多数构件族是单房间感知，这意味着它们将检测到一个房间，它们或者是
包含在那个房间内，或者毗连于那个房间（图 6-26 中的左图）。有些族，如门和窗户，可以
检测到两个房间。举例来说，一个房间是将要穿过的房间，另一个房间是将要通过这个门进
入的房间（图 6-26 中的右图）。

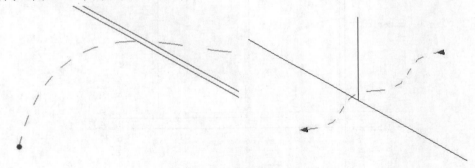

图6-26　单个与两个计算点

2. 对于需要覆盖默认毗邻关系的情况，能激活图 6-26 所示的房间计算点，这样
    可使用户控制计算点。选择一个 "Double-Flush" 门族实例，选择功能区中的
    "编辑族" 工具。

3. 进入 "族编辑器" 后，在项目浏览器中打开 "Floor Line" 平面视图，在属性
    面板上找到并勾选 "房间计算点" 选项，现在能看到视图上带虚线的两个箭
    头，这是房间计算点。这两个箭头指示从 "From room" 到 "To room" 的通过
    方向。单击这些点选中它们，如图 6-27 所示。

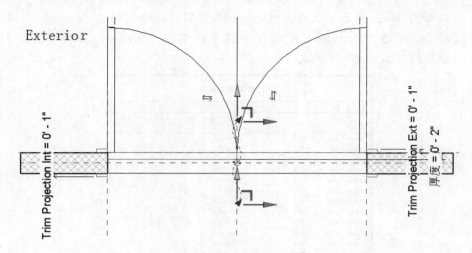

图6-27 房间计算点

4. 调整"入房间"计算点，使之远离门图形，结果是检测到房间。再次单击这个房间计算点，并拖动这个点（在开门方向一边的）越过 EQ 尺寸，结果如图 6-28 所示。

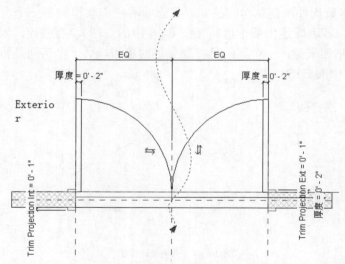

图6-28 变更后的房间计算点

5. 房间计算点变更后，单击功能区中的"载入到项目并关闭"按钮。出现提示时，选择"不保存"这个族。出现族已存在提示时，选择"覆盖现有版本"。

6. 单击一个"Double-Flush"门族实例。注意，现在选择项目中的任何门族实例时，都可以看到房间计算点标记。在不能修改项目里面的这个点时，它将精确地显示它的位置。

7. 再次打开门明细表，可以看到明细表中的"To Room: Name"域填充了"Storage"，如图 6-29 所示。激活房间计算点可指定精确的位置，Revit 利用该位置确定哪些房间关联于构件族。

<Door Schedule>			
A	B	C	D
Family	Mark	From Room: Name	To Room: Name
Double-Flush	001	Corridor	Storage
Double-Flush	002	Corridor	Storage
Double-Flush	003	Corridor	Storage
Double-Flush	004	Corridor	Storage
Double-Flush	005	Corridor	Storage
Double-Flush	006	Corridor	Storage
Double-Flush	007	Corridor	Storage
Double-Flush	008	Corridor	Storage
Double-Flush	009	Corridor	Storage
Double-Flush	010	Corridor	Storage
Double-Flush	011	Corridor	Storage
Double-Flush	012	Corridor	Storage
Double-Flush	013	Corridor	Storage
Double-Flush	014	Corridor	Storage
Double-Flush	015	Corridor	Storage
Double-Flush	016	Corridor	Storage

图6-29　变更计算点后的门明细表

8. 选择一个"Double-Flush"门族实例，按空格键，直到门翻转到相反方向，这样也翻转了房间计算点图形。打开门明细表，发现"To Room: Name"域中已经填充了"Corridor"，如图 6-30 所示。

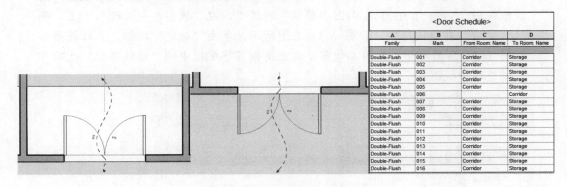

<Door Schedule>			
A	B	C	D
Family	Mark	From Room: Name	To Room: Name
Double-Flush	001	Corridor	Storage
Double-Flush	002	Corridor	Storage
Double-Flush	003	Corridor	Storage
Double-Flush	004	Corridor	Storage
Double-Flush	005	Corridor	Storage
Double-Flush	006		Corridor
Double-Flush	007	Corridor	Storage
Double-Flush	008	Corridor	Storage
Double-Flush	009	Corridor	Storage
Double-Flush	010	Corridor	Storage
Double-Flush	011	Corridor	Storage
Double-Flush	012	Corridor	Storage
Double-Flush	013	Corridor	Storage
Double-Flush	014	Corridor	Storage
Double-Flush	015	Corridor	Storage
Double-Flush	016	Corridor	Storage

图6-30　翻转门方向及门明细表的变化

在接下来的练习里，将对常规寄居窗户进行各种修改，常规寄居窗户是默认库的一部分。对于特定的寄主类型，如楼板、墙体、屋顶或天花板等，寄居族有个必需的条件，即如果没有寄主，寄居族就不能被放置。

6.2.4　修改寄居构件

【练习6-6】：　修改寄居构件。

1. 打开"c06-6start.rvt"文件，在项目浏览器的族节点下，找到并展开"窗"类别，右击"Fixed"，从右键菜单中选择"编辑"命令，这样就在"族编辑器"中打开了这个族的三维视图。调整这个视图的视角，得到图 6-31 所示的图像。然后，在浏览器里找到"楼层平面"节点下的"Floor Line"，双击这个节点，就在"族编辑器"中打开了这个窗户的平面图，如图 6-32 所示。

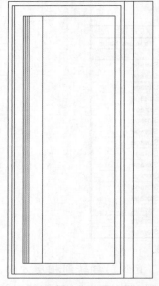

图6-31 在"族编辑器"里显示的窗户三维视图

图6-32 在"族编辑器"里显示的窗户平面图

2. 打开三维视图"View 1",在英文输入状态下按键盘上的 $\boxed{V}$ 键两次,弹出"三维视图:View 1 的可见性/图形替换"对话框,在"模型类别"选项卡上,确认"墙"类型被勾选,如图 6-33 左图所示,单击"确定"按钮。三维视图如图 6-33 右图所示,使用工作窗口右上角位置导航栏中的"缩放匹配"选项可调整这个视图。

图6-33 "三维视图:View 1 的可见性/图形替换"对话框

3. 在项目浏览器中双击"Exterior"激活"Exterior"立面视图,如图 6-34 所示。

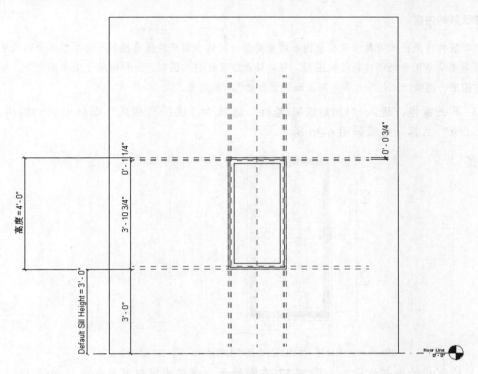

图6-34 "Exterior"立面视图

参照平面（绿色虚线所示）用作几何图形伸缩的框架。正像我们看到的，这个窗户几何图形没有被直接指定尺寸参数，图上的参数联系于参照平面，于是，窗户几何图形由参照平面限定。这是构建族几何图形的推荐方法。

4. 找到"创建"选项卡中的"基准"面板，选择"参照平面"工具。围绕窗口的中点绘制一个水平的平面。

5. 找到"修改|放置参照平面"选项卡中的"测量"面板，选择"对齐尺寸标注"工具，在两个最外面的水平参照平面与步骤 4 中新创建的平面之间添加尺寸标注。在临时 EQ 图标处于激活状态时，单击这个图标来建立一个等分约束，结果如图 6-35 所示。

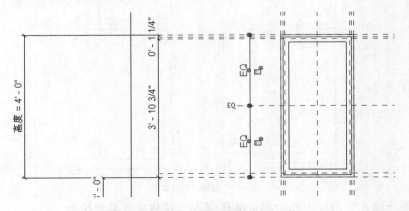

图6-35 添加一个新的参照平面并使之上下等距

说明：修改族的内容。

对寄居构件做出改变是修改已有内容的重要部分，这个窗户族拥有控制不同类型的全部尺寸参数，不需要从草图开始创建新几何图形，可以修改族里已有的图形。这样做除了效率高之外，修改的几何图形会继续"记住"与参照平面和其他参数已有的关系。

6. 单击窗框，进入"修改|框架/竖梃"选项卡，选择"模式"面板中的"编辑拉伸"工具，结果如图 6-36 所示。

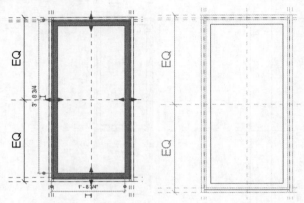

图6-36　选中窗框（左图）及选择"编辑拉伸"工具后的图形（右图）

7. 绘制新的内部线段，如图 6-37 左图所示，这些线段把窗户分成 3 个面板。在完成草图绘制之前，要删除新线段之间的草图线段（例如，使用"修改"面板中的"拆分图元"工具，且勾选"选项"栏中的"删除内部线段"选项），需要删除的线段在图 6-37 右图所示线框指示的地方。

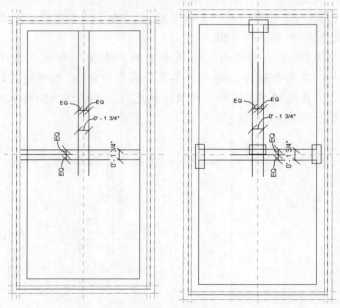

图6-37　编辑已有的窗框

8. 单击"模式"面板中的"完成编辑模式"按钮完成草图绘制。

草图绘制完成后，在载入族到项目之前，要伸缩这个族以确定不同的尺寸都是可行的。

9. 找到"修改|框架/竖梃"选项卡中的"属性"面板，选择"族类型"工具，弹出"族类型"对话框，如图 6-38 所示。在对话框顶部的下拉列表中选择几个不同的类型，指定每个类型后单击"应用"按钮。

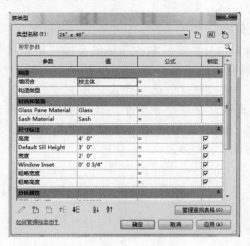

图6-38　"族类型"对话框

10. 单击"确定"按钮关闭对话框，查看三维视图中的窗户，可以发现窗户的几何形体在伸缩，但窗户玻璃仍然是一块嵌装玻璃。

11. 选择窗户玻璃，然后找到"修改|玻璃"上下文选项卡中的"模式"面板，单击"编辑拉伸"按钮。返回到"Exterior"立面视图，沿着先前修改的窗户边缘增加几条线段，如图 6-39 所示。可以使用"绘制"面板中的"拾取线"工具，这样绘制过程更加容易。应记住，要使用"拆分图元"工具除去多余线段。

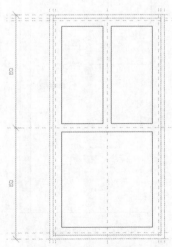

图6-39　修改窗户玻璃

12. 单击"完成编辑模式"按钮完成草图绘制，然后重复先前的过程，验证几个不同的族类型参数，以确认窗户玻璃将按不同尺寸伸缩。

13. 选择"族编辑器"面板中的"载入到项目"工具将族载入到项目中。

在下面的练习里，将编辑一个已有的门族，并且合并一个嵌套族。

6.2.5 合并嵌套族

【练习6-7】： 合并嵌套族。

1. 打开"c06-7start.rvt"文件，激活默认的三维视图，选择一个门族实例，选择功能区中的"编辑族"工具。

2. 在"族编辑器"的"创建"选项卡上，利用"模型"面板中的"构件"工具来放置一个嵌套族。在这个例子中，还没有载入任何族，所以会出现一个对话框提示用户，如图 6-40 所示，单击"是"按钮，选择本书配套资源中的"Door_Handle.rfa"文件。

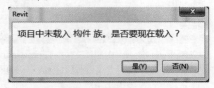

图6-40　提示对话框

3. 这个族是使用基于面模板创建的，因此它可以使用项目里的大多数几何图形或族作为一个寄主。在功能区上，激活的放置方法应该是"放置在面上"。在三维视图中，单击门板表面放置嵌套把手族的一个实例，如图 6-41 所示。

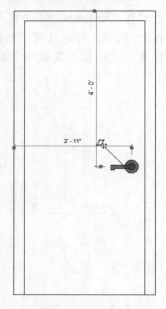

图6-41　放置的嵌套族

说明：空格键的旋转功能。

不要忘记，使用空格键可以在放置构件之前或之后旋转该构件。

4. 打开 "Ground floor" 平面视图，根据放置门把手族在门的里面还是外面的不同，可能需要翻转工作平面。如果视图看上去如图 6-42 左图所示（即没有与门板面贴合），则选择门把手族，然后单击门把手旁边的 "翻转工作平面" 符号，翻转后如图 6-42 右图所示。

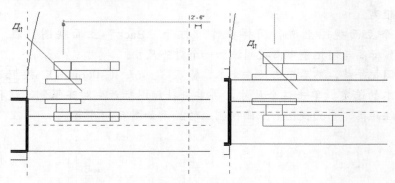

图6-42 工作平面翻转前后对比

当前这个嵌套族接近了正确位置，可以调整门板厚度。嵌套门把手族包含一个门厚度参数，需要将嵌套族参数与寄主族参数相关联，这样，如果寄主族门板的厚度发生了变化，嵌套族将自动修改。

5. 选择嵌套门把手族实例，单击属性面板中的 "编辑类型" 按钮，找到名为 "Door Thk" 的参数，这是嵌套族里的参数，单击 "=" 列里的 "关联族参数" 按钮，如图 6-43 所示。

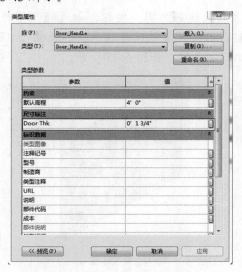

图6-43 单击 "=" 列里的 "关联族参数" 按钮

6. 这时弹出 "关联族参数" 对话框，选择其中的 "厚度" 参数，这是寄主族里的参数。它是灰显的，所以不能手工输入尺寸，原因是现在这个值由寄主参数决定。单击 "确定" 按钮关闭 "关联族参数" 对话框，再次单击 "确定" 按钮关闭 "类型属性" 对话框。

7. 假如门图形移动或改变尺寸，也需要确认嵌套门把手族保持正确定位。在

"Ground floor"平面视图里，在左边的参照平面与门把手族的中心之间添加一个对齐尺寸。

8. 选择门把手族，然后单击尺寸文本，输入 4″（101mm）。按 Esc 键取消对文本的选定。单击这个尺寸，然后单击挂锁图标产生对齐限制，这将保持尺寸标注距离。

9. 在一个立面视图里进行同样操作。打开"Back"立面视图，在"Ground floor"标高与门把手中心之间添加一个对齐尺寸。

10. 选择门把手族，然后单击尺寸文本，输入 3′-6″（1066mm）。按 Esc 键取消对文本的选定。单击这个尺寸，再单击挂锁图标产生对齐限制，这将保持尺寸标注距离。平面视图和立面视图上的显示如图 6-44 所示。

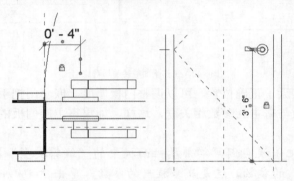

图6-44 锁定门把手尺寸

11. 单击功能区中的"载入族并关闭"按钮，出现提示框时，选择不保存到族。再次弹出提示框时，选择"覆盖现有版本及参数值"。现在应该看到修改后的门族包含了嵌套的门把手族，如图 6-45 所示。

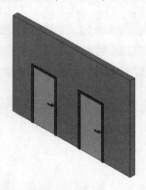

图6-45 修改后的门族

提示："显示限制"。

"显示限制"显示模式使得临时高亮（红色）活动视图里的所有限制变得十分容易。例如，这使得区别加锁尺寸和常规尺寸非常容易。在步骤 8 和步骤 10 中创建了限制之后，通过"视图控制"栏中的尺寸加锁图标激活这个显示模式，可以高亮这些限制，如图 6-46 所示。

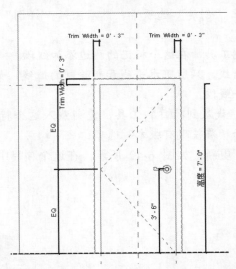

图6-46 单击"视图控制"栏上尺寸加锁图标的结果

6.3 修改二维族

　　除包含了模型几何形体的三维族之外，Revit 还有二维类型的族，这些族由详图或注释图元构成。处理这些二维族的方式不同于处理三维模型族，例如，标记族按注释对待，这意味着将根据视图比例尺调整它们的大小，Revit 里的三维模型族不这样调整大小，而是按照具有真实尺寸的实际几何形体对待。

　　在下面的几个练习当中，将用到最普通的二维族类型（标记、剖面、详细构件和标题栏），以便更好地理解它们的功能。我们将对一个已有的标记族进行编辑和修改，然后把这个族加载到项目中。

6.3.1 编辑标记族

【练习6-8】： 编辑标记族。

本练习视频

　　打开"c06-8start.rvt"文件，激活"South"立面视图，注意家具标记，将编辑和修改这个已有的标记，如图 6-47 所示。

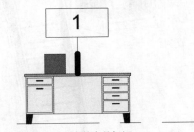

图6-47 已有的家具标记

1.　在项目浏览器里，依次单击"族"→"注释符号"，找到"Furniture Tag"族，右击它，然后从快捷菜单中选择"编辑"命令，这样就打开了"族编辑器"。

141

2. 在族编辑器中单击"创建"选项卡，然后激活"详图"面板中的"直线"工具。

3. 选择一个弧线绘制工具，在这个标记的两边添加线段。

4. 删除标记两边的垂线，只留下水平线和新绘制的弧线，如图 6-48 所示。如果需要，可调整水平线段。

5. 选择功能区中的"载入到项目"工具，重新载入这个标记到项目中。在弹出的对话框中，选择"覆盖现有版本"选项。

注意，标记实例发生了更新，如图 6-49 所示。在这个项目中，同样类型的任何标记也将发生更新。

图6-48　新的家具标记形状　　　　　　　图6-49　更新后的家具标记

在下面的练习里，将编辑和修改一个轮廓族，并使用这个族生成用于栏杆的几何图形。

6.3.2　编辑轮廓族

【练习6-9】：　编辑轮廓族。

1. 打开"c06-9start.rvt"文件，这是一个带栏杆扶手的楼梯，选择默认的三维视图，调整视角，得到图 6-50 所示的图像。在项目浏览器里，依次单击"族"→"轮廓"，找到"Rectangular Handrail"，然后右击"Rectangular Handrail"，选择快捷菜单中的"编辑"命令，这样就在"族编辑器"里打开了"Rectangular Handrail"族。

图6-50　楼梯

2. 因为要保持现有的扶手轮廓不变，所以从"文件"选项卡中选择"另存为"→
   "族"，命名新的轮廓为"L Shaped Handrail"。

3. 有一些参数用户希望保留在这个族里，为了使这些参数可见，打开"楼层
   平面：Level 1 的可见性/图形替换"对话框（快捷键为 $\boxed{V}+\boxed{V}$ 键），单击
   "注释类别"选项卡，勾选全部选项，如图 6-51 所示，然后单击"确定"
   按钮关闭这个对话框。

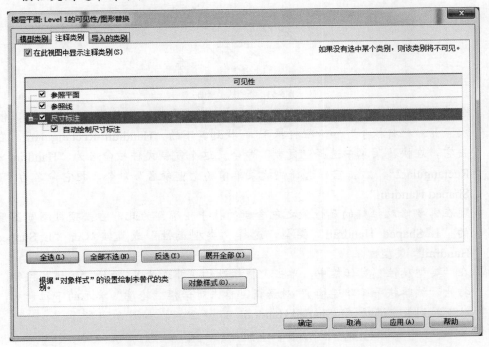

图6-51 勾选全部选项

此时，轮廓视图如图 6-52 所示。

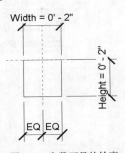

图6-52 参数可见的轮廓

4. 拖动与"Width"参数关联的一条垂直线（左边那条）的端点向上移动一段距
   离，然后找到"创建"选项卡中的"详图"面板，选择"直线"工具，用手
   工绘制方法增加几条新的轮廓线段，结果如图 6-53 所示。绘制完成后，把这
   个轮廓加载到项目中。现在，在项目浏览器族节点的轮廓节点下，可以看到
   与其他轮廓族排列在一起的"L Shaped Handrail"轮廓族。

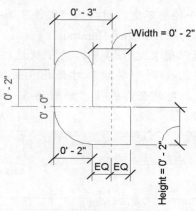

图6-53 新的扶手剖面

5. 创建一个新的扶手类型，并把它关联到楼梯。在项目浏览器的族节点下，依次点开"栏杆扶手"→"栏杆扶手"，找到其下的"Handrail–Rectangular"，右击它，在快捷菜单中选择"复制"命令。这个复制文件被命名为"Handrail－Rectangular2"，右击它，选择快捷菜单中的"重命名"命令，把它命名为"L Shaped Handrail"。

6. 现在需要修改栏杆的属性使之包含新的扶手轮廓。为此，右击项目浏览器里的"L Shaped Handrail"类型，选择"类型属性"或直接双击"L Shaped Handrail"类型。

7. 在"类型属性"对话框中，单击"扶栏结构（非连续）"项的"编辑"按钮。打开"编辑扶手（非连续）"对话框，单击对话框"轮廓"单元的下拉箭头，从下拉列表中选择"L Shaped Handrail: 2″ × 2″"，如图 6-54 所示。

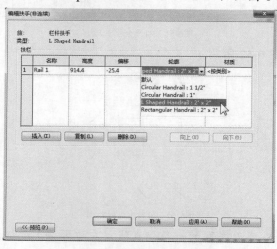

图6-54 为扶手选择轮廓

8. 单击"确定"按钮两次返回到项目。新轮廓被关联到这个复制的扶手，用户需要做的就是用这个新扶手替换掉默认的楼梯扶手。用鼠标选择被指定给这个楼梯的栏杆扶手，然后从属性面板的类型选择器中选择"L Shaped Handrail"，如图 6-55 所示。

对比图 6-50 与图 6-56 中扶手轮廓编辑前后的变化。

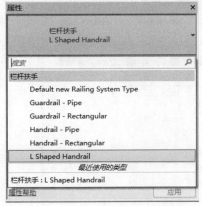

图6-55　选择新扶手

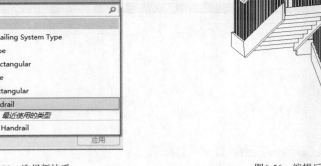

图6-56　编辑后的扶手轮廓

在下面的练习里，将编辑和修改一个已有的分隔线族。

6.3.3　修改详图构件

【练习6-10】：修改详图构件。

1. 打开"c06-10start.rvt"文件，激活"Callout of Section 1"视图。在这个细节标注视图里有个需要修改的"Break Line"族。选择这条折线（图 6-57 中的左图），选择功能区"模式"面板中的"编辑族"工具，在"族编辑器"里打开这个族（图 6-57 中的右图）。

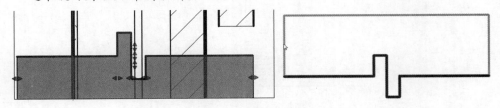

图6-57　选择及编辑折线

2. 在族编辑器里选择这条折线，然后选择"模式"面板中的"编辑边界"工具。

这个图元不是一条线段，如图 6-57 所示。实际上它是个用来隐藏项目中几何图形的遮罩区域。当单击不同线段时，会发现功能区"子类别"面板中的子类别发生对应变化，有些边界线样式被设为"Medium Lines"，有些被设为"不可见线"。

3. 在开始修改这个遮罩区域之前，应该留意这个族里设定的限制。按键盘上的 V+V 键，弹出"楼层平面：Ground floor 的可见性/图形替换"对话框，单击"注释类型"选项卡，勾选"参照平面"和"尺寸标注"选项，如图 6-58 所示。单击"确定"按钮关闭对话框。

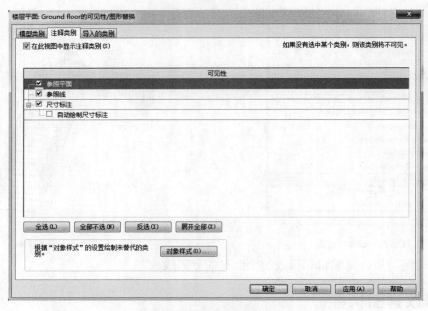

图6-58 勾选"参照平面"和"尺寸标注"选项

4. 在视图控制栏把视图的比例尺改为 1 1/2″ = 1′ -0″ （1:10），这样尺寸更加清晰可辨。在视图上单击鼠标右键，选择快捷菜单中的"缩放匹配"命令来查看限制的范围，如图 6-59 所示。

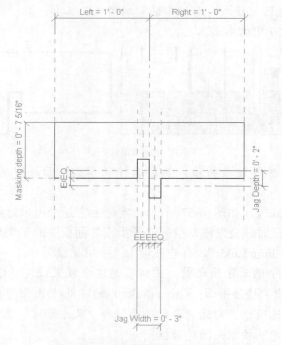

图6-59 显示了所有限制的遮罩区域

5. 删除图 6-60 中所示的方形齿状线，删除后的图形如图 6-61 所示。

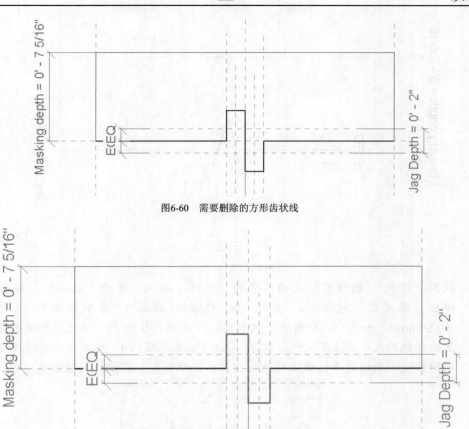

图6-60　需要删除的方形齿状线

图6-61　删除了方形齿状线后的图形

6. 单击功能区的"创建"选项卡，选择"详图"面板中的"直线"工具，确定在功能区的右端"子类别"设为"Medium Lines"。现在绘制出图 6-62 所示的新齿状线，要保证所绘制线段对齐原来齿状线的中点并保留直线的端点。

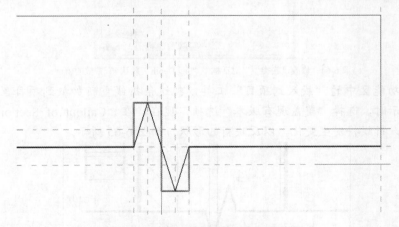

图6-62　在遮罩区域边界内绘制新的齿状线

7. 单击功能区"模式"面板中的"完成编辑模式"按钮完成草图绘制，结果如图 6-63 所示。

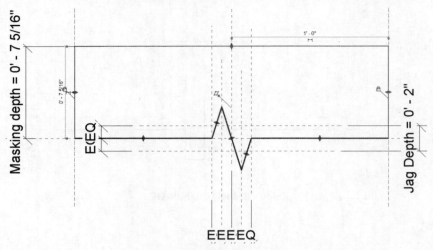

图6-63　修改后的齿状线

8. 找到"修改|详图项目"选项卡中的"属性"面板，单击"族类型"按钮，弹出"族类型"对话框，修改"Jag Depth（默认）"参数的值为 0′ 6″（150mm），如图 6-64 所示，然后单击"应用"按钮，可以观察到遮罩区域里齿状线的大小发生了变化。对于"Jag Depth（默认）"参数，试着修改几个不同的值，确认遮罩区域正确地收放。单击"确定"按钮关闭对话框。

图6-64　修改"族类型"对话框中"Jag Depth（默认）"参数的值

9. 选择功能区中的"载入到项目"工具，把这条折线重新加载到项目里，当出现提示时，选择"覆盖现有版本"选项。现在，在"Callout of Section 1"视图里，折线将发生变化，以反映新的形状，如图 6-65 所示。

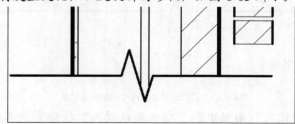

图6-65　在"Callout of Section 1"视图中的折线

在下面的练习里将修改图框族。图框用于在图纸上组织项目视图，它被视为二维族，类似于标记和详图构件。

6.3.4 修改图框

【练习6-11】：修改图框。

1. 打开"c06-11start.rvt"文件，在项目浏览器里打开图纸"A101"，选择图纸上的图框，然后选择"模式"面板中的"编辑族"工具。

2. 需要创建一个用于网格的新直线类型。找到"管理"选项卡的"设置"面板，选择"对象样式"工具，弹出"对象样式"对话框，如图 6-66 所示。单击"新建"按钮，弹出"新建子类别"对话框，在名称栏输入"Grid Lines"，在"子类别属于"栏的下拉列表中选择"图框"，如图 6-67 所示，然后单击"确定"按钮。

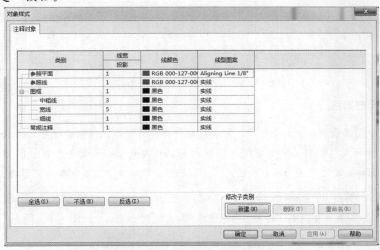

图6-66 "对象样式"对话框

图6-67 "新建子类别"对话框

3. 单击对应"Grid Lines"类型的"线颜色"项，把颜色修改为浅蓝色。单击"确定"按钮两次退出"对象样式"对话框。

4. 做好了绘制网格线的准备后，找到"创建"选项卡中的"详图"面板，选择"直线"工具，在"子类别"面板的下拉列表中选择"Grid Lines"子类。

5. 绘制 5 条垂直线和 4 条水平线，然后给垂直线和水平线添加尺寸（这些尺寸不显示在项目环境里）。单击图上的"EQ"符号，水平线之间以及垂直线之间都变成了等距间隔，如图 6-68 所示。

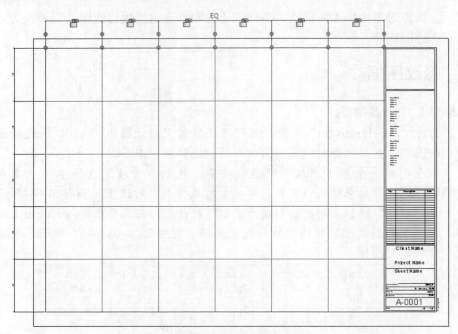

图6-68　添加网格线并标出网格线尺寸

说明：打开和关闭全部网格。

如果要把这个图纸重新加载到项目中，能够控制网格的可见性，就像通过可见性/图形替换对话框控制其他对象的可见性一样。通过把刚才创建的网格线关联于一个类型参数就能实现这个功能。这样，在使用网格线建立了若干项目视图后，可以通过一次性单击来关闭所有网格线。

6. 选择刚才创建的全部网格线，然后单击属性面板上"可见"复选框右边的"关联族参数"按钮，打开"关联族参数"对话框，如图 6-69 所示。

图6-69　"关联族参数"对话框

7. 单击对话框中"如何关联族参数？"上面的"新建参数"图标，打开"参数属性"对话框。在"名称"栏输入"Grid Visibility"。选中"类型"选项，在"参数分组方式"栏选择"图形"，如图 6-70 所示。

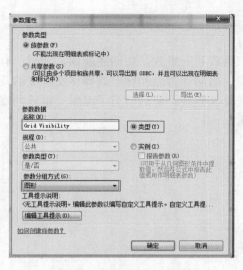

图6-70 创建一个可见性参数

8. 单击"确定"按钮两次关闭两个对话框。

9. 选择功能区中的"载入到项目"工具,重新把这个图框加载到项目里,出现提示时,选择"覆盖现有版本"选项。

10. 选择项目里的这个图框,单击属性面板中的"编辑类型"按钮,打开"类型属性"对话框,如图 6-71 所示。

图6-71 "类型属性"对话框

11. 取消对 Grid Visibility 参数的勾选,当单击"确定"按钮时,图框中的网格线就不见了。

6.4 小结

本章学习了如何编辑二维族和三维族，如创建新族、编辑已有族、指定一个新的族类别等。还学习了修改族插入点、房间计算点和针对具体详细程度的几何体可见性，在哪里创建新的对象样式，甚至如何嵌套其他族。最后学习了编辑二维族的宽度范围，如遮罩区域、图框、详图构件、标记和轮廓。

第7章 方案设计

设计灵感来自任何事物,在任何时间都可能灵光乍现,一些设计者喜欢手工描绘,另一些设计者则喜欢使用数字工具创建三维草图。当设计草图是数字化作品时,则概念设计、方案设计和设计开发之间的转变被简单化了。

当把三维草图导入 Revit 软件平台中时,就是从三维形体开始设计工作,这样的起始图元被称为体量,这样做是为了在建模墙体和楼板之前,确认结构和建筑面积是正确的。一旦确定建筑体量能够包含建筑项目,将使用体量作为放置建筑构件的框架。

Revit 提供了概念体量工具,用于项目前期概念设计阶段为建筑师提供灵活、简单、快速的概念设计模型,使用概念体量模型可以帮助建筑师推敲建筑形态,还可以统计概念体量模型的建筑楼层面积、占地面积、外表面积等设计数据。可以根据概念体量模型表面创建建筑模型中的墙、楼板、屋顶等图元对象,完成从概念设计阶段到方案、施工图设计的转换。

利用 Revit 灵活的体量建模功能,可以创建 NURBS 曲面模型,并通过将曲面模型转换为屋顶、墙体等对象,在项目中创建更复杂的对象模型。

本章主要内容

- 输入二维图像。
- 利用三维草图进行设计。
- 从体量创建 Revit 图元。

7.1 输入二维图像

Autodesk 公司发布了一款创建二维数字草图的软件,它的名称是 SketchBook Pro,该软件可以安装在 iPad 上,也可在 PC 和 Mac 上使用。这款软件允许使用定位笔或手指在平板电脑上直接绘制草图,就像平时使用钢笔或铅笔一样。图 7-1 中的草图是在 SketchBook Pro 中创建的,下面的练习同样适用于从杂志或描图纸上得到的任何扫描图像。

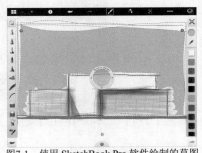

图7-1 使用 SketchBook Pro 软件绘制的草图

【练习7-1】: 输入并按比例缩放二维图像。

1. 打开 "c07-1start.rvt" 文件,选择 "建筑" 选项卡,点开项目浏览器的立面项,双击 "East",打开 "East" 立面。
2. 找到 "插入" 选项卡中的 "导入" 面板,单击上面的 "图像" 按钮,选择配套素材 "chapter7" 文件夹中的 "Massing_Image.png" 文

本练习视频

件，单击"打开"按钮。

3. 需要缩小图像以便看到由蓝色线框和一个 X 形交叉线构成的预览图，这个预览图指示出该图像的大小。单击鼠标放置图像，使用键盘上的箭头键微调图像的位置，以便建筑草图的地平面与"Level 1"大致对齐，如图 7-2 所示。

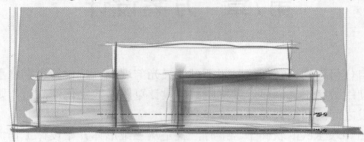

图7-2　输入的图像

4. 放大 Level 符号附近的图像，选择"Level 2"，在属性面板上改变"立面"项的参数值，从 3.04 变为 4.57，这个高度更符合商业建筑。

5. 这个图像有点超出了 Revit 工作界面的范围。单击该图像，选择"修改"面板中的"缩放"工具。

6. 把鼠标停留在"Level 1"上面，"Level 1"将高亮，单击选中它。

7. 向上移动鼠标使光标大致与草图上的第二个楼层对齐，然后单击。

8. 向下移动鼠标使光标对准模型的"Level 2"，然后单击，缩放后的图像如图 7-3 所示。

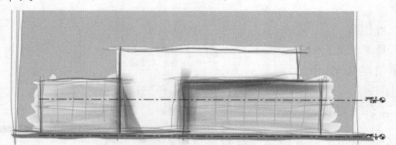

图7-3　按比例缩放后的图像

9. 一旦导入的图像缩放好且放置于正确的位置，就锁定这个图像，以防止图像意外移动。方法是选择图像，然后单击"修改"面板中的"锁定"按钮。

7.2　利用三维草图进行设计

Autodesk 公司还发布了一款名为 FormIt 的三维数字绘图软件，这款概念设计软件可通过 Chrome 或 Firefox 浏览器进行访问。FormIt 作为一款概念设计和建模工具，能够创建建筑形状，然后输出几何形体到 Revit 软件中做进一步开发。

FormIt 应用程序简单、直观并且免费。相比于 Revit 的概念体量环境，FormIt 应用程序在用鼠标拖拉图元方面更为流畅和友好。图 7-4 所示为在 FormIt 中用大约 10 分钟创建的三维草图。

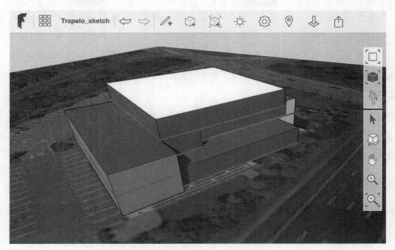

图7-4　在 FormIt 中创建的三维草图

当在 FormIt 中保存三维草图时，该软件与 Autodesk® 360 Drive 云存储服务同步，并把 FormIt 草图转换为 RVT（.rvt）文件。转换后的文件包含了建筑几何形体、组层次结构、建筑标高、建筑位置和日照角等数据。下载这个 RVT 文件，在 Revit 中打开它，无须建模就可以在 Revit 中进行设计开发。

在下面的练习中，将使用在 FormIt 中创建并转换为 Revit 项目的一个文件，它的名称是"Trapelo_sketch"。鼓励读者利用 FormIt 软件创建自己的三维草图，并在日后用在自己的设计当中。

7.2.1　使用来自 FormIt 的三维草图

【练习7-2】：　使用来自 FormIt 的三维草图。

1. 打开"c07-2start.rvt"文件，这个文件是用 FormIt 软件创建的。当光标移动到模型上时，会显示 4 个体量图元，把光标停留在一个体量图元上稍长时间，会提示这个体量图元在 FormIt 中的名称，并指示出这些是 Revit 中的体量族，参见图 7-5。

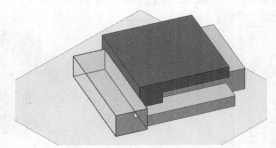

图7-5　作为被加载的 Revit 体量族的 FormIt 组

2. Revit 中的体量是个特殊的族类别，该类别允许用户使用特殊的建模工具，并且具有特殊的可见性属性。单击"视图"选项卡，然后选择"图形"面板中的"可见性/图形"工具（快捷键为 $\boxed{V}$+$\boxed{G}$），弹出可见性/图形替换对话框，找到"体量"类别，取消对它的勾选。单击"确定"按钮后体量图元全部消失。

3. 找到"体量和场地"选项卡，单击"概念体量"面板上"按视图设置显示体量"按钮的下半部，出现下拉列表，选择"显示体量形状和楼层"，这时体量图元将再次显示。

4. 按快捷键 $\boxed{V}+\boxed{G}$。注意，"体量"类别未被勾选，但体量图元是可见的，这就是体量的"特殊可见性属性"。勾选"体量"复选框，以便在下个练习中使体量图元在视图中可见。

说明：体量图元的可见性。

体量图元的可见性比较难以理解，"体量和场地"选项卡有个下拉列表，其中两个重要选项的含义解释如下。

"按视图设置显示体量"选项，依赖于可见性/图形替换对话框中体量类别的设置，这意味着能够在预览的基础上开启体量图元的可见性。"显示体量形状和楼层"选项，可使用户在所有的视图中看到体量图元，但仅限于每次会话，如果选择了该选项，在下次打开这个文件时，体量图元将不可见。

7.2.2 创建体量楼层

【练习7-3】： 创建体量楼层。

本练习视频

1. 打开"c07-3start.rvt"文件，回顾图 7-4 所示的 FormIt 图像，注意蓝色的水平线，这些蓝色线是在 FormIt 中创建的"标高"，它们自动转换为 Revit 标高。

2. 选择图中 4 个体量图元中的任意一个，选择"模型"面板中的"体量楼层"工具。

3. 弹出"体量楼层"对话框，勾选其中的每一项，如图 7-6 所示，单击"确定"按钮，注意出现在 Revit 体量图元上的橘色线段。

4. 选择其余 3 个体量图元，选择"体量楼层"工具，勾选弹出对话框中的每个选项。整个模型就加上了 Revit 体量楼层，如图 7-7 所示。

图7-6 选择楼层

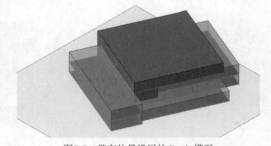

图7-7 带有体量楼层的 Revit 模型

5. 查看项目浏览器，找到"明细表/数量"节点，在其下能发现一个名为"Mass Floor Schedule"的视图，这个视图是打开由 FormIt 创建的一个 RVT（.rvt）文件时自动创建的。

6. 双击 "Mass Floor Schedule" 打开明细表视图，该视图显示了哪个标高被用于哪个体量，如图 7-8 所示。

A	B	C	D	E	F
Mass: Family	Level	Exterior Surface Area	Floor Area	Floor Perimeter	Floor Volume
Group3	Level 1	413 m²	299 m²	84.220	1366.21 m³
Group3	Level 2	1341 m²	326 m²	90.316	1492.11 m³
Group3	Level 3	1902 m²	1254 m²	141.683	5733.93 m³
Group1	Level 1	486 m²	500 m²	106.384	2285.42 m³
Group1	Level 2	986 m²	500 m²	106.384	2285.42 m³
Group2	Level 1	705 m²	307 m²	87.115	1403.07 m³
Group4	Level 1	579 m²	1001 m²	126.662	4576.24 m³
Group4	Level 2	1580 m²	1001 m²	126.662	4576.24 m³
Grand total: 8		7992 m²	5188 m²	869.426	23718.62 m³

图7-8 "Mass Floor Schedule" 明细表（体量楼层明细表）视图

在这个阶段，对于建筑师来说最重要的数据是 "Floor Area"（楼层面积，第 4 列）。Revit 累加建筑中的这些面积，并使这个总面积随着对建筑的修改而更新。在方案设计中，楼层面积是很有价值的信息。

7.2.3 更新体量

【练习7-4】：更新体量。

1. 打开 "c07-4start.rvt" 文件，打开项目浏览器中的 "Mass Floor Schedule" 视图，如图 7-9 所示。注意，表中列出的楼层总面积为 5188m²。

			<Mass Floor Schedule>		
A	B	C	D	E	F
Mass: Family	Level	Exterior Surface Area	Floor Area	Floor Perimeter	Floor Volume
Group1	Level 1	486 m²	500 m²	106.384	2285.42 m³
Group1	Level 2	986 m²	500 m²	106.384	2285.42 m³
Group2	Level 1	705 m²	307 m²	87.115	1403.07 m³
Group3	Level 1	413 m²	299 m²	84.220	1366.21 m³
Group3	Level 2	1341 m²	326 m²	90.316	1492.11 m³
Group3	Level 3	1902 m²	1254 m²	141.683	5733.93 m³
Group4	Level 1	579 m²	1001 m²	126.662	4576.24 m³
Group4	Level 2	1580 m²	1001 m²	126.662	4576.24 m³
Grand total: 8		7992 m²	5188 m²	869.426	23718.62 m³

图7-9 体量楼层明细表视图

如果设计更改，三维草图发生变化，就需要更新 Revit 模型。选择 "Mass: Group1: Group1" 图元，如图 7-10 所示。

2. 选择 "模式" 面板中的 "编辑族" 工具，这个体量图元在 "概念体量编辑器" 中打开，这个环境类似于 "族编辑器"，但是它是针对体量的。

3. 选择体量如图 7-11 所示的那个面，注意出现的蓝色尺寸线，单击标记为 40′-0″ 的蓝色尺寸线，输入 80′-0″，观察这个面的更新，如图 7-11 所示。相比拖曳体量的面，这是更精确的编辑体量的方式。

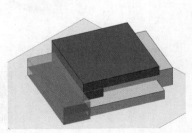

图7-10 选择 "Mass: Group1: Group1" 图元

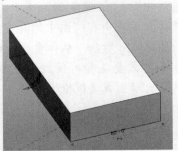

图7-11 在 "概念体量编辑器" 中被修改后的体量

4. 单击"族编辑器"面板中的"载入到项目"按钮，因为只有一个打开的文件，所以 Revit 将假设用户要重载这个更新后的体量到打开的项目中。如果还有其他打开的文件，则需要指定文件"c07-4start.rvt"。

5. 接下来 Revit 将显示一个对话框，询问用户是否要"覆盖现有版本"或"覆盖现有版本及其参数值"，本例中选择哪个选项都行，因为没有设置或修改任何参数值。我们选择第一个选项。注意，这个模型按 80′ 宽度的"Group1"体量的新宽度值而发生变化。

6. 再次打开项目浏览器中的"Mass Floor Schedule"视图，查看楼层总面积，更新体量前是 $5188m^2$，现在是 $6188m^2$，如图 7-12 所示。

			<Mass Floor Schedule>		
A	B	C	D	E	F
Mass: Family	Level	Exterior Surface Area	Floor Area	Floor Perimeter	Floor Volume
Group1	Level 1	598 m²	1000 m²	130.768	4570.83 m³
Group1	Level 2	1598 m²	1000 m²	130.768	4570.83 m³
Group2	Level 1	705 m²	307 m²	87.115	1403.07 m³
Group3	Level 1	413 m²	299 m²	84.220	1366.21 m³
Group3	Level 2	1341 m²	326 m²	90.316	1492.11 m³
Group3	Level 3	1902 m²	1254 m²	141.683	5733.93 m³
Group4	Level 1	579 m²	1001 m²	126.662	4576.24 m³
Group4	Level 2	1580 m²	1001 m²	126.662	4576.24 m³
Grand total: 8		8715 m²	6188 m²	918.194	28289.46 m³

图7-12　体量变化后总面积发生变化

7.3　从体量创建 Revit 图元

一旦体量有了大致正确的面积和理想的形状，就可以从概念设计阶段进入到早期的设计开发。除了面积和体积以外，体量本身属性非常少。用户需要增加建筑图元，如楼板、墙、幕墙系统和屋顶，来填充和描述建筑。Revit 使用体量作为放置这些实际模型图元的支架。

7.3.1　从体量创建楼板

【练习7-5】：　从体量创建楼板。

1. 打开"c07-5start.rvt"文件，找到"体量和场地"选项卡，选择"面模型"面板中的"楼板"工具。

2. 将光标移动到画布的左上角，按住鼠标左键并拖动光标到画布的右下角，当全部体量楼板高亮后释放左键。

3. 在选择了全部 7 个体量楼板后，选择功能区中的"创建楼板"工具，现在，就有了将显示在所有视图中的真实 Revit 楼板，如图 7-13 所示。从体量楼板创建楼板的好处是不需要花费时间绘制定制的形状，Revit 会自动生成楼板轮廓。

图7-13　使用体量楼板生成实际的 Revit 楼板

7.3.2　从体量创建墙体

【练习7-6】：　从体量创建墙体。

本练习视频

1. 打开 "c07-6start.rvt" 文件，为便于后续操作，开启 "面选择" 功能。方法是找到位于功能区最左边的 "修改" 按钮（它看上去像个箭头），单击它下面的 "选择" 按钮，从下拉列表中勾选 "按面选择图元" 选项。

2. 单击 "体量和场地" 选项卡，找到 "面模型" 面板，然后选择 "墙" 工具，现在将放置实体墙。把光标移动到一楼墙体上，单击鼠标放置新墙体，如图 7-14 所示。

3. 从图形上区分体量图元和 Revit 墙体有些困难，因为它们完全重叠在一起。要显示哪个墙体被创建，哪个还需要放置，就要调整图形，方法是把视觉样式改为着色。

4. 通过在键盘上按快捷键 $\boxed{V}$+$\boxed{G}$ 打开可见性/图形替换对话框，找到 "楼板" 类别，取消勾选。

5. 在可见性/图形替换对话框里，找到 "体量" 类别，单击 "透明度" 栏对应的单元，然后再次单击该单元，弹出 "表面" 对话框，设置透明度的值为 50，单击 "确定" 按钮，如图 7-15 所示。

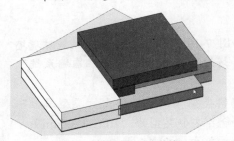

图7-14　通过面放置实体墙

图7-15　设置透明度的值

6. 在可见性/图形替换对话框里点开 "体量" 节点，取消勾选 "体量楼层" 子类，如图 7-16 所示。单击 "确定" 按钮确认所做的修改，现在的视图如图 7-17 所示。

图7-16　取消勾选 "体量楼层" 子类

7. 确认"体量和场地"选项卡中的"按视图设置显示体量"工具是可用的。

8. 单击"体量和场地"选项卡，选择"面模型"面板中的"墙"工具，单击放置墙体，直到生成图 7-18 所示的墙体。

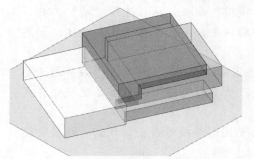

图7-17　设置好参数后的体量视图

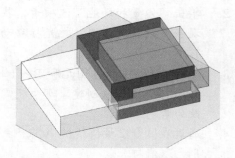

图7-18　使用"面模型"面板中的"墙"工具生成实体墙

7.3.3　创建幕墙系统

【练习7-7】：　创建幕墙系统。

1. 打开"c07-7start.rvt"文件，其三维视图如图 7-19 所示。在体量上放置玻璃墙要使用"幕墙系统"工具。找到"体量和场地"选项卡，选择"幕墙系统"工具。

2. 改变网格的间距。选择属性面板中的"编辑类型"工具，弹出"类型属性"对话框，单击其上的"复制"按钮，重新命名这个类型为"10′（3.04m）×5′（1.524m）-Trapelo"，如图 7-20 所示，单击"确定"按钮。

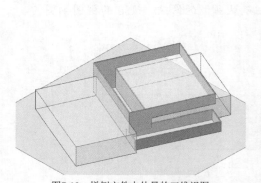

图7-19　样例文件中体量的三维视图

图7-20　重新命名幕墙系统

3. 将网格 1 的间距参数从 3.048 改为 1.524，网格 2 的间距参数从 1.524 改为 3.04。单击"确定"按钮确认对这个幕墙系统类型的修改。

4. 单击将成为玻璃墙的那些垂直面（参见图 7-21）。可以使用 ViewCube 旋转这个视图来查看建筑物另一面的垂直面。注意，容易单击到体量的水平面（如楼板或屋顶），因此要小心单击！如果无意中选错了面，只需再次单击它，就可以把它从选择集合中删除掉。

5. 当选中一个体量的面时，单击功能区中的"创建系统"按钮。接着，在其他体量上重复这个过程。都完成后，按 Esc 键退出"幕墙系统"工具，被添加到体量上的幕墙系统如图 7-21 所示。

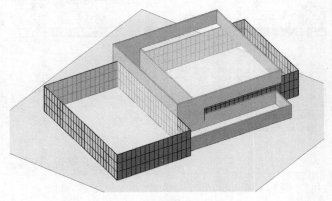

图7-21　被添加到体量上的幕墙系统

7.3.4　从体量创建屋顶

【练习7-8】：　从体量创建屋顶。

本练习视频

1. 打开"c07-8start.rvt"文件，其三维视图如图 7-22 所示，本练习要设计的建筑图元是屋顶。单击"体量和场地"选项卡，选择"面模型"面板中的"屋顶"工具。

2. 单击体量中需要创建屋顶的水平表面，然后选择功能区中的"创建屋顶"工具。在下一个体量上重复该过程。当创建完全部屋顶后，按 Esc 键退出"创建屋顶"工具，结果如图 7-23 所示。

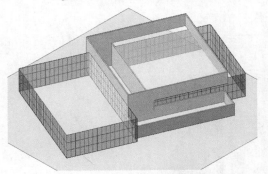

图7-22　打开样例文件后的三维视图

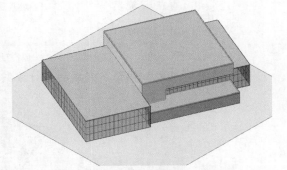

图7-23　使用"创建屋顶"工具创建屋顶

3. 在键盘上同时按 V + G 键访问可见性/图形替换对话框，勾选"模型类别"中的"楼板"选项，如图 7-24 所示。

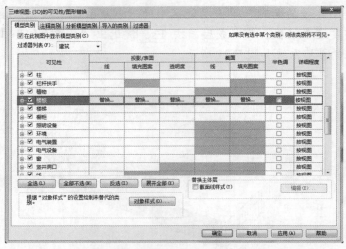

图7-24 在可见性/图形替换对话框中勾选"楼板"选项

4. 取消勾选可见性/图形替换对话框中的"体量"选项，如图 7-25 所示，这将隐藏体量图元，因为就创建实际的 Revit 图元来说，我们不再需要它们。

图7-25 取消勾选"体量"选项

5. 单击"确定"按钮，完成的设计方案如图 7-26 所示。

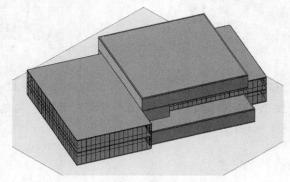

图7-26 完成后的设计方案

说明：在 Revit 中直接创建体量。

在前面的练习中，我们使用了一个由 FormIt 生成的 Revit 模型作为体量几何形体，这不是从方案设计进入概念设计的唯一途径，Revit 拥有体量环境下的强大几何体创建工具，包括拉伸、弯曲、拂掠、放样融合和旋转等。在 Revit 中创建了基本形状之后，可以使用布尔运算操作对初始形状去掉孔洞或添加孔洞。

7.4　小结

在使用 Revit 时，体量是早期概念设计过程的核心部分。在进入到设计开发之前，我们支持甚至鼓励使用其他软件工具，如 Autodesk FormIt 或 Autodesk SketchBook Pro，来获得设计权。从 Revit 里简单的体量研究中收集的信息，可以揭示建筑朝向和建设方案的有效性。Revit 体量流程的亮点在于可以在体量表面上添加墙体和楼层，这样就允许把在概念设计阶段的建筑构思引入设计开发的早期阶段，以及贯穿整个设计过程。

第8章　房间和颜色填充方案

在本书前面的章节中我们讨论了创建实体图元（如墙体、楼板、天花板、楼梯和栏杆）的方法，然而 Revit 中最重要的图元之一是由这些实体图元所包围的空间。使用 Revit 软件能够创建并管理房间，房间这个独特的图元具有扩展的数据属性。通过保持房间名称及自动调整房间面积，可以节省大量的精力用于更富有成效、更有意义的与设计相关的工作。房间被做了标记之后，就能够创建协调的色彩填充方案，这些方案自动反映与房间有关的数据。对于房间的任何修改立刻反映到整个项目中。

本章主要内容

- 在空间中定义房间。
- 生成颜色填充房间方案。

8.1　在空间中定义房间

房间是独特的对象类型，因为它们没有清晰的实体表示，这一点不像其他模型图元，如家具和门。房间的平面范围自动由边界对象确定，这样的边界对象有墙体、柱子和边界线段等。这些平面边界确定了房间对象的范围，也确定了每个被定义房间的面积，当然还可以计算房间的体积。房间的体积或高度由楼板、天花板和屋顶决定。

要访问这些计算选项，找到"建筑"选项卡中的"房间和面积"面板，在面板的下拉列表中选择"面积和体积计算"选项，如图 8-1 所示。这时弹出"面积和体积计算"对话框，如图 8-2 所示。

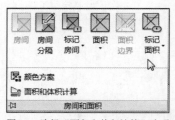

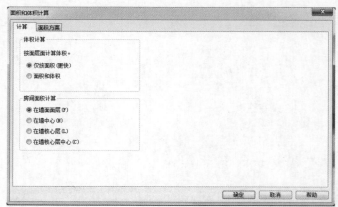

图8-1　选择"面积和体积计算"选项　　　　　图8-2　"面积和体积计算"对话框

面积和体积设定显示在图 8-2 中。除了设置体积计算选项外，当面积与墙体相关时，还能定制面积计算。了解这一点很重要，因为这将影响被计算出来且显示在房间标记里的面积值。

8.1.1　房间标记

在开始放置房间对象之前，应当知道房间与房间标记之间的区别。房间是个空间对象，它包含了与空间有关的所有元数据，而标记只是显示那些值。许多情况下，可以改变房间标记里的值，这个房间的属性随之更新（反之亦然）。删除房间将删除标记，但反之不成立，可以删除房间标记，但这个房间还将存在。标记仅仅是二维特定视图图元，它附属于建模对象。

房间不表示实体对象，但房间有两个独特的属性可帮助可视化房间和选择房间。房间的第一个属性是参照，即一对不可见的交叉矢量，这对矢量通常位于空间中部附近，在一个空间里移动鼠标指针，能发现这些矢量。当鼠标指针移动到参照上时，这个参照将高亮，如图8-3 所示。房间的第二个属性是内部填充。在可见性/图形替换设置里可以使这些属性可见。找到"视图"选项卡中的"图形"面板，选择上面的"可见性/图形"工具，可弹出可见性/图形替换对话框，如图8-4 所示。

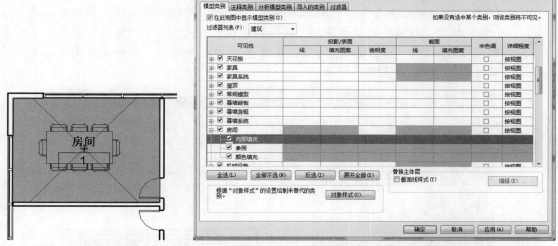

图8-3　显示出的房间参照　　　　　　图8-4　在可见性/图形替换对话框中设置房间参照和内部填充

8.1.2　房间边界

房间自动填充一个封闭的区域，当定义和调整了边界对象时，房间的面积会被重新计算。墙体、楼板、柱子和天花板这样的图元具有"房间边界"属性，这个属性使用户可定制房间以适应用户的设计。当选择前面提及的一个模型图元时，在属性面板里就能找到这个属性。

8.1.3　房间分隔线

有时候用户拥有一个大型的中央开放空间，需要分隔那个空间，并且标记为更小的功能区域。用户不希望通过添加墙体把大空间分割成更小的区域，特别是当这些墙体不存在于这个项目中时。这时有一个更好的选择，可以绘制被称为房间分隔线的空间分隔物，房间分隔线是显示在三维视图里的模型线，它们的强大之处在于允许创建空间而又无须使用三维几何形体。

8.1.4　删除房间

使用房间命令时，能同时放置房间和房间标记。然而，完全从一个项目里删除一个房间需要多个步骤。如果仅仅删除了一个房间标记，这个房间对象仍保留在空间中。以后，可以给这个房间对象添加另一个标记，也可以在一个不同的视图里标记它。

如果删除了一个房间对象，则这个房间的定义仍保留在项目中，直到放置了使用同样定义的另一个房间，或者在一个房间明细表中删除了它。

在下面的练习中，将在一个项目的楼层平面图里添加房间和房间标记。

8.1.5　添加房间和房间标记

本练习视频

【练习8-1】：　添加房间和房间标记。

1. 打开"c08-1start.rvt"文件，确认激活了"Level 1"楼层平面图，设比例尺为1:50。找到"建筑"选项卡下的"房间和面积"面板，选择"房间"工具。
2. 把光标移动到一个封闭的空间上，这时房间的边界高亮，指示出将要放置房间对象的空间，如图 8-5 所示。

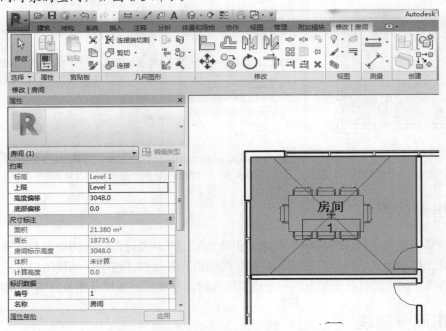

图8-5　添加房间和房间标记

3. 在视图的左上空间单击鼠标放置一个房间。注意，默认房间标记只有房间名字和号码，但实际上有很多可用的选项。

4. 按 $\boxed{Esc}$ 键退出房间命令，然后框选房间标记的附近区域，通过功能区中的"过滤器"工具选择房间标记，这时所选房间的边界出现红色边框，如图 8-6 所示。

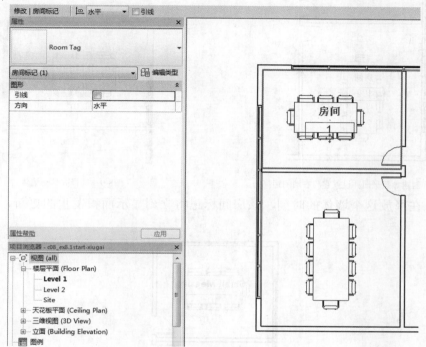

图8-6 房间标记

5. 从属性面板的类型选择器里选择"Room Tag With Area"选项。根据项目中使用的单位，房间标记显示面积，如图 8-7 所示。本例中，这个房间的面积是 $21m^2$。

6. 通过找到不可见的交叉矢量来选择创建的第一个房间，在属性面板里查看它的有关属性，可以修改"标识数据"子类下的"名称"和"编号"，或者直接在视图上编辑房间标记里的名称和编号，在哪个地方修改这些数据无关紧要，因为它们都被保存在这个房间对象里，这使创建各种平面图适应需求变得很容易。

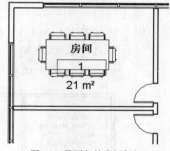

图8-7 带面积的房间标记

7. 将这个房间的名称修改为"Small Meeting"，编号修改为"101"。

8. 在这个楼层平面图里放置其他房间，观察编号方案怎样改变。

9. 选择"工作平面"面板中的"参考平面"工具，在"Small Meeting"房间右墙的左边创建一个垂直的参考平面，退出后再点选这个参考平面，将它距右墙的距离设为 600mm，如图 8-8 所示。然后选择"Small Meeting"房间右边缘的墙体，如图 8-9 所示，把它向左拖动到参考平面的位置，这样就实现了右墙向左移动600mm的目的。之后，选择这个参考平面，将其删除。

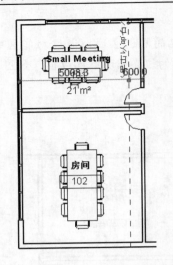

图8-8 创建参照平面并设置它与右墙的距离

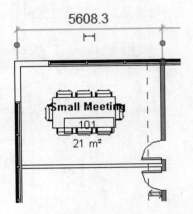

图8-9 选择并移动墙体

注意，在释放这个墙体的时刻，该房间标记将立刻显示面积发生的更新，如图 8-10 所示。

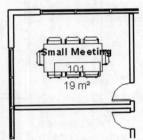

图8-10 更新后的房间空间和标记

10. 继续在 "Level 1" 楼层平面视图中添加房间和标记，如图 8-11 所示。如果手工放置这些房间，房间将按放置的顺序编号，所以应按显示在图中的数字序列放置它们，从房间 102 开始放置。

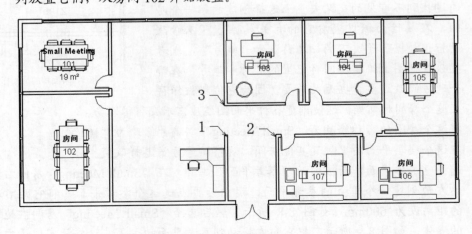

图8-11 添加房间和标记

11. 还有一种方法，即自动放置房间。首先选择"建筑"选项卡下"房间和面积"面板中的"房间"工具，然后选择"自动放置房间"工具。Revit 自动报告创建了多少个房间对象，单击对话框中的"关闭"按钮结束该命令。

8.1.6 修改房间边界

本练习视频

【练习8-2】： 修改房间边界。

按照下面的步骤把这个项目里的开放空间分隔成 3 个功能空间。

1. 打开"c08-2start.rvt"文件，确认"Level 1"楼层平面视图被激活。从为这个大的位于中间的开放空间增加一个标记开始，这个空间将被标记为一个单独的房间。选择功能区中的"房间"工具，再把光标移到这个大的区域内单击，完成标记的放置，如图 8-12 所示。在这个练习里，希望这个空间被分成更小的功能区域，且不在这个区域放置房间对象。

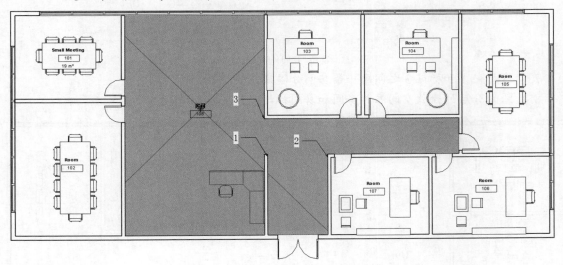

图8-12 标记一个大的空间

2. 返回到"建筑"选项卡中的"房间和面积"面板，选择"房间分隔"工具。

3. 在图上标签 1 与标签 2 指示的点之间画一条线。

默认情况下，分隔线是细黑样式，可改变分隔线的设置使它更容易区分于其他元素。下面将修改"房间分隔线"的样式，使它在工作视图里更加显眼。但是，在图纸中分隔线是不可见的。

4. 找到"管理"选项卡下的"设置"面板，单击"其他设置"下拉列表，选择"线样式"选项，在弹出的"线样式"对话框中，点开"类别"栏下"线"前面的"+"号，设置"房间分隔"线的参数。

5. <房间分隔>线的参数变动如下：

- 线宽：5；
- 线颜色：蓝色；
- 线型图案：Dot 1/32″（Dot 1mm）。

6. 参数设置如图 8-13 所示，单击"确定"按钮完成修改。

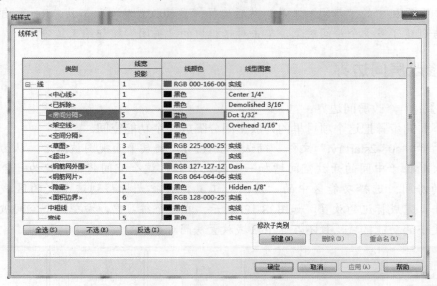

图8-13　设置"房间分隔"线的参数

7. 在标记1和标记3之间画一条房间分隔线。

8. 给划分后的开放空间添加房间和房间标记，如图 8-14 所示。

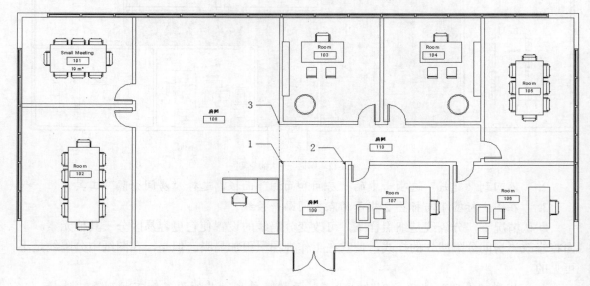

图8-14　添加房间和房间标记

8.1.7　删除房间对象

本练习视频

【练习8-3】：　删除房间对象。

在这个练习里，我们将探索当删除一个房间对象时会发生什么情况，并观察明细表中未被放置的房间，然后重新在这个楼层平面图里放置这个房间对象。

1. 打开项目文件"c08-3start.rvt",从"Level 1"楼层平面图上删除位于左上角的"Small Meeting"房间,方法是选择并删除这个房间对象。这时有个警告出现在程序的右下角,该警告告诉用户被删除的房间仍将保留在这个项目里,通过在房间明细表中删除或添加它可将它删除或放回项目中,如图 8-15 所示。

图8-15　出现在视图右下角的警告框

2. 找到"视图"选项卡下的"创建"面板,单击"明细表"下拉列表,选择"明细表/数量"选项。

3. 在弹出的"新建明细表"对话框中,从"类别"列表中选择"房间",单击"确定"按钮。这时弹出"明细表属性"对话框。

4. 按如下次序添加下列字段到这个房间明细表里:
- 编号;
- 名称;
- 面积。

5. 单击"确定"按钮。这时,生成房间明细表,在这个明细表里有个房间的面积栏中显示"未放置",如图 8-16 所示。

6. 要重新放置刚删除的这个房间,可返回"Level 1"楼层平面图,选择"建筑"选项卡下的"房间"工具,这样就启动了房间命令。这次,打开选项栏中的"房间"下拉列表,就能看到项目里可用的未放置房间,如图 8-17 所示。

<房间明细表>		
A	B	C
编号	名称	面积
101	Small Meeting	未放置
102	Room	30 m²
103	Room	20 m²
104	Room	20 m²
105	Room	26 m²
106	Room	19 m²
107	Room	16 m²
108	Room	65 m²
109	Room	10 m²
110	Room	15 m²

图8-16　房间明细表

图8-17　"101 Small Meeting"是未放置的房间

7. 从"房间"下拉列表中选择未放置的房间,把这个房间放回到这个楼层平面图上。

8. 在项目浏览器里找到"明细表/数量"类别,打开"房间明细表"。

9. 单击第一个未命名房间对象的名称字段,修改其值为"Large Meeting"。接着,在明细表或楼层平面图上重新命名所有剩余的房间,如图 8-18 所示。

<房间明细表>		
A	**B**	**C**
编号	名称	面积
101	Small Meeting	19 m²
102	Large Meeting	30 m²
103	Office	20 m²
104	Office	20 m²
105	Small Meeting	26 m²
106	Office	19 m²
107	Office	16 m²
108	Waiting	65 m²
109	Entry	10 m²
110	Hallway	15 m²

图8-18　重新命名房间明细表里的房间

8.2　生成颜色填充房间方案

在 Revit 中创建颜色填充方案比大多数其他设计软件更容易完成。因为颜色填充涉及建筑设计图元，当已有的信息被修改或新的信息被增加时，图元将持续更新。这可使用户专注于沟通，而无须操心一致化设计信息的问题。

在下面的练习里，我们将探索如何为楼层平面图和剖面图增加颜色方案，以及如何修改对应的值。默认情况下，在颜色方案里，单色填充颜色将被自动地指定唯一值。幸运的是，用户能自由定制方案的颜色和填充图案。

8.2.1　增加和修改颜色方案

【练习8-4】：　增加和修改颜色方案。

1. 打开"c08-4start.rvt"文件，找到"注释"选项卡下的"颜色填充"面板，选择"颜色填充图例"工具。
2. 单击绘画区域空白处的任何地方，将打开一个对话框，通过该对话框可以选择空间类型和颜色方案。
3. 设置"空间类型"为"房间"，"颜色方案"为"Name"，如图 8-19 所示，单击"确定"按钮。

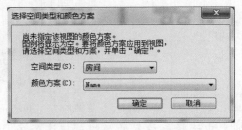

图8-19　定义颜色填充图例

4. 要编辑颜色分配，就选择平面视图里的颜色填充图例，然后选择上下文功能区里的"编辑方案"工具。在当前视图的属性面板里也能访问同样的设置，即找到"颜色方案"属性，然后单击参数域中的按钮。
5. 选择"编辑方案"工具，打开"编辑颜色方案"对话框。在这里，所有的值都可编辑，如图 8-20 所示。

图8-20　"编辑颜色方案"对话框

6. "编辑颜色方案"对话框打开后，选择"Small Meeting"行里的"颜色"字段，弹出"颜色"对话框。

7. 把颜色值修改为红 203、绿 242 和蓝 222，单击"确定"按钮关闭对话框。这时填充颜色自动更新以反映所进行的修改，如图 8-21 所示。拥有同样名称的所有房间共享同样的颜色填充，根据设定的房间名称自动创建颜色填充。如果一个房间被重新命名，颜色填充也将相应地改变。

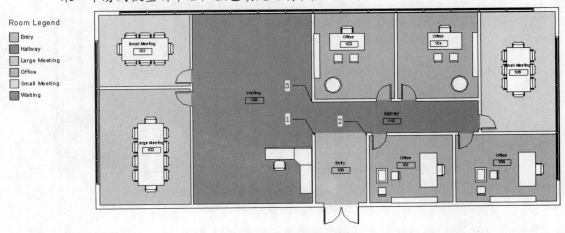

图8-21　生成颜色填充

8. 继续修改颜色方案中的颜色值，直到满意为止，如图 8-22 所示。

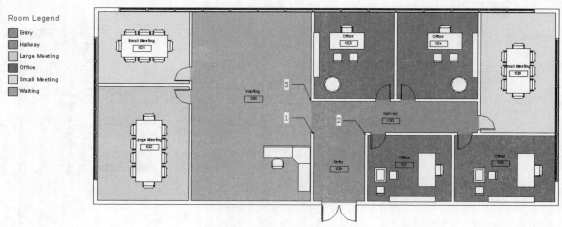

图8-22 修改后的颜色填充

8.2.2 在剖面图上增加标记和颜色填充

【练习8-5】： 在剖面图上增加标记和颜色填充。

本练习视频

房间标记和颜色填充不仅在楼层图中使用，而且能被用在剖面图中。让我们通过一个练习查看这项功能。

1. 打开项目文件"c08-5start.rvt"，激活"Level 1"楼层平面。找到"视图"选项卡中的"创建"面板，选择"剖面"工具。

2. 横穿项目平面视图创建图 8-23 所示的剖面。

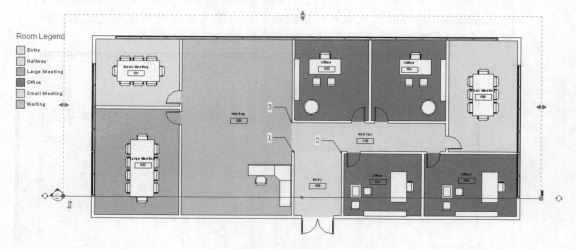

图8-23 创建建筑剖面

3. 按 Esc 键，取消对刚创建剖面的选定，结果如图 8-24 所示。双击剖面头（图中线框中的部分）打开新的视图，如图 8-25 所示，展示了新的建筑剖面。尽管全部几何形体被正确地显示了，但这个剖面图无疑更有助于用房间名称标记空间。

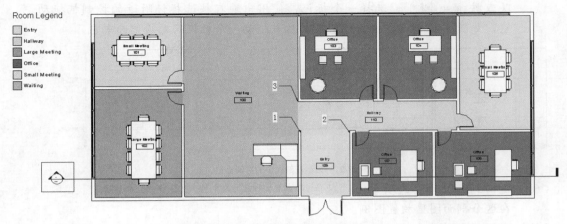

图8-24　取消对刚创建剖面的选定

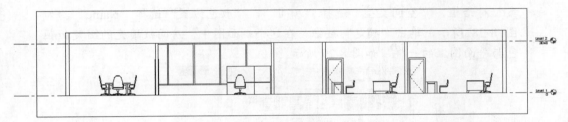

图8-25　生成建筑剖面

4. 选择"注释"选项卡"标记"面板中的"全部标记"工具，这样就打开了"标记所有未标记的对象"对话框，这个对话框允许同时标记一个视图里的许多图元类别。因为在本练习中只需标记出房间，所以选择"房间标记"类别，如图 8-26 所示，然后单击"确定"按钮。

图8-26　使用"全部标记"工具添加房间标记

5. 为了移动可能覆盖在图元几何体上的标记，单击功能区中的"修改"按钮

（或按 Esc 键），选择一个标记，使用出现在被选标记附近的控制柄拖动它，如图 8-27 所示。也可以直接抓住并拖动一个标记而无须先选中它。

图8-27　显示在剖面中的房间标记

6.　返回到"注释"选项卡的"颜色填充"面板，选择"颜色填充图例"工具，在这个剖面图里放置图例。

7.　在视图上的某个地方单击放置颜色填充图例，弹出"选择空间类型和颜色方案"对话框，"空间类型"选择"房间"，"颜色方案"选择"Name"，如图 8-28 所示，单击"确定"按钮。在这个剖面图中，房间被填充的图案和颜色与平面图上的一样，如图 8-29 所示。

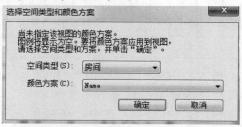

图8-28　设置"空间类型"和"颜色方案"

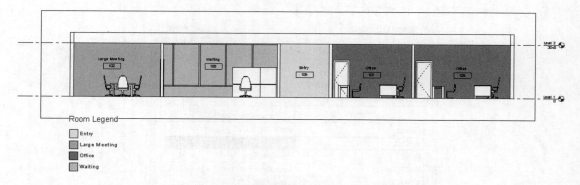

图8-29　剖面视图里的房间颜色匹配平面图里的颜色

8.　查看图 8-29，会发现颜色填充被如门和家具等模型图元遮蔽了，这是因为在任何视图里颜色填充可以被置为背景或前景。对于当前视图，在属性面板上找到"颜色方案位置"选项，将其参数修改为"前景"，然后观察颜色填充的展示是如何被修改的，如图 8-30 所示。

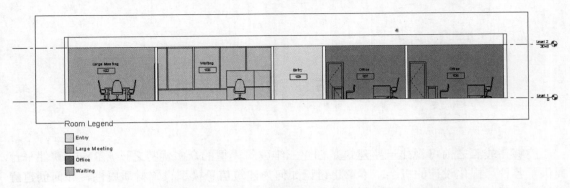

图8-30 "颜色方案位置"参数修改为"前景"的结果

8.3 小结

本章我们学习了如何在空间中定义房间，如何给这些空间添加房间标记。也学习了如何修改房间对象的边界，如何在必要时删除房间对象。此外，通过给视图增加颜色方案及修改颜色值，创建了颜色填充方案和剖面图。

第9章 材质、可视化和渲染

能够在竣工之前可视化一座建筑是创建三维建筑模型的众多优势之一，Revit 软件平台提供了各种可视化设计的机会。本章将讨论如何为建筑信息模型设置材质属性，如何创建醒目的展示图形，以及如何生成漂亮的渲染效果。当我们熟练使用 Revit 后，也将成为一位可视化专家。

本章主要内容

- 材质。
- 图形显示选项。
- 渲染。

9.1 材质

在 Revit 中，材质有许多应用，本节我们将讲述"材质浏览器"的"图形"和"外观"选项卡，帮助读者创建和控制设计的可视化。首先讨论在模型中如何创建材质，然后对砖墙应用一种材质。

9.1.1 定义材质

本练习视频

【练习9-1】： 定义材质。

1. 打开"c09-1start.rvt"文件，选择"管理"选项卡，单击功能区中的"材质"按钮，这样就打开了材质浏览器，我们在此定义材质，如图 9-1 所示。

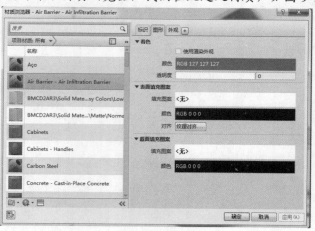

图9-1 材质浏览器

2. 材质浏览器的左边是材质名单，在这个名单上部有一个非常有用的搜索框，在其中输入单词"Brick"，就会在名单中过滤出与这个名称有关的材质。

3. 单击过滤出的"Masonry–Brick"材质，在右边"图形"选项卡里的属性将发生更新，如图 9-2 所示。材质属性的"图形"选项卡使用着色视图，而非渲染视图。通过单击"颜色"按钮可以为这种砖选择一个独特的颜色，也能重新定义表面填充图案。这种砖的颜色和表面图案看起来不错，于是保持原样不动。

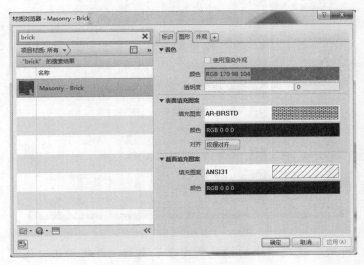

图9-2 搜索"Brick"的结果及"图形"选项卡

4. 单击"外观"选项卡，将看到这种材质的一个小型渲染预览图，如图 9-3 所示。属性位于这个预览图的下方，这些属性将影响该材质渲染时看起来的样子。预览图的右上方是有关材质资源的按钮，单击带箭头的图标（交换图标），可换用具有不同材质图案的资源。

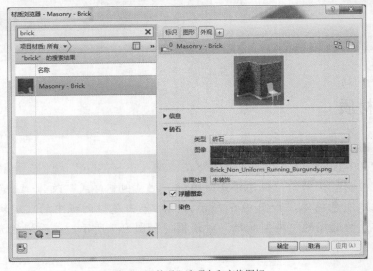

图9-3 "外观"选项卡和交换图标

5. 单击交换图标后，"资源浏览器"对话框出现，如图 9-4 所示，其中有各种选项。单击"Autodesk 物理资源"文件夹下的"砖石"选项，在右边出现相应的子项，双击其中的"非均匀顺砌-红色"材质。

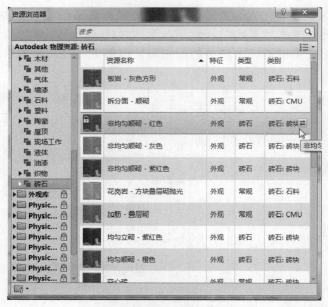

图9-4　"资源浏览器"对话框

6. 这时，"外观"选项卡中的预览图发生了更新。再次单击"图形"选项卡，勾选"使用渲染外观"复选框，如图 9-5 所示。单击"确定"按钮退出。

图9-5　完成后的"图形"选项卡

9.1.2　指定材质

本练习视频

【练习9-2】：　指定材质。

1. 打开"c09-2start.rvt"文件，确认处在"3d Cover Shot"视图。单击"视图控制"栏中的"视觉样式"图标，把"视觉样式"改为"着色"。

2. 选择基本灰色墙体，如图 9-6 所示，然后单击属性面板中的"编辑类型"按钮，打开所选墙的"类型属性"对话框，如图 9-7 所示，这面墙的类型是"基本墙 8 1/2″ Masonry"。

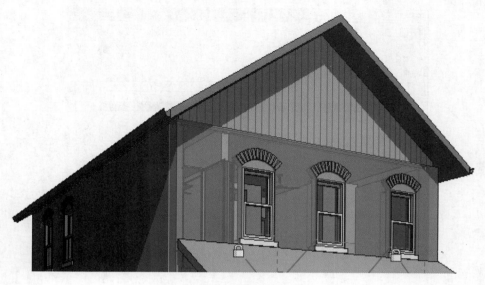

图9-6　选择基本灰色墙体

图9-7　打开的"类型属性"对话框

3. 找到图 9-7 中"构造"行下的"结构"项，单击它后面的"编辑"按钮。这
   时弹出"编辑部件"对话框，如图 9-8 所示。在"材质"列，单击有
   "Default Wall"字样的单元。注意，这时一个小按钮出现在这个单元里，单
   击这个按钮。

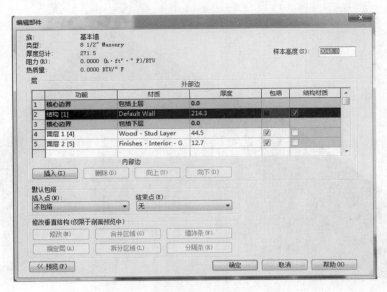

图9-8 "编辑部件"对话框

4. 弹出"材质浏览器"对话框，在清单顶部的搜索域中输入"Brick"，双击出现在左边清单中的"Masonry–Brick"材质。这是前面练习中编辑过的材质。单击"确定"按钮关闭"编辑部件"对话框，再次单击"确定"按钮关闭"类型属性"对话框。现在墙体发生了显著的变化，用漂亮的红砖着色代替了灰色材质，如图 9-9 所示。

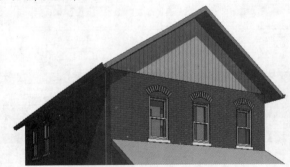

图9-9 更换材质后的墙体

5. 把名为"Brick"的新材质用于类型为"基本墙 8 1/2″ Masonry"的所有墙体。可以按照同样的方法把材质应用于这个项目中的楼板、屋顶和其他墙体。

说明：使用基本图元做设计。

在 Revit 工作流程中，从常规构思再到具体图元的设计，方法起着重要作用。当创建自己的设计时，在设计被进一步细化之前，花费时间定义墙体层和材质是不实用的。如果过早深入具体细节，可能会遭遇挫折。

基本图元和材质有助于表达设计意图，使构思具有弹性。它们将帮助阐明某物在哪里及某物是什么，而不用纠缠某物是如何构造的等细节问题。从一般到具体的设计方法将加速设计过程。

9.2　图形显示选项

现在，我们学会了为模型图元指定材质的基础知识，下面将打开一个已经建立好材质和视图的样例文件，使用这个模型创建立面的展示图和三维等角图。这里还没有用到渲染功能，只是使用了"图形显示选项"中的技术。

9.2.1　立面展示视图

【练习9-3】：　立面展示视图。

1. 打开"c09-3start.rvt"文件，找到项目浏览器里的"立面"节点，点开前面的"+"号，右键单击"East"视图名，从快捷菜单中选择"复制视图"→"复制"命令，如图 9-10 所示。这将生成该视图的一个副本，但是不复制标注元素。

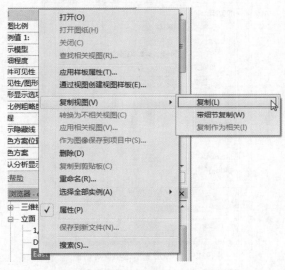

图9-10　选择"复制视图"→"复制"命令

2. 在项目浏览器里找到新创建的视图，它的名称为"East 副本 1"，右键单击它，然后在快捷菜单中选择"重命名"命令，在弹出的"重命名视图"对话框中输入新的名字"East–Presentation"，如图 9-11 所示，单击"确定"按钮关闭对话框。

图9-11　重新命名视图

3. 关掉视图里的参照平面。选择一个绿色虚线参照平面，右键单击，选择"在视图中隐藏"→"类别"命令，如图 9-12 所示。现在所有的参照平面都被隐藏起来了。

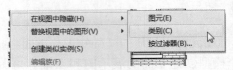

图9-12 在视图中隐藏类别

4. 关掉视图里的 "Level" 标记。选择一个 "Level" 基准面图形，右键单击，选择 "在视图中隐藏" → "类别" 命令，现在所有的 "Level" 标记被隐藏起来了。

5. 现在已经准备好使用在 "图形显示选项" 对话框里找到的视觉效果来修饰示意图形了。首先，确定没有选定任何对象，查看属性面板，然后单击 "图形显示选项" 参数后面的 "编辑" 按钮打开 "图形显示选项" 对话框，如图 9-13 所示。

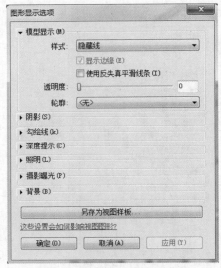

图9-13 "图形显示选项" 对话框

6. 勾选 "使用反失真平滑线条" 选项，其作用是提升视图里的线条质量，但是它对性能有影响，所以只在展示视图里使用。

7. 点开 "阴影" 选项，勾选 "投影阴影" 和 "显示环境阴影" 选项。单击位于对话框底部的 "应用" 按钮，观察这些选择对模型产生的效果。

8. 点开 "勾绘线" 选项，勾选 "启用勾绘线" 选项，将 "延伸" 滑动到 7，单击 "应用" 按钮。

9. 点开 "照明" 选项，找到 "阴影" 滑动块，向左滑动它以使阴影更浅。单击 "应用" 按钮，观察效果。反复调整滑块的位置，直到对阴影的暗度满意为止。

10. 点开 "背景" 选项，选择其中的 "渐变" 选项，单击 "应用" 按钮。在完成这些步骤之后，应该看到图 9-14 所示的图形。单击 "确定" 按钮关闭 "图形显示选项" 对话框。

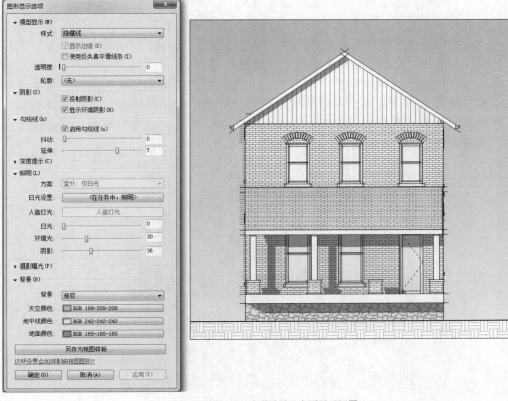

图9-14　图形显示选项设置及立面展示视图

11. 视觉效果已经设定好，但是需要调整裁剪区域。单击视图裁剪的边缘，注意出现在边缘线中间的蓝色操纵柄，可以拖动操纵柄调整立面图。

12. 一旦使立面图处在剪切区域的中间，就可以关闭裁剪区域。视图控制栏上"隐藏裁剪区域"按钮可控制裁剪区域的可见性，单击该按钮。现在准备好了一个可以打印到图纸上的立面视图。

9.2.2 展示三维视图

【练习9-4】：　展示三维视图。

1. 打开"c09-4start.rvt"文件，激活项目浏览器里名为"3D Isometric"的三维视图。该视图被锁定，所以不能随意地改变视角。单击视图控制栏中的"解锁视图"按钮可以解锁这个视图（见图9-15）。

图9-15　单击视图控制栏中的"解锁视图"按钮

2. 单击"视图控制栏"中的"视觉样式"按钮，选择"着色"选项。再次单击"视觉样式"按钮，但是这次选择位于列表顶部的"图形显示选项"。这是弹出"图形显示选项"对话框的快捷方式。

3. 勾选对话框中的"使用反失真平滑线条""投射阴影""显示环境阴影"和"启用勾绘线"选项，设置"延伸"滑块的值为 7，设置"背景"选项为"渐变"，单击"应用"按钮查看设置后的效果。

4. 点开"照明"选项，调整"阴影""日光"和"环境光"滑块。当"视觉样式"被设置为"着色"或"真实"时，"日光"和"环境光"滑块的调整会对显示效果产生影响。设置它们的值都为 40，单击"确定"按钮。需要放大视图才能看清楚表面图案，视图效果如图 9-16 所示。

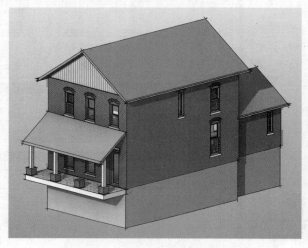

图9-16　"3D Isometric"三维视图

5. 选择视图中红色的大面积墙体，右键单击，选择"替换视图中的图形"→"按图元"命令，如图 9-17 所示。弹出"视图专有图元图形"对话框，单击"曲面透明度"前面的小箭头，显示"透明度"控制滑块，移动滑块设置其值为 40，单击"确定"按钮，如图 9-18 所示。然后按 Esc 键两次取消对这个墙体的选取。

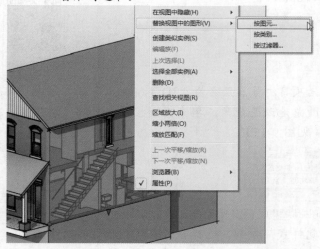

图9-17　从快捷菜中选择"替换视图中的图形"→"按图元"命令

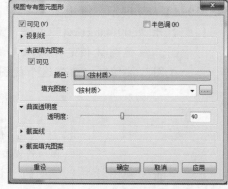

图9-18　设置"曲面透明度"参数

6. 这时可以看到屋子的内部，但砖表面图案还比较模糊，如图 9-19 所示。再次选择墙体，单击鼠标右键，在快捷菜单中选择"替换视图中的图形"→"按图元"命令。点开"表面填充图案"选项，取消勾选"可见"选项，如图 9-20 所示，单击"确定"按钮。然后按 Esc 键取消对这面墙体的选取。最后的结果如图 9-21 所示。

图9-19 设置"曲面透明度"的值为 40 时的视图

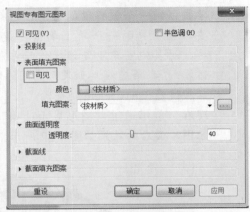

图9-20 取消勾选"可见"选项

图9-21 最后的结果

9.2.3 三维分解视图

【练习9-5】： 三维分解视图。

1. 打开"c09-5start.rvt"文件，激活名为"3D Exploded View"的三维视图，选择大面积砖质墙体，找到"修改"选项卡中的"视图"面板，选择"置换图元"工具。

2. 一个带有绿色、红色和蓝色箭头的界面元素出现在这面墙上，这个界面元素使用户可以置换选中的图元集合。单击并拖动红色箭头向外移动，然后释放鼠标左键放置该墙体。在这面墙体被选中的情况下，查看属性面板上的 X 位移值，设这个值为 7.6。

3. 因为窗户是安装在墙上的，所以它们随墙体一起移动。可以移动这些窗户远离墙体。移动光标到一个窗户上，按 Tab 键，直到这个窗户高亮，选择窗户，然后按 Ctrl 键，单击另外两个窗户，这样就选中了 3 个窗户。选择功能区中的"替换图元"工具，在属性面板里设置窗户的"X 位移"值为 6，单击属性面板中的"应用"按钮。

4. 单击任何一个被移动的窗户，选择功能区中的"路径"工具，把光标置于所要移动窗户的一个角上单击，就增加了一条连接到这个图元初始位置的虚线。对其他窗角重复该操作就添加了多条虚线。用同样的方法，为移动的墙体添加 4 条虚线。如果无意间添加了一条不想要的路径线，可以选中它，然后按键盘上的 Delete 键删除。

5. 现在，能够通过"图形显示选项"增加图形效果，生成漂亮、信息丰富的展示图，最后的结果如图 9-22 所示。

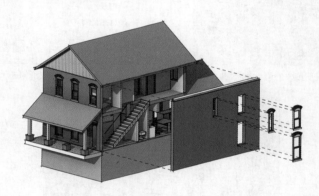

图9-22 最后的结果

9.3 渲染

计算机渲染技术是门复杂的学科，涉及的技术很多，建筑领域也有很多专业的渲染软件，本节简要介绍 Revit 中的渲染技术。

9.3.1 渲染视图

【练习9-6】： 渲染视图。

1. 打开"c09-6start.rvt"文件，激活名为"3D Cover Shot"的视图，单击视图控制栏中的"视觉样式"按钮，选择"真实"视觉样式，查看视图中材质渲染后的外观。

说明：为渲染需要而重新设置材质。

如果不满意所使用的材质，可以参考练习 9-1 和练习 9-2，修改材质的"外观"属性（不是材质的"图形"属性），使材质更加适于渲染。

2. 单击视图控制栏中的茶壶图标或单击"视图"选项卡中的"渲染"按钮打开"渲染"对话框，如图9-23所示，单击"渲染"按钮。

3. 完成了一次 Revit 渲染!现在，让我们改善这幅图像的质量。首先，将"渲染"对话框中的"质量"选项设置为"中"，单击"渲染"按钮。然后，把"质量"选项设置为"高"，再次单击"渲染"按钮。注意，质量设置的改变改善了渲染效果，但是，渲染花费的时间更长了。对于本练习剩下的部分，我们把质量设定改回为"中"。

4. 单击"照明"组中的"日光设置"按钮，在弹出的对话框中可指定渲染时日光的地点和时间，把时间改为13:15，如图9-24所示，单击"确定"按钮，再次单击"渲染"按钮，观察这次迭代是怎样改变渲染效果的。

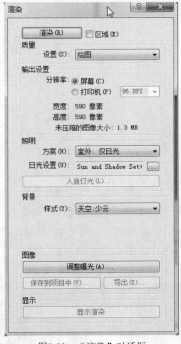

图9-23 "渲染"对话框

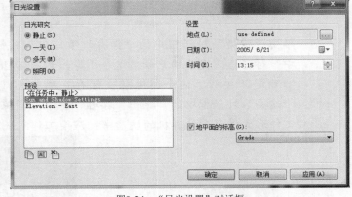

图9-24 "日光设置"对话框

5. 单击"调整曝光"按钮，第一个滑块可以调整图像的明暗，把曝光值设为13。如果希望不使用照片编辑软件就可以调整图像的色彩，可以使用其他几个滑块。单击"确定"按钮，注意观察发生的变化。

6. 找到"输出设置"组的分辨率设置。到目前为止，在这个练习中都是按屏幕分辨率渲染的，所以渲染会较快地完成。选中"打印机"选项，当切换到打印输出时，可以指定 DPI 值，DPI 值越高，渲染花费的时间越长。为使渲染的图像具有清晰的边缘，设 DPI 值为 150，如图 9-25 所示，单击"渲染"按钮。

图9-25 "渲染"对话框中的分辨率设置

7. 单击"渲染"对话框中的"保存到项目中"按钮。这时，弹出"保存到项目中"对话框，提示用户命名这个图像，如图 9-26 所示，输入图像名称后单击"确定"按钮，这个图像就被保存在项目浏览器的渲染项里。也可以单击"渲染"对话框中的"导出"按钮，把渲染图像以 BMP、JPG、PNG 或 TIF 文件形式保存到计算机的硬盘中。渲染工作完成后，效果如图 9-27 所示。

图9-26 在"保存到项目中"对话框中输入图像名称 　　　　图9-27 渲染工作完成后的效果

可以继续验证不同渲染质量设定和背景选项（甚至选择不同的渲染引擎）情况下的渲染效果，渲染是个迭代过程，要得到一个令人满意的展示图，从一般的低质量调节到高分辨率是种快捷方法。如果希望选择墙体或改变材质，可以单击"渲染"对话框底部的"显示模型"按钮，从静态渲染图像切换回模型视图。

9.3.2 交互渲染

本练习视频

【练习9-7】：　交互渲染。

1. 打开"c09-7start.rvt"文件，在项目浏览器中找到"三维视图"节点，选择"3D Cover Shot"视图，单击鼠标右键，选择"复制视图"→"复制"命令，这时，查看项目浏览器面板上的"三维视图"节点，会发现出现了一个名为"3D Cover Shot 副本 1"的视图，这就是新创建的视图，如图 9-28 所示。右键单击"3D Cover Shot 副本 1"，选择"重命名"命令，弹出"重命名视图"对话框，在名称栏输入"交互渲染"，单击"确定"按钮。这样就完成了对新创建视图的重命名，在项目浏览器中的显示如图 9-29 所示。

图9-28　项目浏览器中出现了新创建的视图　　　　　图9-29　重命名的视图出现在项目浏览器中

2. 在视图控制栏上将新视图的视觉样式改为"光线追踪"，"光线追踪"是临时的交互渲染模式，在这种模式下，可以使用导航轮做摇摄、推近或拉远及环绕模型等操作。

3. "光线追踪"模式下的渲染自动启动。起初，图像是低质量和低解析度的；但是当让视图停留稍长时间后，图像的质量将快速提升。当开始导览这个模型时，只要停止导览且让这个视图停顿，渲染就会重新启动。

4. 对于"光线追踪"模式，要改变渲染设置，则需要访问"图形显示选项"对话框。可以按快捷键 G+D，或单击视图控制栏中的"视觉样式"按钮，选择"图形显示选项"，这样就会弹出"图形显示选项"对话框，如图 9-30 所示。在对话框中把背景设为"天空"，也可以将曝光设为"手动"，然后改变其值，增加场景亮度。最后，还可以改变照明设置中的方案。单击"确定"按钮，再单击"应用"按钮预览变化。

5. 单击导航控制盘图标，使用环视命令、漫游命令及缩放命令将相机移动到不同的有利位置。对于室内场景，动态观察命令特别有用，当找到一个合适的相机角度，可以停在那个位置几秒，提升"光线追踪"渲染效果，如图 9-31 所示。

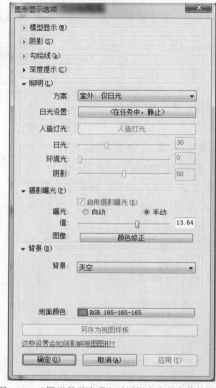

图9-30 "图形显示选项"对话框中有关参数的设置   图9-31 停留15秒后的"光线追踪"渲染效果

6. 可以把这个图像保存到项目浏览器的"渲染"节点，为此只需单击功能区"交互式光线追踪"面板中的"保存"按钮即可。命名这个渲染图为"屋子后面"，最后，单击"交互式光线追踪"面板中的"关闭"按钮，退出"光线追踪"模式。

9.3.3 云渲染

【练习9-8】： 云渲染。

Autodesk 公司提供了非常可靠且快速的服务，这项服务就是在云端渲染 Revit 视图。这使得渲染在其他地方进行时，用户可以继续做手头的工作。

1. 打开"c09-8start.rvt"文件。为了使用云渲染服务，单击"视图"选项卡中的"Cloud 渲染"按钮，用户会被要求登录 Autodesk® A360，如果没有账号，就创建一个账号。登录之后能看到"在 Cloud 中渲染"对话框，如图 9-32 所示。

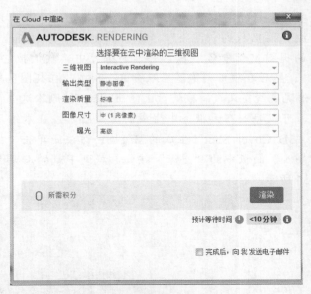

图9-32 "在 Cloud 中渲染"对话框

2. 云渲染服务提供了一个界面，用户可以选择要进行渲染的视图。首先，展开三维视图下拉列表，然后选择"Interactive Rendering"和"3D Cover Shot"，或者选择"渲染多个三维视图"。

3. 下面还有其他选项，但是，只要设置"渲染质量"为"标准"，"图像尺寸"为"中（1 兆像素）"，则渲染就不需花费任何云积分，它们是免费的！参见图 9-33。

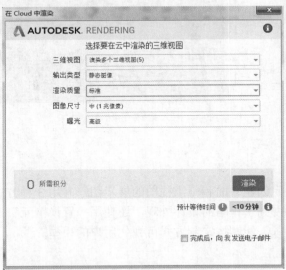

图9-33 在"在 Cloud 中渲染"对话框中设置有关参数

4. 单击对话框中的"渲染"按钮，Revit 将处理一段时间，因为模型需要被上传到云端。在渲染进行的时候用户可以继续工作。

5. 几分钟后，用户会收到一封电子邮件，或者用户的通信中心将通知渲染已经完成。单击功能区上的"渲染库"按钮，查看渲染好的图像。

6.　可以下载这些渲染好的图像到计算机中，然后把它们导入用户的项目里。方法是在项目浏览器里找到"渲染"节点，复制其中的"Back Of House"视图，给复制的视图重新命名，在本小节的练习中，我们把它命名为"Cloud Cover Shot"。然后在项目浏览器里双击这个视图，在视图区单击该视图，这时视图区会出现虚线交叉线，按键盘上的 Delete 键删除这个视图，现在视图区是空白的，可以导入在云服务中生成的渲染图了。在本练习中，我们导入由三维视图"3D Cover Shot"生成的渲染图。方法是单击"插入"选项卡，然后单击"导入"面板中的"图像"按钮，找到下载的渲染图像导入即可，结果如图 9-34 所示。

图9-34　导入云服务生成的渲染图

9.4　小结

本章我们学习了如何创建立面和三维视图的展示图，并用 3 种方式渲染它们，使用各种"图形显示选项"设置得到了粗略的设计外观。还使用"置换图元"工具创建了分解不等角投影视图。使用这些技术，能够按定制方式可视化用户的模型。

第10章　协作设计

对于与项目团队同时工作的情况，理解多用户 Revit 建筑设计流程至关重要，读者可能熟悉 CAD 软件环境下与其他团队成员的协作，在那种情况下，图纸文件被单独创建，以支持一个用户一个文件的工作流程。Revit 增强了一种更高级的方法，因为 Revit 模型是个数据库，它内部的每个元素都可以被单独跟踪，Revit 将跟踪每个元素及对该元素拥有权限的用户。因此，Revit 允许多用户工作于同一个模型，不再要求保存单独的楼层平面图、立面图和剖面图。

本章主要内容

- 共享选项。
- 配置共享。
- 保存到中心模型。
- 工作共享显示模式。
- 编辑请求。
- 协作要点。

10.1　共享选项

在 Revit 软件中与多个团队成员一起工作涉及 3 个基本选项。

基于模型：这是 Revit 软件的默认工作流程。多个团队成员访问一个被保存在标准文件存储位置的模型。

Revit 服务器：这是基于模型协作的修改版本，这种情况下，通过 Revit 服务器的专用实例保存或访问项目模型。这种方式的一个好处是多个部门可以同时工作于同一个项目模型，Revit 服务器实例可以设立在每个部门，每个实例将在本地缓存模型的一个版本，这样就缩短了保存和打开模型的时间。

关于 Revit 服务器的更多信息，可访问官方网站，搜索关键词"Revit Server"。

Autodesk A360 协作：它类似于 Revit 服务器方法，这时，代替了实际的 Revit 服务器，通过 Autodesk A360，把项目模型保存在云端。这种方法的一个好处是无须配置或安装服务器，不同的公司可以作为一个团队方便地工作于同一个项目模型。

关于 Autodesk A360 协作的更多信息，可访问官方网站。

本书中，我们将关注标准的基于文件共享，这种方法对于所有的 Revit 软件用户都是方便可用的。一般而言，无论项目团队使用哪一种配置，大多数共享命令是一样的。

10.2　配置共享

当在 Revit 中创建了一个新项目时，模型的默认状态只允许一个用户操作。对于要求同时有多个用户的项目，可以启动共享来协调合作。Revit 通过用户名识别项目中的每个用户，用户名称通过"文件"→"选项"→"常规"→"用户名"步骤指定。核心在于每个操作该模型的用户具有独一无二的用户名，如图 10-1 所示。

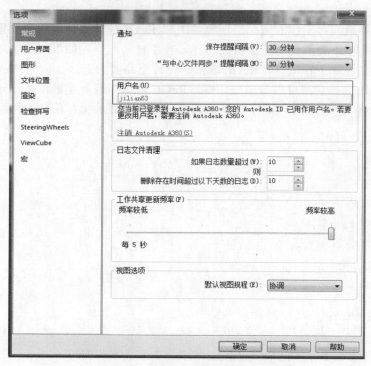

图10-1　选项中的用户名设定

用户设置的用户名将被保存。如果用户注册了 Autodesk 360，Revit 将自动把用户名改为用户的 Autodesk ID，也就是用户登录 Autodesk A360 所用的账号。

在下面的练习里，我们将打开一个已有的项目，启动共享，然后把它保存为新的中心模型。

10.2.1　启动共享

【练习10-1】：启动共享。

1.　打开"c10-lstart.rvt"文件，找到"协作"选项卡中的"管理协作"面板，选择上面的"协作"工具，弹出"协作"对话框，如图 10-2 所示，单击"确定"按钮。

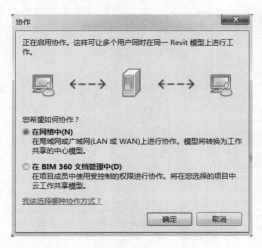

图10-2 "协作"对话框

2. 这时，"管理协作"面板中的"工作集"工具是可用的，选择该工具，将出现"工作集"对话框，如图 10-3 所示。用户名出现在"所有者"域。因为用户"jilian63"启动了共享，所以现在该用户拥有项目中的一切内容。单击"确定"按钮。

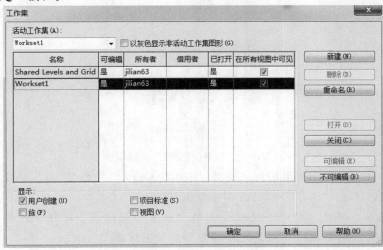

图10-3 "工作集"对话框

3. 接下来，用户要把这个项目保存为中心模型。单击"文件"→"另存为"→"项目"，弹出"另存为"对话框，如图 10-4 所示。在单击"保存"按钮之前先单击"选项"按钮，弹出"文件保存选项"对话框，用户可以确认这是中心模型。还有一些其他选项，如 Revit 将为中心模型保持的最大备份数，确认已经勾选"保存后将此作为中心模型"选项，如图 10-5 所示。单击"确定"按钮关闭"文件保存选项"对话框。

图10-4 "另存为"对话框

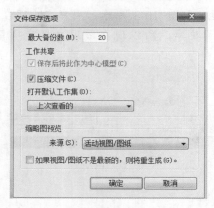

图10-5 "文件保存选项"对话框

4. 在"另存为"对话框里输入文件名"c10-2start.rvt"，练习 10-2 将使用这个中心模型，单击"保存"按钮创建中心模型。

5. 保存之后，单击"协作"选项卡中的"放弃全部请求"按钮，这将释放全部模型元素的所有权，也就是允许其他用户使用该模型。

6. 关闭中心模型。

在下面的练习里，我们将使用练习 10-1 中保存的中心模型创建本地文件和工作集。

10.2.2 创建本地文件和工作集

【练习10-2】：创建本地文件和工作集。

我们将利用先前保存的中心模型创建本地文件和工作集。

1. 单击"文件"选项卡中的"打开"按钮，找到中心模型"c10-2start.rvt"。

2. 选择这个模型，但是先不要双击它或单击"打开"按钮。

3. 确保已经勾选"新建本地文件"选项，如图 10-6 所示。

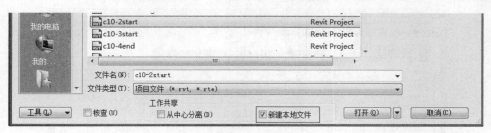

图10-6　创建本地文件

选择这个选项将不会直接打开中心模型，而是创建一个本地文件。默认情况下，本地文件被保存在"我的文档"文件夹中，文件名以 Revit 用户名作为补充。笔者的用户名是"jilian63"，所以这个本地文件的文件名是"c10-2start_ jilian63.rvt"。

4. 单击"打开"按钮创建一个本地文件，这个文件直接与中心模型通信。

接下来我们将创建几个工作集，这些工作集能被用于组织模型元素。

5. 选择"协作"选项卡中的"工作集"工具，打开"工作集"对话框。

6. 单击"新建"按钮，创建 3 个工作集，分别取名为"Core""Exterior"和"Interior"，如图 10-7 所示。

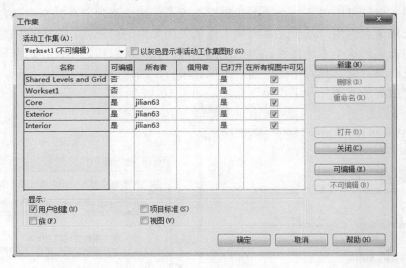

图10-7　创建工作集

7. 单击"确定"按钮关闭"工作集"对话框。这时弹出"指定活动工作集"对话框，单击"是"按钮或"否"按钮均可，如图 10-8 所示。

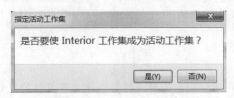

图10-8　"指定活动工作集"对话框

8. 打开可见性/图形替换对话框（快捷键为 V+G），如图 10-9 所示。

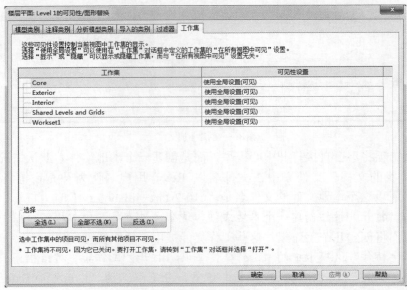

图10-9　可见性/图形替换对话框

注意，现在对话框中多了一个"工作集"选项卡，这个选项卡在共享启动之前不存在。"工作集"选项卡允许用户基于元素所属工作集关闭元素的可见性。在考查完这个选项卡，开始下个练习前关闭这个本地文件。当出现提示时，我们可以指定不保存这个项目，放弃所有的元素和工作集，即选择对话框中的"不保存项目"选项，如图 10-10 所示。再次出现提示时，选择"放弃所有图元和工作集"选项，如图 10-11 所示。

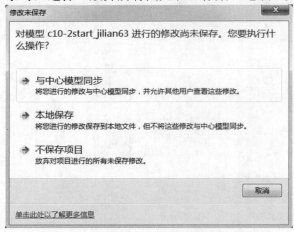

图10-10　选择"不保存项目"选项

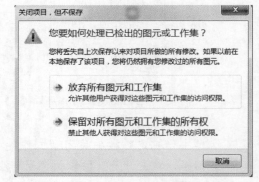

图10-11　选择"放弃所有图元和工作集"选项

本练习到此完成。

说明：工作集可见性。

　　工作集可以被用作控制视图中图元的可见性，工作集可见性的默认设置是"使用全局设置（可见）"，这个选项位于"视图"选项卡可见性/图形替换对话框中的"工作集"选项卡中。如果需要显示或隐藏单独工作集里的图元，通过对视图的逐个操作，可以覆盖可见性设置。

在下面的练习里，我们将为工作集指定模型图元，并调整视图的工作集可见性设置。

10.2.3　为工作集指定图元并控制其可见性

【练习10-3】：为工作集指定图元并控制其可见性。

1. 单击"文件"→"打开"→"项目"，弹出"打开"对话框，从中找到"c10-3start.rvt"文件并选择它，勾选"从中心分离"选项，如图10-12 所示，然后单击"打开"按钮。这样做将允许用户打开一个已有的中心模型，并把它重新保存到一个新的位置。

本练习视频

图10-12　勾选"从中心分离"选项

2. 在弹出的"从中心文件分离模型"对话框中，选择"分离并保留工作集"选项，如图 10-13 所示，这样将保存这个模型里的全部工作集。在打开这个模型后，单击"保存"按钮，如果弹出图 10-14 所示对话框，单击"否"按钮，然后把文件另存为"c10-3start.rvt"。如果把这个文件保存到原来模型所在的位置，则当出现该工作集文件已经存在的提示时，单击"是"按钮。

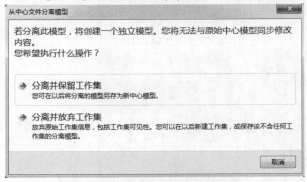

图10-13　选择"分离并保留工作集"选项

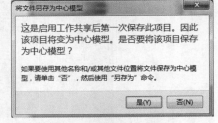

图10-14　单击"否"按钮

3. 激活"Level 1"楼层平面视图，打开针对这个视图的可见性/图形替换对话框，单击"工作集"选项卡，将"Core""Exterior"和"Interior"工作集的"可见性"设置为"隐藏"，如图 10-15 所示，单击"确定"按钮关闭对话框。

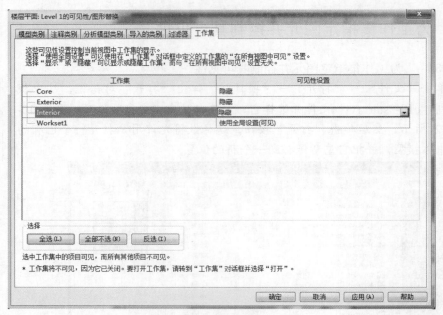

图10-15 工作集可见性设置

4. 用鼠标框选图 10-16 左下角所示的图元，当图元被选中后，单击功能区中的
    "过滤器"按钮，打开"过滤器"对话框。取消勾选"房间标记"选项，如
    图 10-17 所示，然后单击"确定"按钮关闭"过滤器"对话框。

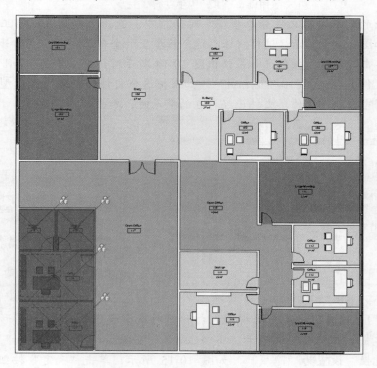

图10-16 用鼠标框选图中所示图元

图10-17　用过滤器选择图元

5. 在属性面板上找到"工作集"参数，这个参数表示图元的工作集分配。保持多个图元仍被选中，把值从"Workset1"改为"Core"。注意，这些图元已经不可见，这是因为在步骤 3 中设置了"Core"工作集为"隐藏"。

6. 接下来，将一些室内图元指定给"Interior"工作集。在外墙的内部，从外墙的右下角到左上角用鼠标画出一个选择窗口，按这种方式画出的窗口将包括窗口内和窗口边线覆盖的所有图元（如果从左到右画出窗口，则只选中完全包含在窗口内的图元），如图 10-18 所示。

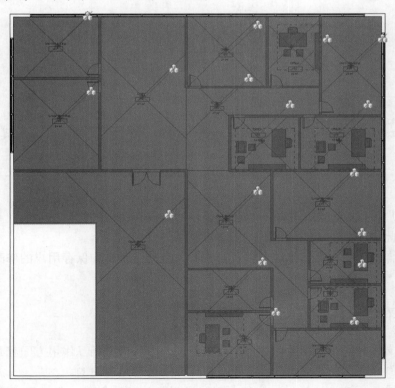

图10-18　选择并指定"Interior"工作集

7. 保持多个元素被选中，再次使用"过滤器"工具，取消勾选"房间标记"和"<房间分隔>"选项。在属性面板中把这个工作集的值从"Workset1"改为"Interior"。

8. 选择视图里剩下的一切对象，使用"过滤器"工具，单击"放弃全部"按钮，然后只勾选"墙"选项，单击"确定"按钮。在属性面板中把工作集的值从"Workset1"改为"Exterior"。

9. 到了这一步，唯一可见的物品是两条房间分隔线段，选中它们并把它们指定给"Interior"工作集。现在，在"Level 1"视图里应该看不到任何几何图形。打开这个视图的可见性/图形替换对话框，将可见性设置复原到"使用全局设置（可见）"，如图 10-19 所示。单击"确定"按钮返回视图，所有的元素应该再次可见。

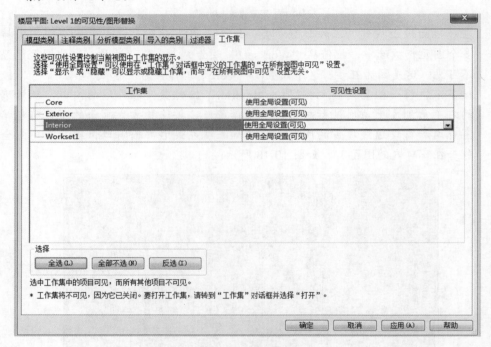

图10-19　重置可见性设置

这时，用户可以关闭这个模型，当出现提示时，保存所做的修改。

本练习到此完成。

下一节将详细说明在操作本地文件及与中心模型交互时（如保存用户的修改）可用的选项。

10.3　保存到中心模型

操作本地文件时，在把修改保存到中心模型或与中心模型相互作用方面有几个可用的选项。在"协作"选项卡的"同步"面板上，协作专用选项是可用的。

- 立即同步：该选项应用得比较频繁，可以为该选项创建一个快捷方式，以便在希望把本地文件保存到中心模型时不必返回"协作"选项卡。选择"立即同步"选项将保存用户的本地复制，并将本地复制与中心模型同步，使用对中心模型的修改来更新用户的文件。默认情况下，任何被借用的图元都被放弃。

- 同步并修改设置：相比于用"立即同步"保存中心模型，"同步并修改设置"提供了更具体的控制。选择"同步并修改设置"选项将出现图 10-20 所示的对话框，它显示了中心模型的保存位置，给用户提供了放弃工作集的"压缩中心模型"选项和"保存本地文件"选项（与中心文件同步前后均保存本地文件）。

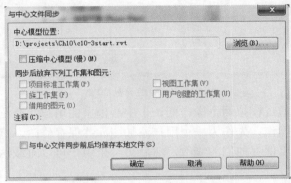

图10-20　"与中心文件同步"对话框

- 重新载入最新工作集：它可使用户重载最新的中心模型版本到本地项目中。然而，该操作不会把用户的任何工作发布到中心模型里。
- 放弃全部请求：它允许用户登记可能借用但没有做修改的图元。如果用户做了修改，就必须将它们与中心模型同步，或者放弃修改而不保存。用户不能放弃文件里被修改过的图元。

如果用户选择"放弃全部请求"选项，Revit 将询问用户对借用的图元或启动的工作集进行如何处理，如图 10-21 所示。如果用户放弃图元和工作集，其他人将能够在他们的本地文件里修改它们；如果用户保留拥有权，则所做的修改将被丢掉，但仍然具有拥有权。

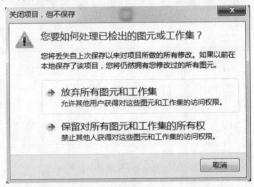

图10-21　"关闭项目，但不保存"对话框

当用户不再拥有项目里的图元或启动的工作集时，可以打开"工作集"对话框确认这种情况，如图 10-22 所示。

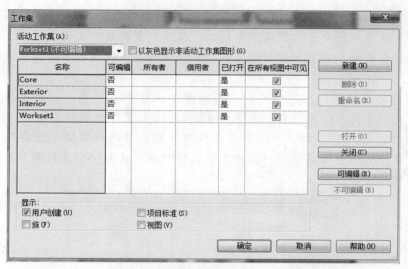

图10-22 放弃的图元和工作集

在下面的练习里，通过模拟两个操作同一个中心模型的用户，介绍前面概述过的选项的使用方法。我们将这样操作：先作为一个用户添加图元并保存修改，然后切换为另一个用户添加图元。一个用户可以保存他们的修改，然后另一个用户可以重载这些修改到他们的模型中。

10.3.1 双用户工作流程

【练习10-4】：双用户工作流程。

准备好"c10-4start.rvt"文件，但是先不要打开它。

1. 在没有项目打开的情况下，单击"文件"→"选项"→"常规"→"用户名"，输入"UserA"作为用户名，单击"确定"按钮关闭"选项"对话框。

2. 打开"c10-4start.rvt"文件，如图 10-23 所示。找到"协作"选项卡，选择"工作集"工具，如果弹出"找不到中心模型"对话框，则单击"关闭"按钮关闭该对话框，然后单击"确定"按钮关闭"工作集"对话框。

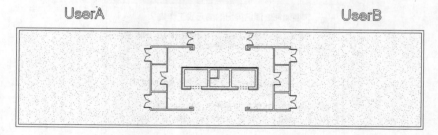

图10-23 "Level 1"楼层平面视图

3. 保存这个项目。因为这是第一次启动协作，Revit 将要求用户确认希望把它保存为中心模型。单击"是"按钮保存这个中心模型。

4. 现在用户将保存一个本地模型，可以选择对话框中的"新建本地文件"选项，或选择"另存为"选项（当用户打开了这个中心模型时）保存一个本地文件。单击"文件"→"另存为"，命名这个本地文件为"UserA.rvt"。

5. 关闭这个本地文件，弹出"可编辑图元"对话框，选择"放弃图元和工作集"选项，如图 10-24 所示。在没有项目打开的情况下，单击"文件"→"选项"→"常规"→"用户名"，输入"UserB"作为用户名，单击"确定"按钮关闭"选项"对话框。

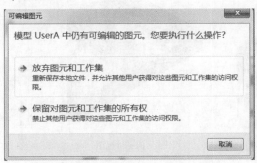

图10-24　选择"放弃图元和工作集"

6. 选择"c10-4start.rvt"文件，但是先不要打开它。先取消勾选"新建本地文件"选项，然后单击"打开"按钮打开这个中心模型。单击"文件"→"另存为"，把这个本地文件命名为"UserB.rvt"。

到目前为止，用户创建了两个本地文件：第一个关联于"UserA"，第二个关联于"UserB"。可以用这种方法模拟操作同一个中心模型的两个用户。

7. 在"Level 1"楼层平面视图上，注意标有"UserB"模型文字的右面区域。在视图的这个区域里绘制一些墙体、门和家具，如图 10-25 所示。

添加前的三维视图　　　　　　添加后的三维视图　　　　　　添加后的平面视图

图10-25　添加图元

8. 添加完成后，如果用户希望把修改保存到中心模型，以便其他人能够加载自己所做的修改，可以选择"立即同步"工具把自己的修改保存到中心模型。当保存完成后，关闭"UserB.rvt"本地文件。如果有提示弹出，选择"放弃图元和工作集"选项。

9. 在无项目打开的情况下，单击"文件"→"选项"→"常规"→"用户名"，输入"UserA"作为用户名，单击"确定"按钮关闭"选项"对话框。

现在，我们正作为另一个用户在操作。

10. 打开"UserA.rvt"本地文件。注意，看不到"UserB"添加到这个模型里的最新修改，因为我们还没有使用"立即同步"功能。

11. 在"Level 1"楼层平面视图上，注意标有"UserA"模型文字的左面区域。在视图的这个区域里绘制一些墙体和门，并放置家具，如图 10-26 所示。

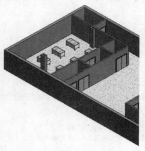
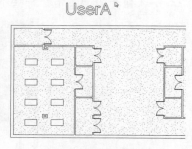

添加前的三维视图　　　　　　　　添加后的三维视图　　　　　　　　添加后的平面视图

图10-26　添加图元

12. 添加完成后，用户希望把修改保存到这个中心模型里，并且用其他人保存到中心模型的变化来更新本地文件。选择"立即同步"工具，该工具将自动执行这两项操作。

13. Revit 把用户的修改保存到中心模型，并且使用"UserB"所做的修改来更新用户的本地文件。这种按需保存和加载功能，极大地提高了团队协作能力。现在，"UserA"拥有发布到中心模型的最新修改版本，如图 10-27 所示。

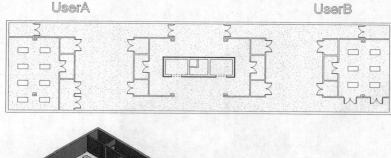

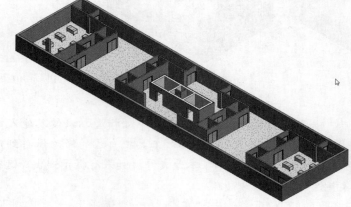

图10-27　完成后的视图（上图是平面视图，下图是三维视图）

在下面的练习中，将关闭和打开已有模型里的工作集来全局更新可见性。

10.3.2　打开与关闭工作集

【**练习10-5**】：打开与关闭工作集。

本练习将用到"c10-5start.rvt"文件，但是先不要打开它。

说明：打开或关闭工作集。

除了可以设置工作集预览可见性以外，用户还可以针对整个项目打开或关闭工作集。这样做将对所有项目视图全局性地打开或关闭工作集上一切物体的可见性，不管用户操作视图中工作集的可见性是如何设置的。这对于提高性能或关闭模型整个部分的显示是一个很好的方法。

1. 利用"文件"选项卡找到"c10-5start.rvt"文件，选择该文件，勾选"从中心分离"选项，然后单击"打开"按钮。这将允许用户打开一个已有的中心模型并把它重新保存到一个新的位置。

2. 弹出"从中心文件分离模型"对话框，如图 10-28 所示，选择"分离并保留工作集"选项，这将保存模型里的全部工作集。模型打开后，单击"保存"按钮，存为"c10-5start.rvt"文件。如果要保存的位置与初始模型的位置相同，当提示工作集文件已存在时，单击"是"按钮。

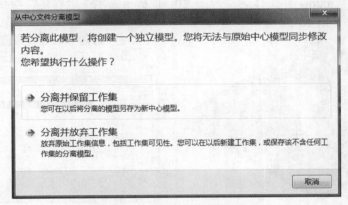

图10-28　"从中心文件分离模型"对话框

3. 单击"协作"→"工作集"（或者单击状态栏中的"工作集"按钮），打开"工作集"对话框。注意，当前所有的工作集被设为"已打开"（"已打开"列对应值可以被设为"是"或"否"）。

4. 在这个实例模型里有"Doors-Windows""Exterior Walls""Furniture""Interior Walls"和"Rooms"共 5 个工作集。选择"Furniture"和"Rooms"工作集，单击"关闭"按钮，如图 10-29 所示。通过在选择时按 Ctrl 键，可以选择多个工作集。

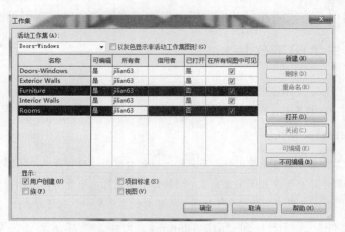

图10-29 关闭"Furniture"和"Rooms"工作集

5. 单击"确定"按钮关闭"工作集"对话框。注意，在"Level 1"视图里，房间和家具不再可见了。不同于"可见性/图形替换工作集可见性"设置，关闭或打开一个工作集将影响所有视图。

6. 打开三维视图确认所有视图受到影响，发现家具都不可见了，如图 10-30 所示。打开"工作集"对话框，按步骤 4 的方法追加关闭"Interior Walls"和"Doors-Windows"工作集，如图 10-31 所示。单击"确定"按钮返回三维视图，结果如图 10-32 所示。

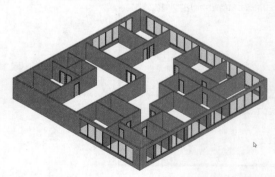

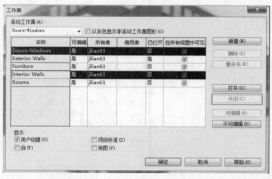

图10-30 关闭"Furniture"和"Rooms"工作集的结果　　　图10-31 关闭"Interior Walls"和"Doors-Windows"工作集

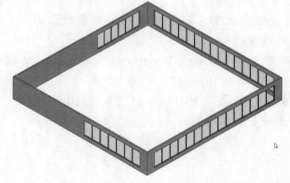

图10-32 追加关闭工作集后的结果

7. 用户能在任何时候重新打开工作集使得在那些工作集上的图元再次可见。打开"工作集"对话框，选择"Furniture"和"Interior Walls"工作集。单击"打开"，然后单击"确定"按钮返回三维视图。注意，在这个视图及家具先前所处的任何项目视图里，家具又可见了，如图10-33所示。设置完成后，可以保存并关闭这个模型。

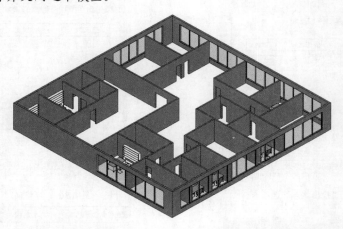

图10-33　"Furniture"和"Interior Walls"工作集打开后的三维视图

10.4　工作共享显示模式

工作共享显示模式是直观了解项目当前协作状态的很好方式。现在，让我们查看一个项目中的"工作共享显示设置"选项，它位于窗口底部的"视图控制栏"，包含"检出状态""所有者""模型更新"和"工作集"4个选项。如果要实际操作这些选项，可以重新打开练习10-5中所用的文件，选择"协作"选项卡中的"协作"工具，在"视图控制栏"中会出现"关闭工作共享显示"按钮。单击这个按钮会出现一些选项，如图10-34所示。这些设置依赖于项目中的具体参数（工作集数量、活动用户数等），为了激活这些设置，单击"视图控制栏"中的"关闭工作共享显示"图标，从列表中选择一个选项。

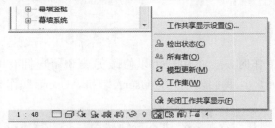

图10-34　工作共享显示设置选项

激活列表中的任何工作共享显示模式就会触发用户的可见性设定，并应用一个橘黄色边界到用户所在的视图，提示激活了这个模式。要关闭工作共享显示，就选择"关闭工作共享显示"选项。

让我们逐一考查这些选项。单击"视图控制栏"中的"关闭工作共享显示"按钮，选择"工作共享显示设置"选项，在弹出的对话框中选择"检出状态"选项卡，检出状态可帮助用户辨别图元是当前用户拥有的还是别人拥有的，或者是无主的，如图 10-35 所示。选择"所有者"选项卡将准确地显示出哪个图元属于哪个用户，如图 10-36 所示。"模型更新"选项卡指示用户同步中心文件之前可能尚未显示出来的中心文件修改，如图 10-37 所示。"工作集"选项卡帮助用户基于图元所属的工作集可视化图元，如图 10-38 所示。

图10-35　"检出状态"选项卡

图10-36　"所有者"选项卡

图10-37　"模型更新"选项卡

图10-38　"工作集"选项卡

10.5　编辑请求

当在一个项目团队工作时，一个用户可以修改另一个用户拥有的图元。为此，另一个用户需要先放弃那个图元。让我们以用户"UserA"和"UserB"作为这种情况的一个简单例子。

(1)　用户"UserB"创建一段墙体，进入协作状态，把文件保存为中心模型，关闭文件。用户"UserA"打开这个文件，试图修改一段墙体，这时系统会发出错误提示，告知他"UserB"当前拥有这个图元，如图 10-39 所示。

(2)　用户"UserA"单击这个对话框里的"放置请求"按钮，就出现"编辑请求已放置"消息框，如图 10-40 所示。

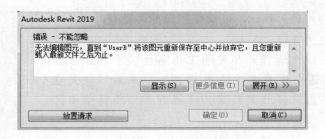

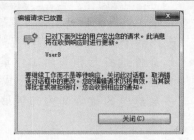

图10-39　错误提示　　　　　　　　　　　图10-40　"编辑请求已放置"消息框

(3) 当"UserB"正在使用本地文件时，他会收到一个"已收到编辑请求"对话框，如图 10-41 所示，指明"UserA"请求编辑这个墙图元。"UserB"单击"批准"按钮，这将给予"UserA"仅对那段墙的可编辑性权限。

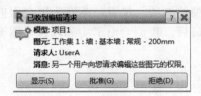

图10-41　"已收到编辑请求"对话框

在这个例子中，"UserA"没有请求进一步的行动，于是"UserA"可以开始修改这段墙体。编辑请求服务不仅是一个用户通知系统，也是一个自动交换图元所有权的有效方法。

10.6　协作要点

现在对于工作共享和工作集操作，我们有了基本的理解，花一些时间考虑一些要点。

- 把工作集视为容器：工作集不像 AutoCAD 里的图层。对于建筑里的大多数系统（室内、室外、屋顶和芯板等），将之视为容器。用户需要管理或仅留意归属用户创建工作集的对象，如下所列：
  - ▶ 基准面（标高和网格）；
  - ▶ 几何形体（显示在多个视图中的建筑图元）；
  - ▶ 房间（可以被标记的空间）。
- 留心活动工作集：当用户创建基准面、几何形体或房间时，要时刻留心活动工作集。

Revit 为其他事物（视图、族和项目标准）自动管理工作集，这些不能由用户改变。

- 在运行中借用图元：不要选择使整个工作集可编辑，而是只在运行中借用图元。这种方法可以使用户避免许多冲突，这种冲突是在一个用户需要修改模型里其他用户拥有的（但不真正需要）某个对象时发生的。由于建筑物相互连接的性质，用户甚至不需要刻意使一个图元可编辑。用户所要做的就是修改一个存在的图元，Revit 将为用户借用它。当增加新图元时也是如此。
- 关联被链接的文件到它们自己的工作集：关联任何被链接的文件到它们自己的工作集，然后用户可以打开和关闭关联于那些链接的工作集。与加载和卸载

链接（这将影响每个参与该项目的人员）相比，该策略更加可以预测，打开或
关闭一个工作集只影响用户的本地文件。

- 选择性地打开和关闭工作集：选择性地打开和关闭工作集远快于选择修改
  多个视图的可见性设置，或者对逐个视图进行隐藏/隔离。如果希望仅处理
  多层建筑的核心和内部区域，那么只打开关联这些区域的工作集将节省许
  多计算时间。

10.7　小结

本章介绍了 Revit 中的多用户协作。我们可以启动工作共享，并将文件保存为中心模
型。接下来，我们创建了一个本地文件，创建并修改工作集，使用工作集控制元素的可见
性，探讨了保存工作到中心模型的选项。接着，本章为更高级的合作议题提供了参考，如工
作共享显示模式和编辑请求。最后，我们给出了实际项目里需要注意的一些协作要点。

第11章 详图和注释

到目前为止，我们使用 Revit 软件创建了墙、门、屋顶和楼板，还定义了空间，并把建筑构思转变成了三维形式。在设计的实例中，典型特点是基于设计意图的几何形体建模。为帮助说明所绘制的对象，有必要对模型或特定视图的某些部分补充详细信息，这些信息采用 Revit 中二维详图的形式。

在 Revit 中完成项目视图设置后，可以在视图中添加尺寸标注、高程点、文字、符号等注释信息，进一步完善施工图设计中需要的注释内容。Revit 提供了区域填充、详图构件和详图线等二维详图构件，用于快速高效地完善施工图。在设计施工图时，必须在施工图中添加各类二维符号，以满足施工图中设计信息表达的要求，例如，表达剖面视图中的梁、圈梁及过梁等。Revit 提供了详图构件、重复详图、剖切面轮廓和区域填充等多种详图编辑工具来处理施工图中的各种二维图元。

详图搭建了建筑设计和实际建筑之间的桥梁，并将有关如何实现设计的信息传递给施工人员和建筑商。Revit 是一款建筑信息建模软件，可以将项目构造为现实世界中物理对象的数字表示形式。但是，不是每个构件都需要进行三维建模，建筑师和工程师可创建标准详图来说明如何构造较大项目中的材质。详图是对项目的重要补充，因为它们显示了材质应该如何相互连接。

有详图视图和绘图视图两种主要视图类型可用于创建详图。

- 详图视图包含建筑信息模型中的图元。
- 绘图视图是与建筑信息模型没有直接关系的图纸。

本章主要内容

- 创建详图。
- 为详图添加注释。
- 创建图例。

11.1　创建详图

创建详图时，Revit 提供了各种参数化工具，这些工具可以让用户利用建筑信息建模的优势，使用这些工具精确地创建二维几何图形，或者添加从三维图、剖面图或标注得到的详图。这些工具位于"注释"选项卡的"详图"面板上，如图 11-1 所示。要使用 Revit 高效创建图纸，必须熟悉这些工具。为了更好地理解如何使用这些工具，快速地了解它们的功能，本节将介绍"详图线""区域""构件"和"详图组"工具，因为它们构成了创建二维详图使用最广泛的工具包。

图11-1　"注释"选项卡中的"详图"面板

11.1.1　详图线

"详图线"是"注释"选项卡"详图"面板中的第一个工具，它可使用户使用不同的线宽和色调创建因视图而异的线条画，绘制不同的线型，以及使用许多与 AutoCAD 软件中一样的操作命令，如偏移、复制和移动等。

说明：详图线因视图而异。

> 详图线仅出现在它们被绘制的视图里，它们在位置上也有排列，这意味着它们彼此上下分层放置或与其他二维对象分层放置。当开始使用区域、详图线和模型内容创建详图时，这个特点尤其重要。

使用"详图线"工具很容易，选择该工具，功能区选项卡如图 11-2 所示。主要包含"修改""绘制"和"线样式"3 个面板。我们以前见过"修改"面板，使用这个面板中的工具能够完成复制、偏移、移动及其他工作。利用"绘制"面板可以创建新内容和定义形状。在"线样式"下拉列表中可以选择自己喜欢的线样式。

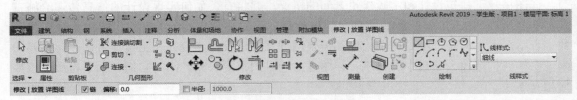

图11-2　功能区选项卡

11.1.2　区域

"注释"选项卡"详图"面板中的第二个工具是"区域"工具。"区域"是能用图案填充的任意形状及大小的面积，这个图案（很像 AutoCAD 中的影线）随着区域边界的变化动态地重置大小。"区域"图层就像详图线那样，能被放置在其他二维线条画和构件的上面或下面。"区域"也有不透明度参数，它可以完全不透明（遮挡它们下面的对象）或完全透明（让对象彻底显现）。

有填充区域和遮罩区域两种区域类型。

- 填充区域："填充区域"允许用户从各种各样的细线图案中选择希望的图案填充区域，它们通常被用在详图中显示如刚性保温材料、混凝土、胶合板等材质类型，以及由特定图案定义的其他材质类型。
- 遮罩区域："遮罩区域"只有一种风格，它们是浅色的矩形，这些矩形抑或具有或没有可识别的边界线。遮罩区域典型地用于隐藏或遮罩视图中用户不希望显示或打印的某些内容。

11.1.3 构件

"构件"下拉列表可使用户将各种各样的构件插入模型里,这些构件是二维详图构件,在重复详图情况下是详图构件集合。详图构件是可调用、可加标记、可定主旨的二维族,它们可使模型的标准化程度更高。

详图构件是二维族,它们能被加进参数化内容。换句话说,单个详图构件可提供各种形状。因为它们是族,所以它们也可以被存储在用户的工作库中,从而轻松实现跨项目共享。

要在图中增加一个详图构件,应遵循以下步骤。

(1) 从位于"注释"选项卡的"构件"下拉列表中选择"详图构件"。

(2) 使用"类型选择器"从已经插入这个模型里的详图构件中选择。

如果在"类型选择器"中没有看到希望插入的详图构件,可以如下操作。

(1) 单击"修改|放置详图构件"选项卡中的"载入族"按钮,如图 11-3 所示。

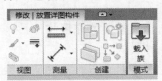

图11-3 单击"载入族"按钮

(2) 插入一个来自默认库或工作库中的详图构件。

11.1.4 排列视图中的图元

懂得如何改变排列是绘制详图的一项重要内容,所以不必按严格顺序绘制一切,排列允许用户改变一个图元(如线条或详图构件)相对于另一个图元的位置。Revit 允许直观地放置某些图元在另一些图元的前面或后面,一旦一个图元或图元组被选中,且"修改"菜单出现,将看到位于功能区右端的"排列"面板。在此,可以从排列的 4 个选项中做选择。

- （放到最前）：立即将所选详图放置在视图中所有其他详图的前面。
- （放到最后）：立即将所选详图放置在视图中所有其他详图的后面。
- （前移）：将选定详图向所有其他详图前方移近一步。
- （后移）：将选定详图向所有其他详图后方移近一步。

使用这些工具将帮助用户得到适当顺序的图层。

11.1.5 重复详图构件

在建筑项目中重复放置构件是常用的方法,砌体、金属面板和墙体立柱是一些普通的按规律间隔重复排列的图元,创建和管理这类图元的工具称为"重复详图构件",它位于"注释"选项卡的"构件"下拉列表中。

这个工具使用户按线性排列放置详图构件,即详图构件按设定的间隔重复。画一条线,然后它成为重复构件。默认的 Revit 重复详图是在剖面上的普通砖块重复。以这种方式创建图元不仅可使用户稍晚标记和确定材质,而且提供了手工排列这些图元的灵活性。

在创建重复详图构件之前，我们先考查一个这种构件的属性。选择"重复详图构件"选项，在属性面板上单击"编辑类型"按钮，打开"类型属性"对话框，如图 11-4 所示。

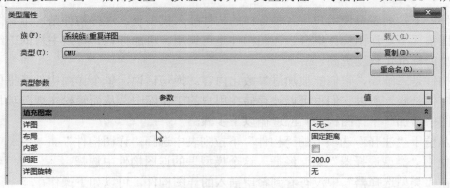

图11-4 关于"重复详图"的"类型属性"对话框

下面是每一项设置的简要描述。

- 详图。这个设置让用户选择被重复的详图构件。
- 布局。这个选项提供了 4 种模式。

  固定距离：它表示这种情况下起点与终点之间所绘制的路程，即在这个路程中构件按设定的间距值重复。

  固定数量：这个模式设置构件本身在起点与终点之间的空间（路程长度）中所重复的次数。

  填充可用间距：忽略用户选择的间距值，按重复详图的实际宽度作为间距值在路径上重复排列。

  最大间距：详图构件按设定的间距重复，并且设定了重复次数，这样只有完整的构件被绘制出来。Revit 按这样的条件在路径上复制若干构件。

- 内部。这个选项调整组成重复详图的详图构件的起点和终点。不选这个选项，则在起点和终点之间放置完整的构件，而不会放置构件的一部分。举例来说，如果在这个路径上是砖块，选择这个选项就会在路径的端点出现部分砖块的情况，如果希望全是完整的砖块，则不要选择这个选项。

- 间距。当"固定距离"或"最大间距"被选作重复的方法时，这个选项才可用。它表示希望重复详图构件重复排列的距离，它不一定是这个详图构件的实际宽度。

- 详图旋转。这个选项允许用户在重复详图的内部旋转详图构件。

11.1.6 隔热层

在"注释"选项卡的"详图"面板上可找到"隔热层"工具。选择这个工具可以画出一段条毯式隔热层，很像一个重复详图。在选项栏可以修改所插入隔热层的宽度，如图 11-5 所示。使用棉絮行的中心线，可以插入隔热层。无论在隔热层插入视图之前还是之后，都可以缩短、加长或修改它的宽度。

图11-5　在"选项栏"修改隔热层的宽度

11.1.7　详图组

相对创建详图构件族来说，详图组是另一个快捷的可选方案。像建模的组，详图组是图形集合，这些集合包含详图线、详图构件或二维图元。在希望用详图构件创建像体块这样的对象时，如果计划在多个位置安置同样的体块和防水板，那么可以把防水板和体块结合成组，并快速复制这些构件到其他详图中。操纵详图组中的某一个就能同步改变这个模型中的所有详图组。

有两种生成详图组的方法，最普通的方法是创建要构成组的详图元素，然后全选它们。

(1)　在"修改"选项卡中单击"创建"面板中的"创建组"按钮。

(2)　当提示用户为组命名时，就为这个组起个明确的名字，如"窗户防水板"或"办公室布局1"等，而不是接受Revit给出的默认名称（组1、组2等）。

创建详图组的另一种方式如下。

(1)　在"注释"选项卡的"详图组"下拉列表中，选择"创建组"选项。这时提示用户选择组类型，是模型还是详图，并提示用户输入这个组的名称。

- 模型：模型组包含模型图元（这些图元在多个视图中可见）。如果希望图元在多个视图中可见，或者图元是三维几何形体，那么就选择"模型"。

- 详图：详图组包含二维详图图元，且仅在用户所处的视图里可见（用户能在其他视图里复制或使用它们）。如果正在创建一个组，而这个组包含了详图线或其他注释及二维图元，那么就选择"详图"。

通过创建一个附带详图组的模型组，可以创建既有模型图元也有详图图元的组。

当选择这些图元时，就进入了"编辑组"模式。黄色透明物覆盖在这个视图的顶部，视图中的图元显示为灰色。

(2)　要添加图元到这个组，单击"添加"按钮，如图 11-6 所示，然后选择要选中的项目。单击"删除"按钮可删除不想要的图元。

图11-6　"编辑组"面板

(3)　完成这些操作后，单击绿色的"完成"按钮，组就创建完成了。

使用"注释"选项卡"详图组"下拉列表中的"放置详图组"选项，就能放置任何创建好的组。组的插入操作与族一样，通过属性面板中的"类型选择器"选择要插入的组即可。

11.1.8　线处理

尽管不是"注释"选项卡的一部分，但在为详图创建合适线宽方面，"线处理"工具十分重要。在自动管理视图和线宽方面，Revit 提供了许多帮助，但是它不能满足任何时间的所有要求。有时，Revit 提供的默认线宽于或窄于详图要求，在这种情况下，"线处理"工具派上了用场，该工具允许用户在一个特定视图上下文环境里修改已有的线条。

要使用"线处理"工具，应遵循以下步骤。

(1) 找到"修改"选项卡的"视图"面板，单击"线处理"按钮，或者使用快捷键 L+W。将看到熟悉的"线样式"选择器面板出现在选项卡的右边，如图 11-7 所示。

图11-7　"线样式"选择器面板

(2) 从列表中选择一个线型，然后选择视图中的线条。

用户拾取的线条几乎可以是任何对象，如模型图元、族、构件等上面的切线。选择线条或一个图元的边界，就使它的线样式从原来的样式变成用户从"线样式"选择器中选择的样式。图 11-8 显示了线处理操作前后窗台详图的变化。

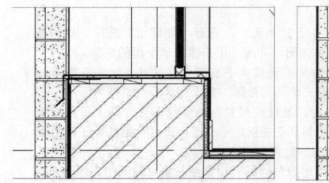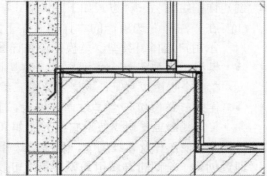

图11-8　线处理操作前后窗台详图的变化

也可以使用这个工具在视觉上删除线条，这样做是把线条保留在视图中，或是作为三维图元的一部分把线条保留下来，只是使该线条在视图中不可见。通过选择<不可见线>线样式就可以实现这个目的。与采用遮罩区域覆盖不希望要线条的方法相比，这是个不错的替代方法。

在"线样式"选择器中选择<按类别>，则可使一个线条恢复到它的默认线宽。

11.1.9　使用区域增强详图

从给具体视图增加更多信息，又不必为每个物体建模来说，使用二维线画和构件增强模型是个有效的方法。没必要为只显示在大尺度格式详图图纸中的防水板、块体或其他图元建模。采用详图线、区域和详图构件，能够增强视图，显示附加的设计意图。

【练习11-1】：使用区域增强详图。

打开"c11-1start.rvt"文件，在项目浏览器的"剖面"节点下找到"Exterior Detl, Typ."视图，如图 11-9 所示，打开这个视图，如图 11-10 所示。

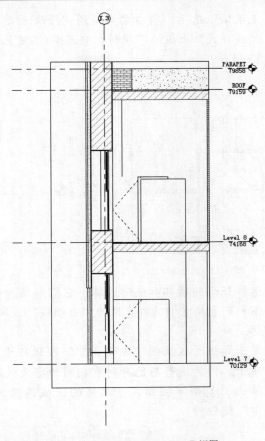

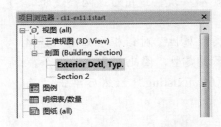

图11-9 "剖面"节点下的"Exterior Detl，Typ."视图　　　　图11-10 "Exterior Detl，Typ."视图

　　在下面的练习里将创建一个详图，并用填充区域和遮罩区域增强该详图来精确表示典型
矩形详图中的建造条件。

1. 使用"视图"选项卡中的"详图索引"工具创建一个新的二楼窗台详图。选
   择该工具创建一个新的详图索引，注意此时项目浏览器中的变化，在剖面节
   点下多出了一个新的剖面图，如图 11-11 所示。

图11-11 "剖面"节点下出现了新创建的视图

2. 右击项目浏览器中的这个新剖面图，从快捷菜单中选择"重命名"命令，
   把它命名为"Exterior Window Sill，Typ."，然后打开这个剖面图，如图
   11-12 所示。

3. 切换到"注释"选项卡，在"详图"面板上选择"区域"下拉列表中的"填

充区域"选项，将自动切换到"修改|创建填充区域边界"上下文选项卡，在"线样式"面板的下拉列表中选择<不可见线>，然后创建一个楼板，如图 11-13 所示。

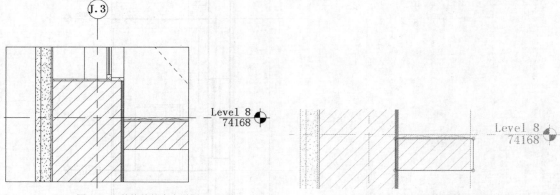

图11-12 装饰前的窗台详图　　　　　　　　图11-13 修改填充区域的边界

4. 选择矩形的顶部和底部边缘，它们应该与楼板的剖面对齐。使用"线样式"下拉列表将它们的线宽改为"中粗线"。按 Esc 键一次，退出对这两条线的编辑。

5. 单击属性面板里的"编辑类型"按钮打开"类型属性"对话框，如图 11-14 所示。因为没有与已有材质相同的定义过的区域类型，因此需要定义一个。单击"复制"按钮，命名新的区域类型为"00 Existing"，然后单击"确定"按钮。

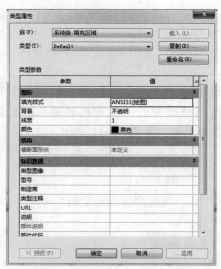

图11-14 填充区域的"类型属性"对话框

6. 检查"类型属性"对话框中的其他值，确定这些设置如下。

● 填充样式：设为"ANSI31[绘图]"。

● 背景：设为"不透明"。

● 线宽：设为"1"。

● 颜色：设为"黑色"。

参数设置如图 11-15 所示，单击"确定"按钮关闭"类型属性"对话框。

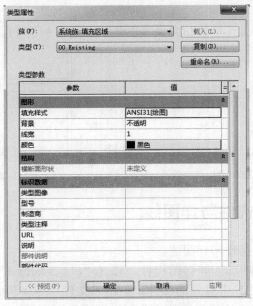

图11-15 "类型属性"对话框中有关参数的设定

7. 单击"完成编辑模式"按钮完成草图绘制，完成后的填充区域显得高亮和略微透明。

8. 在这个区域之外单击鼠标，查看完成的成品。在左边，不可见的线没有遮挡墙的切面，一条细线被保留。

9. 再次高亮这个填充区域，使用微移工具（键盘上的方向键）稍微移动这个区域，使它覆盖这个完工墙体的剩余部分。完成后的填充区域看起来如图 11-16 所示。

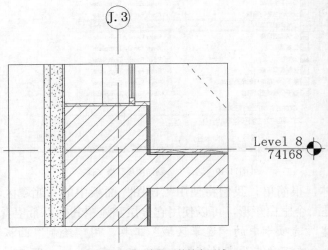

图11-16 完成后的填充区域

10. 选择"注释"选项卡"区域"下拉列表里的"遮罩区域"选项。

11. 将"线样式"设定为"细线",在窗台下方创建一个 25mm 高的矩形,即创建一个空白空间,以后将在这个区域增加一些二维构件,如块体,如图 11-17 所示。

12. 单击"完成编辑模式"按钮完成草图绘制,结果如图 11-18 所示。

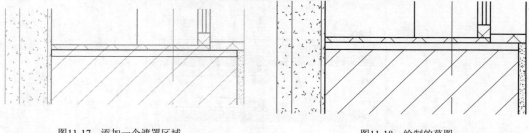

图11-17 添加一个遮罩区域　　　　　　　　　　图11-18 绘制的草图

11.1.10 添加详图构件与详图线

【练习11-2】: 添加详图构件与详图线。

本练习为块体和边缘增加一些详图构件。打开"c11-2start.rvt"文件,如果完成了练习 11-1,就继续操作练习 11-1 中打开的文件。单击"文件"→"新建"→"族",弹出"新族-选择样板文件"对话框,选择其中的"公制详图项目"文件,如图 11-19 所示。当创建详图构件时,就如任何其他族一样,将从两个在族中心交叉的参照平面开始,这个交叉点是这个族的默认交叉点。

图11-19 选择"公制详图项目"文件

第一个族是块体,很简单,我们将使用"详图"面板中的"遮罩区域"工具,而不用"线"工具。结果是一个空白矩形,可以使用它分层和遮罩其他不希望看到的图元。

1. 选择"创建"选项卡中的"遮罩区域"工具,用"绘制"面板中的"矩形"工具绘制一个左下角在原点的矩形,这个矩形高 25mm、宽 75mm。

2. 单击"完成编辑模式"按钮完成这个区域的绘制。

3. 在"创建"选项卡上选择"线"工具，绘制这个矩形的对角线来表示块体，
   如图 11-20 所示。

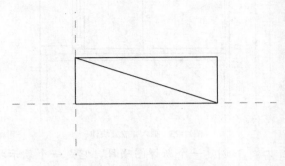

图11-20 创建一个块体详图构件

4. 单击"文件"→"另存为"→"族"，命名这个族为"06 Blocking"，把它与
   模型存放在同一个文件夹里。

5. 单击"载入到项目"按钮，把这个族添加到模型里。

如果打开了不止一个项目，要确定选择了练习 11-1 完成的文件，或者是样例文件"cll-2start.rvt"。

6. 为了把这个块体详图构件添加到视图中，找到项目浏览器"详图视图"项下
   的"Exterior Window Sill, Typ."详图，双击这个详图，就会在视图区域显示
   该详图，如图 11-21 所示。然后，从"注释"选项卡中的"构件"下拉列表中
   选择"详图构件"选项，这时弹出对话框，如图 11-22 所示，单击"是"按
   钮。接着弹出一个文件保存位置的对话框，找到先前保存的族文件"06
   Blocking.rfa"，单击"打开"按钮。

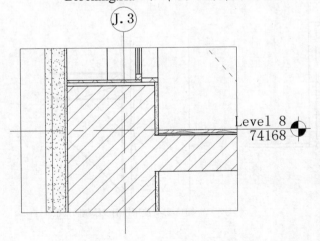

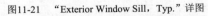

图11-21 "Exterior Window Sill, Typ."详图

图11-22 单击"是"按钮

7. 在窗台的左、右和中间插入块体，如图 11-23 所示。

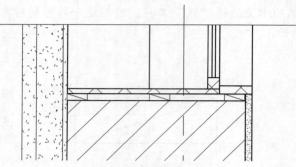

图11-23　插入并放置块体

8. 通过步骤 1 至步骤 3 创建一个新详图项目，它是一个表示护壁板（不要创建表示块体的对角线）的详图构件，其尺寸为 25mm 宽、150mm 高。

9. 单击"文件"→"另存为"→"族"，命名这个新族为"06 Baseboard"，把它与模型存放在同一个文件夹里，保存这个护壁板。

10. 单击"载入到项目"按钮，如果打开的文件多于一个，应注意选择正确的项目文件。

11. 如果"Exterior Window Sill，Typ."详图尚未被打开，就先找到"Exterior Window Sill，Typ."视图。然后，把护壁板放置到石膏板与完工楼板的拐角。这个详图看上去如图 11-24 所示。

　　有时，在一个详图里面仅使用详图线创建必要的特性更加容易和高效。基于此，我们在窗台上创建防雨板。

12. 选择"详图线"工具，从"线样式"下拉列表中选择"中粗线"，使用"详图线"工具为窗台绘制防雨板，如图 11-25 所示。

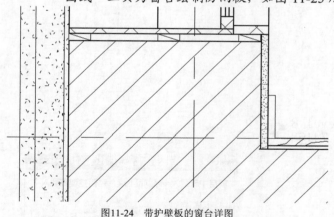

图11-24　带护壁板的窗台详图　　　　　　　图11-25　使用详图线绘制防雨板

11.1.11　创建重复详图构件

【练习11-3】：创建重复详图构件。

　　本练习将为窗台详图创建一个定制的重复详图。这个建筑的表面是赤褐色砖，每隔 200mm 将有可见的结合工件。打开"c11-3start.rvt"文件，切换到"Exterior Window Sill，

Typ."详图视图，然后按下列步骤操作。

1. 单击"文件"→"新建"→"族"，选择"公制详图项目"，如图 11-26 所示。

图11-26 选择"公制详图项目"

2. 使用没有填充图案的填充区域创建一个 150mm 长、10mm 高的灰缝，形状如图 11-27 所示。具体方法是选择"详图"面板中的"填充区域"工具，"子类别"选择"详图项目"，按照要求的尺寸绘制出草图，然后单击"完成编辑模式"按钮。

图11-27 绘制的填充区域

3. 将这个族另存为"04 Grout"，并把它载入项目中。如果有多个文件被打开，应注意选择正确的打开项目文件。

4. 按 Esc 键退出命令，回到项目文件，进入"注释"选项卡的"详图"面板，打开"构件"下拉列表，选择"重复详图构件"选项。

5. 单击属性面板中的"编辑类型"按钮，然后单击"类型属性"对话框中的"复制"按钮。

6. 命名这个新类型为"04 Terracotta Grout"，单击"确定"按钮。

7. 修改新类型的属性，以反映刚创建的详图构件和它的间隔。只修改如下域的值。

• 详图：设这个域为"04 Grout"，这是刚创建的族。

• 间隔：设它的值为 200mm。

8. 这时，"类型属性"对话框如图 11-28 所示，单击"确定"按钮关闭"类型属性"对话框。

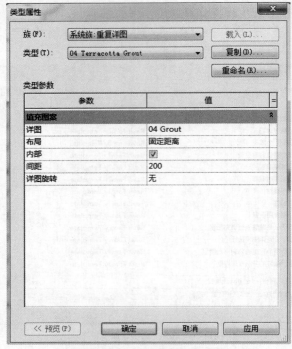

图11-28　对有关参数进行设置

9. 在"重复详图"命令仍处于激活状态时，从视图的下部开始在外墙上放置若干个重复构件，结果如图 11-29 所示。

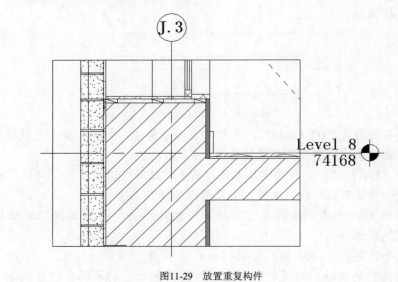

图11-29　放置重复构件

11.2　为详图添加注释

与业主和施工人员沟通，注释是交流设计意图和施工意图的关键部分。没有对材质的描述和关于设计的注释，这样的图纸集是不完整的。我们已经创建了详图，现在需要为注释添加尺寸、位置和材质信息。注释用到的工具位于"注释"选项卡上，如图 11-30 所示。

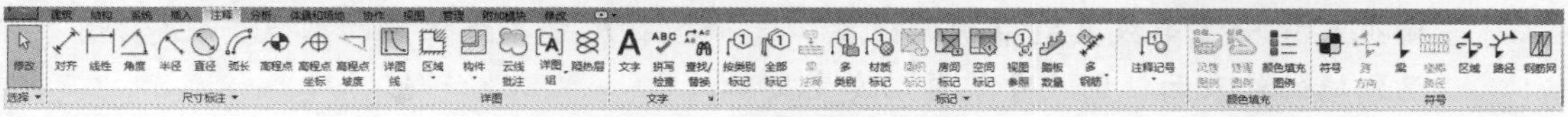

图11-30 "注释"选项卡中的内容

11.2.1 尺寸

"尺寸标注"面板是"注释"选项卡中的第一个面板，Revit 提供了标注两个对象之间距离的各种工具，包括"对齐""线性""角度""半径""直径"和"弧长"等。最常使用的尺寸标注工具是"对齐"，它位于"尺寸标注"面板的左边，参见图 11-30，也可以在"快速访问"栏里找到这个工具。使用"对齐"工具颇为简单，选择"对齐"工具，在第一个参考对象上单击一次来启动尺寸标注字串，在第二个参考对象上再次单击完成尺寸标注。

11.2.2 标记

标记是因视图而异的二维图元，它附着于被建模的图元或详图图元，用于报告信息，这些信息基于图元的类型或实例属性。可以标记任何被建模的图元或详图图元，然而，标记最常用于标识基本建筑模块——门、窗户、墙类型和房间。找到"注释"选项卡中的"标记"面板，就能利用其上的工具增加标记到项目中。当选择"按类别标记"工具，然后选择模型中的一个对象时，Revit 将自动指定正确的标记类型给相关材质。此时，可以在标记对象里输入适合的信息。

11.2.3 文字

有时标记不是传递信息的最好方式，在这种情况下可以使用文字，"文字"工具位于"注释"选项卡的"文字"面板中。

当在模型中使用文字时，要注意文字不与任何图元或材质相链接，它是因视图而异的二维信息。如果用文字标记某物或用文字表达注释，当模型里的图元变化时，这个文字不会动态更新。

11.2.4 为详图添加尺寸标注

【练习11-4】：为详图添加尺寸标注。

在详图里，向窗户族添加了某些方面的信息，以满足施工详图的需要。现在，在视图里有许多线画和图元的情况下，需要添加注释和尺寸标注。打开"c11-4start.rvt"文件。

1. 单击"注释"选项卡，选择"对齐"工具，从轴网线到墙的中心线放置一个尺寸标注字符串。具体而言，就是光标在轴网线上单击一下，再平移到墙的中心线上单击第二下，继续平移光标，单击第三下即得到尺寸标注，如图 11-31 所示。

2. 按 Esc 键取消这个激活的命令。高亮尺寸标注串，可以单击其上的蓝点控制

229

尺寸界线的长度及尺寸界线的位置。

3. 要把尺寸标注串放置到准确的位置，选择控制尺寸界线位置的蓝点，把它拖动到墙的外表面，则尺寸就自动发生更新。

4. 从轴网线到窗侧墙的背面增加另一个尺寸标注串。

5. 为了重新定位文字串的位置，抓取文字下面的蓝点，拖动文字到右边。一旦尺寸标注文字处于尺寸标注串的外边，Revit 就增加一条连接文字和尺寸标注的弧线，如图 11-32 所示。

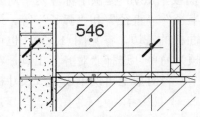

图11-31　放置尺寸标注

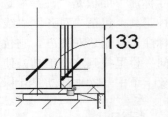

图11-32　修改文字位置

6. 增加另一个尺寸标注，它位于石膏板与轴网线之间，如图 11-33 所示。默认情况下，石膏板的外表面将不会高亮来接受这个尺寸标注。因此，我们把光标移动到石膏板的右边缘，按住 Tab 键不放，单击鼠标左键，这样就可以放置尺寸标注串的另一边。

7. 为了消除尺寸标记文字后面的白色遮罩区域，单击这个尺寸标注，单击属性面板中的"编辑类型"按钮，弹出"类型属性"对话框，将"文字背景"设为"透明"，如图 11-34 所示，然后单击"确定"按钮。

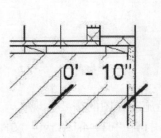

图11-33　标注墙的位置

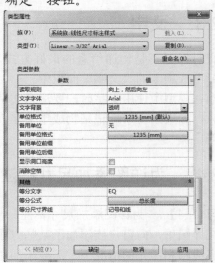

图11-34　设置"文字背景"为"透明"

8. 在窗台与楼板之间增加一个尺寸标注，如图 11-35 所示。

9. 为了把大小不适当的尺寸标注修改为合适的大小，需要修改所标注对象之一的位置，楼板可能不会移动，但是可以略微改变窗户的位置。选择窗户，尺寸串变成蓝色，并且数字变得非常小，如图 11-36 所示。

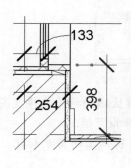

图11-35　标注窗台尺寸

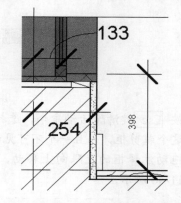

图11-36　通过选择窗户，改变它的位置，进而改变尺寸串的值

10. 选择蓝色的文字，在文字框中输入 400，如图 11-37 所示，按回车键。这时，这个窗户上移一点，且重置了尺寸标注串。

全部尺寸标注都添加到详图上之后，它看起来如图 11-38 所示。

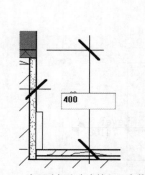

图11-37　在尺寸标注串中输入一个数值

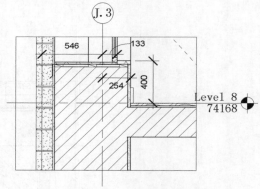

图11-38　添加了尺寸标注后的详图

11.2.5　为详图添加标记和文字

【练习11-5】：为详图添加标记和文字。

打开"c11-5start.rvt"文件，如果完成了练习 11-4，就继续操作已打开的文件。

在本练习中，将为这个详图里的窗户和一些材质增加标记，以帮助合同方辨别这些项目。

我们的操作遵照以下步骤。

1. 单击"注释"选项卡"标记"面板中的"按类别标记"按钮，然后点选视图中的窗户。

Revit 显示警告，如图 11-39 所示。它告诉用户，Revit 增加了一个标记，但是它位于视图之外，默认情况下，Revit 放置标记在被标记元素的中心。在本例中，标记在窗剖面的中间，窗剖面位于裁剪框的上面。

图11-39　警告提示框

2. 按 Esc 键清除活动命令，选择为这个详图定义裁剪区域的框。这样就高亮了这个裁剪框，而且一个不可见的虚线框调用这个注释裁剪框。

3. 拖动注释框的上限向上移动，最终将看到放在这个窗户上的窗户标记，如图 11-40 所示。

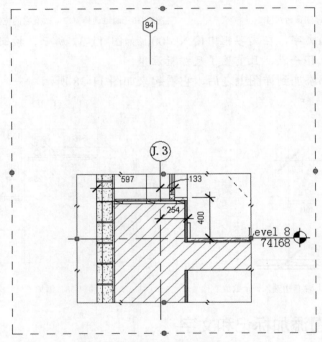

图11-40　扩展注释裁剪框

4. 单击这个标记，它显示为高亮，在"选项"栏中取消勾选"引线"选项，如图 11-41 所示。这样就可使用户向下拖动这个标记，把它放置在裁剪区域里，而不会带着引线。

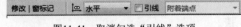

图11-41　取消勾选"引线"选项

5. 在"注释"选项卡的"标记"面板上单击"材质标记"按钮。光标移动到图 11-42 所示的垂直面板上，这个对象被预填入了标记"5/8" GYPSUM BOARD"（这个标记是通过"管理"选项卡中的"材质"工具设置好的），选择这个材料，放置该标记。可能必须再次调整注释裁剪区域，以使材质标记出现在详图里。

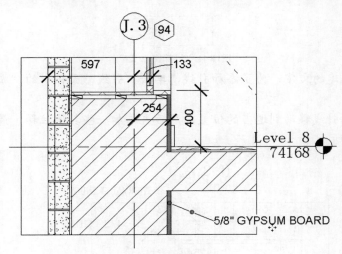

图11-42 使用材质标记

6. 注意，默认情况下这个标记没有箭头。选择标记，单击属性面板中的"编辑类型"按钮，可以在"类型属性"对话框里指定一个箭头。对于"引线箭头"我们选择"30 Degree Arrow"，如图 11-43 所示，单击"确定"按钮。

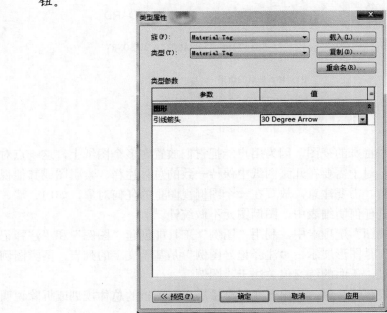

图11-43 给标记添加一个箭头

7. 选择"注释"选项卡中的"文字"工具，这样就打开了"修改|放置文字"选项卡。"引线"面板中的工具分别控制引线和引线位置，"段落"面板中的工具控制对齐。

8. 从现在开始，按照默认设置，选择屏幕上的一个位置，单击左键，这样就出现一个文字框，在其中输入"1/2″ SHIMS"，如图 11-44 所示。单击鼠标添加文字，按 Esc 键退出活动状态的命令。

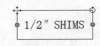

图11-44　给详图添加文字

9. 选择刚创建的文字，为了添加引线，单击"引线"面板中的"添加左直线引线"按钮。

10. 把文字和引线移动到适当的位置，然后再添加一些其他注释，最后的结果如图 11-45 所示。

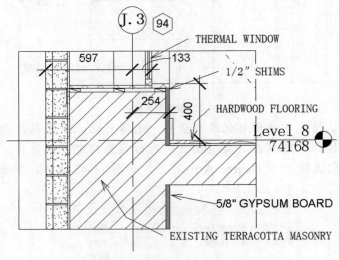

图11-45　最后的结果

11.3　创建图例

在 Revit 中，图例是个特殊的视图，因为用户能把它们放置在多个图纸上，这一点对于大多数视图类型并不典型。对于需要在几张图纸中保持一致的总体注释、索引图或其他视图类型，图例是很有用的工具。需要注意，放置在一个图例视图里的任何对象，如门、墙、窗户等，将不会显示或统计进任何明细表中，图例图元不做统计。

"图例"工具位于"视图"选项卡中。利用"图例"工具能创建"图例"和"注释记号图例"两类图例，"图例"是图形展示，"注释记号图例"是基于文字的列表，两类图例能被放置在多个图纸上。不过，下面的练习仅关注于"图例"。

最简单的图例类型一般包含注释，如出现在每个楼层平面图里的总体规划或拆除说明；更复杂的图例包括建模图元，如墙体。

可以添加建模图元到图例视图中，方法是点开项目浏览器里的族节点，找到选中的族。一旦建模图元被添加到图例中，在选项栏的"修改|图例构件"设置上，我们将注意到 3 个部分，对于任何插入的族类型，这个列表是一致的。

- 族：这个下拉列表允许选择不同的族类型进行操作，就像"类型选择器"对模型里其他图元所做的那样。
- 视图：该选项可把视图类型从平面改为截面。

● 主体长度：该选项改变选中图元的总长度（在截面的情况下是总高度）。

下面的练习是创建一个图例。

【练习11-6】：　创建图例。

打开"c11-6start.rvt"文件。

1. 选择"视图"选项卡"图例"下拉列表中的"图例"选项。创建一个新图例很像创建一个新草图视图。

2. 弹出一个"新图例视图"对话框，在这里可以命名这个图例并设置比例尺。命名这个图例为"WALL LEGEND"，比例尺选为 1:10，如图 11-46 所示，单击"确定"按钮创建图例。

图11-46　创建一个图例

3. 为了添加墙类型或任何其他族到这个图例视图中，在项目浏览器里依次点开"族"→"墙"→"基本墙"。

4. 选择"Interior‑Gyp 4 7/8″"墙类型并把它拖进图例视图，在适当位置单击放置墙，然后按 Esc 键退出命令。

5. 在视图的属性面板里改变视图"详细程度"的值，从"粗略"改为"中等"或"精细"，以便能看到墙的细节。

记住，通过单击"快速访问工具栏"中的"细线"按钮能关闭显示视图中较粗的线。

6. 单击插入的墙体，然后查看选项栏里的"修改|图例构件"设置。

7. 在选项栏中，把"视图"切换到"剖面"，"主体长度"输入 500，如图 11-47 所示。

图11-47　选择一个图例构件，在选项栏访问它的属性

现在，墙看起来像一个剖面图元。通过增加一些简单的文字和"隔热层线"详图构件，能够修饰这个墙类型，以更好地说明正在观察的图元，如图 11-48 所示。

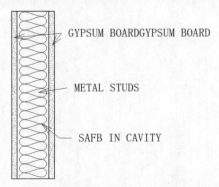

图11-48　添加其他的注释和详图构件来修饰这个墙型剖面

11.4　小结

　　本章我们学会了创建详图，以及使用二维图元（填充区域、遮罩区域、详图线和构件）增强详图来更精确地表示建筑条件。也学会了使用尺寸标注、标记和文字来注释详图，以传递更多的信息。此外，我们还创建了一个图例，用它来表现项目中典型的墙构件。

第12章 绘图设置

虽然已经逐步将建筑信息模型作为合同中规定的一部分内容进行提交，但是出于施工和审批的目的，我们仍然需要生成二维文档。使用 Revit 软件能够比以往更加精确地创建二维文档，创建二维文档前需要对系统做相应的设置。

本章主要内容

- 明细表。
- 在图纸上放置视图。
- 打印文档。

12.1 明细表

明细表是模型图元及它们属性的列表，它们可以被用于将建筑对象（如墙、门和窗户）条目化，还可以用于计算数量、面积和体积，以及将有关数据列出，如图纸数量、主旨等。明细表以表单形式显示模型中建筑对象的信息。明细表一旦被创建，当添加了新的图元或模型发生变化时，会保持动态更新。

12.1.1 理解明细表

在一个非 BIM 项目工作流中，创建建筑图元、面积或其他对象的明细表是建筑师最繁重的任务之一，当用手工完成这项工作时，这个过程可能要花费很长时间，且易于出错。Revit 可以自动提取各种建筑构件、房间和面积构件、注释、修订、视图和图纸等图元的属性参数，并以表格的形式显示图元信息，从而自动创建门窗等构件统计表和材质明细表等各种表格。Revit 中的每个建筑图元都有属性，如窗户有位置、类型、尺寸和材质等属性，所有这些信息都能被罗列和量化。当窗户被改变时，明细表里的窗户属性自动更新，因为Revit 是个双向参数建模程序，用户能够从明细表视图修改参数，以此更新模型。

可以在设计过程的任何时候创建明细表，明细表会自动更新以反映对项目所做的修改。在 Revit 中，明细表是项目的另一种表示或查看方式。明细表可以列出要编制明细表的图元类型的每个实例，或根据明细表的成组标准将多个实例压缩到一行中。图 12-1 是个明细表示例。

<B_楼板明细表>					
A	B	C	D	E	F
族与类型	标高	周长（毫米）	体积（立方米）	面积（平方米）	说明
楼板: 钢板-50	T	55020	2.64	52.77	
楼板: 常规 270 - 5	B1	288000	1023.53	2558.82	
楼板: 常规 140 - 2	B1	8420	0.82	4.08	
楼板: 常规 140 - 2	B1	10200	1.22	6.10	
楼板: 楼梯间楼板	B1	9520	0.92	5.39	
楼板: 夹层板120	B1	53000	26.68	156.92	
楼板: 常规 270 - 5	B1	52950	63.08	157.70	
楼板: 常规 270 - 5	B1	60500	75.54	188.86	
楼板: 常规 270 - 5	B1	63832	71.14	177.86	
楼板: 楼梯间楼板	室外地坪	10420	1.07	6.30	
楼板: 常规 270 - 5	室外地坪	63832	61.51	153.78	
楼板: 钢板	F1	6100	0.07	2.31	
楼板: 钢板	F1	7900	0.10	3.45	

图12-1　明细表示例

Revit 提供了几种明细表类型，各种明细表的创建和编辑方法基本相同。下面分别介绍几种明细表类型。

- 明细表/数量：作为最常用的明细表类型，这种明细表使用户可以列出和统计所有的元素类型，可以使用这种类型的明细表为门、墙、窗、面积、房间等创建表格视图。

- 图形柱明细表：这种类型的明细表可以图形化地显示项目中的结构柱及它们的属性。

- 材质提取：这种类型的明细表可以计算任何族类型材料的面积或体积。例如，用户可能希望知道模型中混凝土的体积，无论混凝土是在墙里、楼板里还是在柱子里，都可以配置这个明细表以显示项目中混凝土材料的总数量。

- 图纸列表：这种类型的明细表可使用户创建项目中全部图纸的列表。除了图纸的编号和名称外，该明细表还可以包括当前版本号、日期和版本说明。

- 注释块：这种类型的明细表列出项目中通用注释族的参数，这些参数不同于元素标记，因为注释块明细表中的值来自注释族，而不是来自模型对象。也可以使用注释块列出一个项目里的注释符号（中心线、指北针）。

- 视图列表：这种类型的明细表产生项目浏览器里全部视图属性的一个列表。对于管理项目来说，视图列表很有用。由于这个明细表是个双向视图，因此它允许用户编辑许多视图属性，如名称、比例和阶段。

12.1.2　创建窗户明细表

【练习12-1】：创建窗户明细表。

1. 打开 "c12-1start.rvt" 文件，找到 "视图" 选项卡中的 "创建" 面板，单击 "明细表" 按钮，选择 "明细表/数量"，弹出 "新建明细表" 对话框。

2. 在 "过滤器列表" 下拉列表中选择 "建筑" 选项，这样将过滤出建筑的类别。

3. 在 "类别" 列表中选择 "窗"，单击 "名称" 栏，输入明细表抬头 "新窗户明细表"，如图 12-2 所示。由于这个项目有多个阶段，要确认 "阶段" 被设为 "New Construction"，因为不需要列出正在删除的窗户。单击 "确定" 按钮继续。

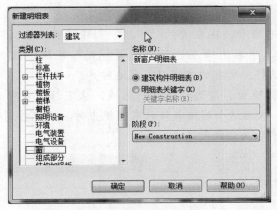

图12-2　"新建明细表"对话框

4. 在"明细表属性"对话框"字段"选项卡的"可用的字段"栏中选择"类型""类型标记""宽度""高度"和"合计"，然后单击"添加参数"按钮。现在，这些属性被添加到"明细表字段"栏，如图 12-3 所示。如果字段的顺序不正确，可以使用"上移参数"或"下移参数"按钮重新给字段排序。

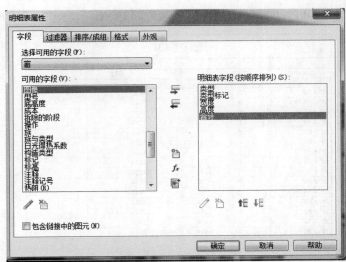

图12-3　为明细表选择字段

5. 选择"过滤器"选项卡，"过滤条件"选择"类型标记"，然后在右边的下拉列表中选择"不等于"，在最右侧下拉列表中选择"A"。这样就按用户的意愿从新窗户明细表中移除了某些窗户类型，如图 12-4 所示。

图12-4　过滤窗户明细表

6. 选择"排序/成组"选项卡，在"排序方式"下拉列表中选择"类型"，不勾选位于对话框下部的"逐项列举每个实例"选项。

7. 选择"格式"选项卡，在左边的"字段"列中选择"合计"，改变"对齐"方式为"右"，然后选择左边的"类型标记"字段，改变"对齐"方式为"中心线"。这样，所有的文字将美观地对齐。

8. 选择"外观"选项卡，勾选"轮廓"选项，从下拉列表中选择"宽线"，如图 12-5 所示。仅当这个明细表被放在图纸上时，才能看到明细表的这个印刷格式效果。本章后面会讲到这点。

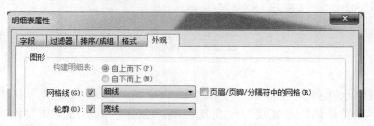

图12-5 给明细表设置外观

9. 单击"确定"按钮提交这些明细表属性的变化。Revit 打开新明细表，在这个明细表视图里，通过单击表单里的单元，可以修改列标题的名称。我们把第一列修改为"OPENING"，第二列修改为"TYPE"，如图 12-6 所示。

<新窗户明细表>				
A	B	C	D	E
OPENING	TYPE	宽度	高度	合计
18" x 54"	D	457	1422	1
18" x 64.75"	H	457	1645	1
28" x 63.5"	C	711	1613	1
29" X 48"	F	737	1219	1
29" x 60"	E	737	1524	1
29" x 60"	E	737	1524	1
29" x 60"	E	737	1524	1
29" x 60"	E	737	1524	1
29" x 60"	E	737	1524	1
29" x 64 3/4"	G	737	1645	1
34" x 82"	B	864	2083	1
34" x 82"	B	864	2083	1
36" X 12"	J	914	305	1
36" X 12"	J	914	305	1

图12-6 新窗户明细表（1）

10. 查看明细表视图的属性面板，找到"阶段化"标头下的"阶段过滤器"参数，设它为"Show New"，然后单击"应用"按钮或移动鼠标指针到这个明细表上。现在窗户列表变短了，如图 12-7 所示。记住，在步骤 3 中设置这个明细表的阶段为"New Construction"，然而，该阶段设置不会定制明细表视图中元素的显示。"阶段过滤器"视图属性被要求排除先前阶段中撤销的模型元素。

<新窗口明细表>				
A	**B**	**C**	**D**	**E**
类型	类型标记	宽度	高度	合计
18" x 54"	D	457	1422	1
28" x 63.5"	C	711	1613	1
34" x 82"	B	864	2083	1
36" X 12"	J	914	305	1
36" X 12"	J	914	305	1

图12-7　新窗户明细表（2）

说明：多类别明细表。

　　用户能够创建包含多个类别的明细表。也许，用户希望把全部窗户和门罗列在一起，方法是在"新明细表"对话框的"类别"清单中选择<多类别>选项。在使用多类别明细表时有个限制，那就是不能列出宿主图元，如墙、地板和天花板等。

12.1.3　创建房间明细表

【练习12-2】：　创建房间明细表。

　　有了前面的经验，创建房间明细表就颇为简单了。

说明：在明细表视图中使用功能区命令。

　　当处于明细表视图中时，在功能区上明细表有它们自己特定的选项卡。在"修改明细表/数量"选项卡上有个方便的快捷按钮"在模型中高亮显示"，它位于这个功能区的最右端，如图 12-8 所示。这个按钮可使用户选择明细表行中的任意元素，并在模型中定位那个元素。比如，希望从窗户明细表中定位一个具体的窗户。单击明细表中的那一行，再单击"在模型中高亮显示"按钮，将得到一个不同的视图，在该视图中，窗户实例被高亮。

图12-8　"修改明细表/数量"选项卡

1.　打开"c12-2start.rvt"文件，尝试创建明细表的另一种方法。在"项目浏览器"中右击"明细表/数量"节点，选择快捷菜单中的"新建明细表/数量"命令，如图 12-9 所示。

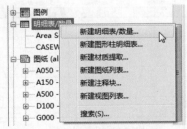

图12-9　选择"新建明细表/数量"命令

2.　在"新建明细表"对话框的"类别"清单中选择"房间"，确认"阶段"是"New Construction"，然后单击"确定"按钮。

3. 在"明细表属性"对话框的"字段"选项卡中，从"可用的字段"栏取出编号、名称、楼板面层、North Wall、East Wall、South Wall、West Wall、注释和面积字段到"明细表字段（按顺序排列）"栏，如图 12-10 所示。

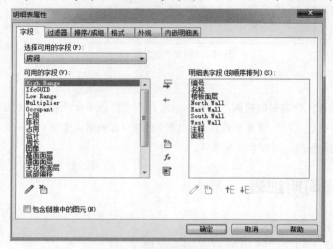

图12-10　添加明细表字段

4. 选择"过滤器"选项卡，"过滤条件"设置为"名称""不等于""Room"，如图 12-11 所示，这样就过滤掉了没有具体名称的房间。

图12-11　过滤掉未命名的房间

5. 在"排序/成组"选项卡上，排序方式按"编号"，然后确认左下角的"逐项列举每个实例"选项被勾选。

6. 在"格式"选项卡上，选择"面积"字段，对齐方式设为"右"，通过按 Ctrl 键多选 North Wall、East Wall、South Wall 和 West Wall，然后设对齐方式为"中心线"，单击"确定"按钮得到图 12-12 所示的明细表。

<房间明细表>								
A	**B**	**C**	**D**	**E**	**F**	**G**	**H**	**I**
编号	名称	楼板面层	North Wall	East Wall	South Wall	West Wall	注释	面积
100	LIVING ROOM	WOOD					a.	28 m²
101	DINING ROOM	WOOD					a.	9 m²
102	OFFICE	WOOD					a.	7 m²
103	1/2 BATH	WOOD					a.	2 m²
104	KITCHEN							12 m²
200	BEDROOM 1	WOOD					a.	15 m²
201	BATH 1							4 m²
202	BEDROOM 3	WOOD					a.	11 m²
203	BATH 2							4 m²
205	HALL	WOOD					a.	9 m²

图12-12　房间明细表

7. 为四个墙面层栏增加一个栏头，以便能够直观地成组它们。单击<房间明细表>字段（括号表示这个文本描述"视图名称"的参数值），找到功能区中的"行"面板，单击"插入"→"在选定位置下方"。现在有了一个栏头行，这些栏头对应它们下面的各列，如图 12-13 所示。

<房间明细表>								
A	B	C	D	E	F	G	H	I
编号	名称	楼板面层	North Wall	East Wall	South Wall	West Wall	注释	面积

图12-13　新插入的行

8. 按住 Shift 键，单击 D、E、F 和 G 列上面的 4 个单元格，选中了这 4 个单元格后，单击功能区"标题和页眉"面板中的"合并-取消合并"按钮，这样就产生了一个大单元格。现在，在这个单元格中输入"墙面层"。用同样方法，按住 Shift 键，单击 A、B 和 C 上面的单元格选中它们，单击"合并-取消合并"按钮，命名这个栏头为"房间信息"。同样地，合并 H 和 I 列上面的单元格，命名为"面积"。

9. 处于明细表视图时可以为房间元素添加数据，如图 12-14 所示。相比于在楼层平面图中逐个选中房间元素，再输入关于墙面层的数据，这种方法更加容易。单击"LIVING ROOM"和"North Wall"对应的单元格，输入"米黄色涂料"。当选择同一个列的另一个单元格时，可以从下拉列表选择以前的文本。如果愿意，可以把全部单元格修改为"米黄色涂料"。

<房间明细表>								
	房间信息			墙面层			面积	
A	B	C	D	E	F	G	H	I
编号	名称	楼板面层	North Wall	East Wall	South Wall	West Wall	面积	注释
100	LIVING ROOM	WOOD	米黄色涂料				28 m²	a.
101	DINING ROOM	WOOD	米黄色涂料		.		9 m²	a.
102	OFFICE	WOOD	米黄色涂料				7 m²	a.
103	1/2 BATH	WOOD	米黄色涂料				2 m²	a.
104	KITCHEN		米黄色涂料				12 m²	
200	BEDROOM 1	WOOD	米黄色涂料				15 m²	a.
201	BATH 1		米黄色涂料				4 m²	
202	BEDROOM 3	WOOD	米黄色涂料				11 m²	a.
203	BATH 2		米黄色涂料				4 m²	
205	HALL	WOOD	米黄色涂料				9 m²	a.

图12-14　完成后的房间明细表

10. 用户可以编辑已有的信息，如房间的名称。通过单击相应单元格，删除旧文本，输入新文本，把名字"1/2 BATH"改为"HALL BATH"。打开"楼层平面"，左键双击"Level 1"，就出现了该层平面图，放大图纸中的浴室，可以看到在这个平面图中房间的名称已经更改，如图 12-15 所示。

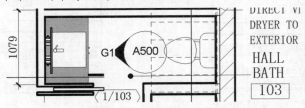

图12-15　修改明细表后在平面视图中显示的房间名称

12.1.4 创建图纸清单

【练习12-3】：创建图纸清单。

下面创建一个图纸清单，对于有很多图纸的大型项目，这是特别重要的。要开始这个练习，先打开"c12-3start.rvt"文件。

本练习视频

1. 单击"视图"选项卡中的"明细表"按钮，从下拉列表中选择"图纸列表"工具。这时弹出"图纸列表属性"对话框，打开其中的"字段"选项卡。

2. 把左边栏中的"图纸编号"和"图纸名称"字段移到右边栏中，调整顺序为"图纸编号"在上，"图纸名称"在下。

3. 在"过滤器"选项卡的"过滤条件"下拉列表中选择"图纸编号"，在后面字段的下拉列表中选择"开始部分是"。

4. 在第三个字段中，输入字母"A"（确定使用大写字母 A，因为 Revit 过滤器是区分大小写的），如图 12-16 所示。

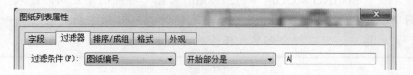

图12-16　创建过滤器

5. 在"排序/成组"选项卡中的排序方式选择"图纸编号"，确认勾选了"逐项列举每个实例"选项。

6. 单击"确定"按钮关闭对话框，应该得到一个图纸编号以字母"A"开头的明细表。如果需要，可以拖动"B"列的右边框以显示完整的图纸名称，如图 12-17 所示。

7. 在图纸列表视图处于活动状态时，单击"行"面板中的"插入数据行"按钮，可以看到图纸列表中增加了一行，图纸名称是"未命名"。

8. 对于这个插入行，把图纸名称改为"FLOOR PLANS"，编号改为"A100"，如图 12-18 所示。这里是创建了一个起占位符作用的图纸。在创建项目中具有标题栏的实际图纸之前，创建一个平面图纸集合并填写图纸参数是非常重要的。

<图纸列表>	
A	**B**
图纸编号	图纸名称
A050	SITE PLAN
A150	REFLECTED CEILING PLANS
A500	INTERIOR ELEVATIONS

图12-17　完成后的"图纸列表"明细表

图纸列表	
A	**B**
图纸编号	图纸名称
A050	SITE PLAN
A100	FLOOR PLANS
A150	REFLECTED CEILING PLANS
A500	INTERIOR ELEVATIONS

图12-18　在"图纸列表"明细表中插入了一行

9. 找到"视图"选项卡中的"图纸组合"面板，单击其上的"图纸"按钮。

10. 弹出"新建图纸"对话框，在"选择标题栏"栏中选择"Sheets CD Cl 22 ×

34:Sheets-CD-Cl"，在下面的"选择占位符图纸"栏中选择"A100-FLOOR PLANS"，如图 12-19 所示。

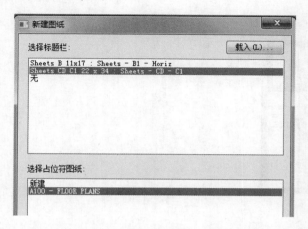

图12-19　在"新建图纸"对话框中做相应选择

11. 单击"确定"按钮创建一个新图纸。可以发现，在这个新图纸上，图纸编号和图纸名称被自动设置了，所使用的信息是当这个图纸是个占位符时用户添加到图纸列表中的信息。

12.2　在图纸上放置视图

前面我们创建了几种不同视图，包括平面图、立面图和透视图。最终，需要把这些视图布局到图纸上，这样，这些视图才可以被打印出来，或者被转换成 PDF 文件发送给客户或团队成员。本节将演示在图纸上如何放置这些视图，以及如何操纵这些放置后的视图。

12.2.1　在图纸上布局平面视图

本练习视频

【练习12-4】：在图纸上布局平面视图。

要开始本练习，先打开"c12-4start.rvt"文件。

在这个练习文件中已经创建了一系列的视图，我们使用刚制作的图纸，采用简单的拖放方法在其上放置一些视图。

1. 打开样例文件应该看到图纸"A100"。如果没有看到，可点开项目浏览器中的图纸节点，然后双击图纸"A100 - FLOOR PLANS"。

2. 在浏览器的视图节点下找到楼层平面，点开它，进一步找到平面视图"Basement"，单击这个视图并把它拖进图纸 A100，释放鼠标左键，该视图的轮廓线显示出来，单击完成该视图的放置。

3. 可以调整视图在图纸上的位置，如图 12-20 所示，利用键盘上的方向键可以微调视图。

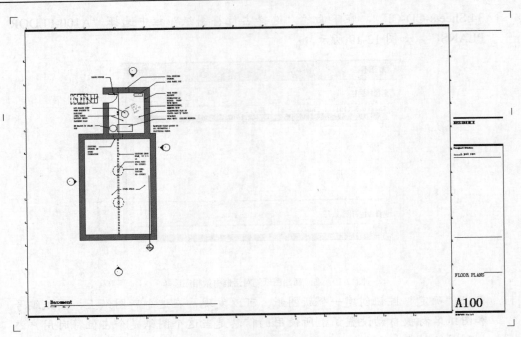

图12-20　放置在图纸上的视图

4.　通过拖放浏览器中的 "Level 1" 楼层平面视图，把它放置在上个视图的旁边。当正在图纸上放置另一个视图时，会看到视图中心有条水平虚线，这是个对齐标志，如图 12-21 所示。Revit 认为用户希望平面视图在图纸上对齐，并且在这个过程中有智能参考标记可以帮助用户进行对齐。可以在图纸上随便拖动视图寻找对齐线，保证视图排成一行。

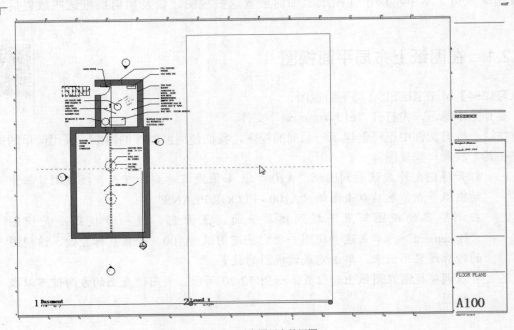

图12-21　对齐图纸上的视图

5. 使用同样的方法把"Level 2"楼层平面视图添加到图纸"A100"中。在 3 个视图都放置到"A100"图纸上后,使用键盘上的方向键微调视图的左右位置,使它们在图纸上的间距均匀,如图 12-22 所示。

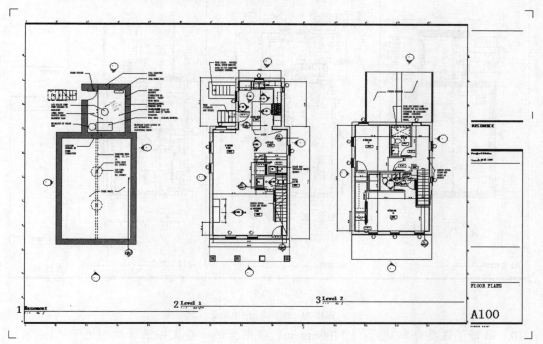

图12-22 图纸上的 3 个平面视图

6. 选择放置在图纸上的"Basement"视图,视图标记以蓝色高亮显示,单击数字 1,将它改为 A1。

7. 再次选择"Basement"视图,使用视图标记线上的圆形控制柄拖动线的左端和右端。为了成功地拖动控制柄,可根据需要放大视图。对于其他两个视图重复步骤 6 和步骤 7,视图的编号应该是 A6 和 A11,最后的结果如图 12-23 所示。

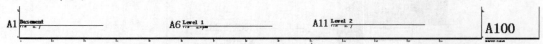

图12-23 编辑后的视图标记

8. 要完成视图的布局,需添加几条详图线分隔各个视图。找到"注释"选项卡中的"详图"面板,选择"详图线"工具,这样就激活了"修改|放置详图线"选项卡。在最右边的"线样式"面板上,从下拉列表中选择"宽线"。

9. 默认情况下,"直线"工具是激活的,可以在"Basement"和"Level 1"平面视图之间画一条垂直线,在"Level 1"和"Level 2"平面视图之间画另一条垂直线,如图 12-24 所示。

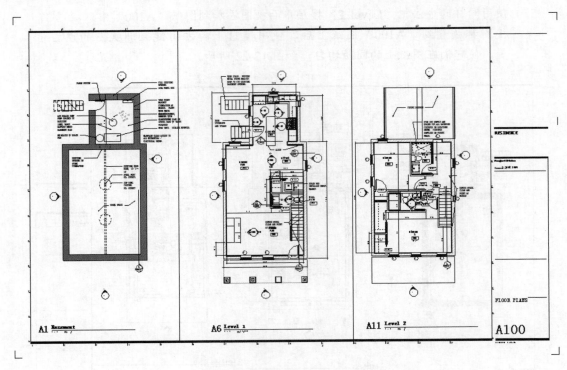

图12-24　在图纸上增加直线

10. 画好了这些分隔线后，"Basement"视图里的一些文字注释被划进了"Level 1"平面图，如图 12-25 所示。

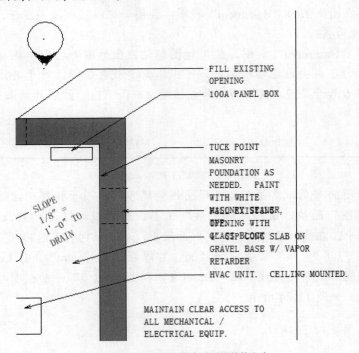

图12-25　图纸视图中需要调整的文字

248

11. 右击"Basement"视图，从快捷菜单中选择"激活视图"命令，如图 12-26 所示，也可以双击这个视图激活它。

图12-26 选择"激活视图"命令

12. "Basement"视图被激活后，图纸上的其他视图变成了灰色。选择要调整的文本框，拖动右边的控制柄向左移动，使文本收缩不再越线，如图 12-27 所示。

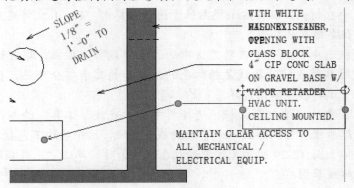

图12-27 修改文本框

13. 要结束编辑，需要使这个视图失活。右击"Basement"视图，从快捷菜单中选择"取消激活视图"命令。

12.2.2　调整裁剪区域

本练习视频

【练习12-5】：调整裁剪区域。

在图纸上组织视图的一个重要方面是调整视区大小，以便让最需要的信息显示在视图中。这有助于建筑者和评估者做出准确的绘图设置。

1. 打开"c12-5start.rvt"文件，默认会打开"K100 - KITCHEN LAYOUT"图纸。
2. 放大被称为 Kitchen 的视图 1。这是一个被放大的厨房布局平面图，它超出了图纸边界。
3. 选择该视图，单击功能区上最右边的"激活视图"按钮。
4. 一旦这个视图被激活，选择包围这个视图的裁剪区域。注意出现在每条边缘中点的蓝色圆形控制柄，如图 12-28 所示，这些控制柄用于交互拖动边缘。

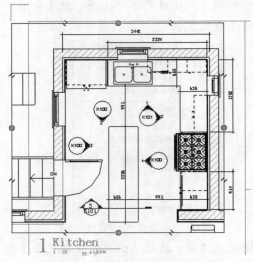

图12-28 裁剪区域控制柄

5. 拖动左边的控制柄，以便这个视图位于图纸边界内。Revit 允许定制视图的形状，而不仅是简单的矩形。

6. 确认视图被选中，然后单击功能区中的"编辑裁剪"按钮。现在进入了绘图模式，这时裁剪区域边界线是粉红色的，模型的其余部分可见，但呈灰色。这很类似于编辑楼板草图边界。

7. 注意功能区中的"绘制"面板，选择其中的"直线"工具。绘制两条粉红色的直线，然后修剪它们形成一个 L 形的裁剪区域，这个区域不包括厨房门。

8. 当屏幕类似于图 12-29 所示（注意粉红色线段）时，单击"完成编辑模式"按钮结束编辑该草图。

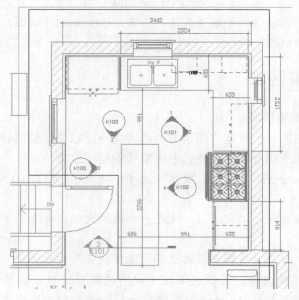

图12-29 一个 L 形裁剪区域

9. 通过单击画布底部"视图控制栏"中的"隐藏裁剪区域"按钮关闭这个裁剪区域的可见性。

10. 单击"隐藏裁剪区域"按钮之后，剪裁区域就不可见了，但是它仍然遮罩着不希望要的区域。

11. 右键单击并选择"取消激活视图"命令。本例比较简单，不过，在图纸上的其他视图环境中调整裁剪区域是经常使用的基本技能，读者应该熟练掌握。最终的平面图如图 12-30 所示。

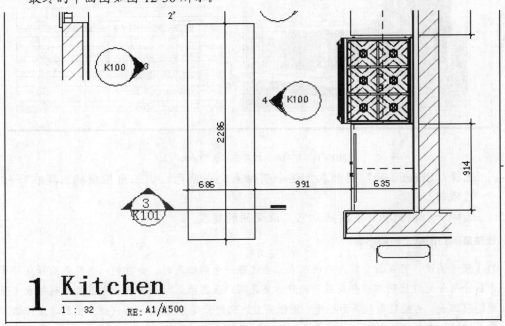

图12-30　完成后放大的平面图

12.2.3　在图纸上添加明细表

本练习视频

【练习12-6】：在图纸上添加明细表。

楼层平面视图和厨房详图放置在图纸上之后，添加上先前创建的明细表后就可以完成这个图纸的设置。添加明细表到图纸上的方法与添加其他视图一样，即从项目浏览器中将明细表拖放到图纸上。

1. 打开"c12-6start.rvt"文件，打开"G000 - COVER SHEET"图纸。

2. 找到项目浏览器的"明细表/数量"节点，选中其中的"New Window Schedule"，然后拖放到图纸上。

3. 对于"Room Schedule"和"Sheet List"明细表重复这个过程。注意，蓝色的虚对齐线出现了，它能帮助对齐明细表的左边缘。最后的布局如图 12-31 所示。可以在图纸上重新定义明细表的列宽。

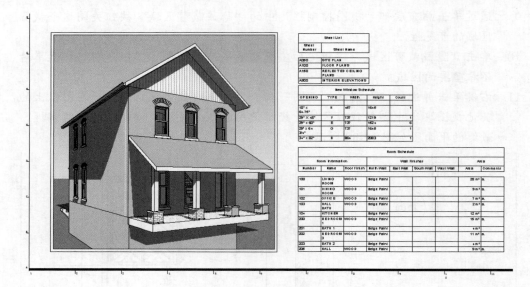

图12-31 把明细表放置在图纸 "G000" 上

4. 选择 "Sheet List" 明细表, 这个明细表变成蓝色, 倒三角控制柄出现在每列的顶部。

5. 选择一个控制柄, 左右拖动它, 改变列的宽度。

说明: 修整复制到图纸上的明细表。

为了便于阅读, 可以拆分较大的明细表。当选择一个明细表时, 会看到一个蓝色的拆分符号, 这个拆分符号允许把明细表分成若干部分放置在同一张图纸上, 如果有一个很长的明细表 (像房间或门明细表, 可能行数过多而不适合图纸垂直方向的长度), 使用该方法极为便利, 选择这个拆分符号把明细表分成两半 (可以继续进行拆分)。如果选择以这种方式拆分明细表, 它保留所有的必要信息, 且继续自动动态填充, 就像一个单独的明细表那样。一旦明细表被拆分, 通过选择明细表底部的控制柄上下拖动, 能改变明细表的高度。图 12-32 所示为拆分练习 12-6 中一个明细表的结果。

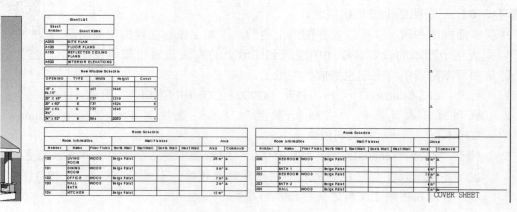

图12-32 拆分图纸上的明细表

12.3　打印文档

打印 Revit 创建的文档图纸很简单，因为这个过程类似于其他 Windows 应用程序使用的打印方法。

下面练习文档的打印方法。

【练习12-7】：打印对话框中参数的设置。

1.　打开 "c12-7start.rvt" 文件开始本练习。要开始打印，不需要处于任何特殊视图或图纸中。单击 "文件" 选项卡，然后单击 "打印" 按钮打开 "打印" 对话框（或使用快捷键 Ctrl + P ），我们讨论其中的几组设置。

2.　从对话框上部的 "名称" 下拉列表中选取要使用的打印机，可以是实际的打印机，也可以是虚拟打印机（如 Adobe PDF）。

3.　下一个组是 "文件"，仅当打印文档到一个文件而非打印机时，它才可用。如果正在使用 PDF 打印机，那么给这个输出起一个具体的名字，并确定保存这个文件的位置。应该选择 "将多个所选视图/图纸合并到一个文件" 选项，这是需要在打印前复核的重要属性。

4.　"打印范围" 用于设置希望打印的内容。选择 "当前窗口" 选项，则打印当前视图的所有内容，而不管这个视图当前是否可见；选择 "当前窗口可见部分" 选项，仅打印打开视图当前可见的部分。注意，这两个选项都允许打印预览。

5.　选择 "所选视图/图纸" 选项（该选项允许一次选择多个图纸或视图进行打印。用户不能做打印预览，但是通过批量打印可以节省时间），如图 12-33 所示，然后单击 "选择" 按钮。

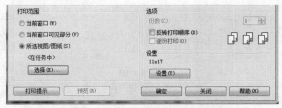

图12-33　选择 "所选视图/图纸" 选项

6.　弹出 "视图/图纸集" 对话框，单击 "放弃全部" 按钮，这是一个无选择状态。

7.　在对话框的底部有个重要的过滤选项，取消勾选 "视图" 选项，则只能看到图纸。此时有 3 张图纸，勾选它们，如图 12-34 所示。

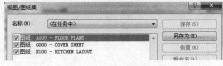

图12-34　指定图纸集合

8.　单击 "另存为" 按钮，命名图纸集为 "Exercise 12"。单击 "确定" 按钮，返回到 "打印" 对话框。

9. 单击"设置"组中的"设置"按钮（参见图 12-33），弹出"打印设置"对话框，其中包含打印设置的选项，如纸张尺寸、缩放和方向。也可以用一个名称保存这些设置，以便以后再次使用。

10. 选择所需的纸张尺寸，然后选择缩放等级，对于这个练习，我们选择 50%。为了按特定比例尺打印这张图纸，每个视图已经被指定了一个比例因子，因此，改变"打印设置"对话框里的缩放等级将影响图纸的比例尺。例如，如果一个楼层平面图被指定一个比例尺因子 1/4″ =1′ -0″ （1:50），并且希望要以 1/8″ =1′ -0″ （1:100）比例生成这个平面图的图纸，那么设缩放等级为 50%。对于全尺寸，图纸应该按 100%打印，对于缩小一半的设置，应该按 50%打印。

11. 接下来，花一些时间查看位于对话框底部的选项，确认勾选了"隐藏参照/工作平面""隐藏范围框"和"隐藏裁剪边界"选项，这 3 个选项可使用户决定是否看到相关图元，这些图元通常仅是项目建模时有帮助的参照。

12. 勾选"隐藏未参照视图的标记"选项，在项目的建模过程中，一般创建有帮助的工作视图，这些视图不用于图纸，如标高、剖面或详图索引。如果这些视图没有被放置在任何图纸上，那么视图标记是空白的，因此未被参照。这是避免打印它们的一个有效方法。对于"删除线的方式"，我们选择"矢量处理"选项。

13. 设置好选项后单击"另存为"按钮，命名当前的设置为"Exercise 12-Half Size"，"打印设置"对话框如图 12-35 所示。与图纸设置一样，在以后的图纸上可以再次使用这些设置。单击"确定"按钮关闭这个对话框。

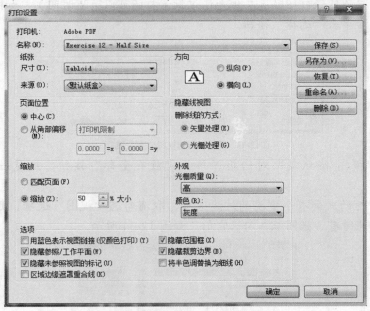

图12-35　"打印设置"对话框

14. 回到"打印"对话框，如果单击"确定"按钮，Revit 将继续进行打印过程，发送选中的图纸给打印机。如果单击"关闭"按钮，那么在对话框中所做的修改被保存下来，对话框关闭，不进行打印。单击"确定"按钮进行打印。

15. 本练习的打印设置包括了一些具有遮蔽或其他图像效果（如阴影等）的视图，在这种情况下，Revit 将显示给用户一个如图 12-36 所示的提示。这意味着 Revit 将对这些视图使用栅格图像处理，而非使用矢量图像处理。单击"关闭"按钮，确定文件保存位置和文件名称后单击"保存"按钮。保存为 PDF 格式文件的图纸如图 12-37 所示。

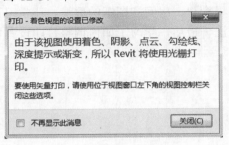

图12-36　打印提示

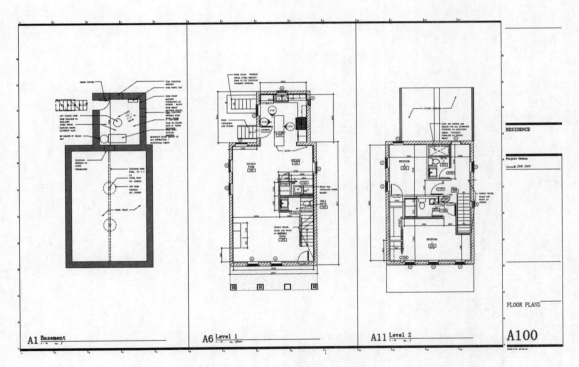

图12-37　保存为 PDF 文件的图纸

说明：使用矢量或栅格打印处理。

Revit 建筑软件中的视图可以使用能被打印出的几种视觉风格显示，如线框、隐藏线、着色、一致的颜色和真实风格。隐藏线视觉风格一般用于施工文件，可以使用矢量处理，这种处理速度更快，能产生更尖锐的边缘。着色、一致的颜色和真实视觉风格一般用于表达视图，它们要求栅格处理以控制颜色梯度、阴影和其他图像效果。栅格处理速度较慢，产生像素化边缘，但是，它也产生与屏幕显示一样的输出。如果选择栅格，那么在"打印设置"对话框里可以指定低、中、高或演示质量等级的输出。

12.4　小结

本章讲解了如何使用明细表、图纸、视图和打印将 Revit 项目从模型迁移到文档，学习了如何使用明细表确定模型里窗户、房间和图纸的数量。还学习了放置视图、编辑视图、调整裁剪区域和排版图纸的方法。最后，学习了如何调整打印设置以得到打印出的模型信息。

第13章　场地建模

本章将介绍一些场地工具，这些工具可以创建放置建筑模型的环境。例如，当观察一个剖面框里的建筑时，地形表面将创建一个画有阴影线的区域。地形表面作为场地构件的承载面而存在，场地构件有树、灌木、停车位、附属设备和车辆等，如图 13-1 所示。

图13-1　地形表面上能够放置如树木、人员、车辆及其他场地构件

Revit 中的场地工具仅用于基本图元的创建，这些基本图元包括地形表面、建筑红线和建筑地坪。在以下部分，将介绍创建和修改地形表面，以及在地形表面上创建建筑地坪的不同方法。

本章主要内容

- 地形表面。
- 创建建筑地坪。
- 建筑红线。
- 剪切/填充明细表。

13.1　地形表面

地形表面是一个项目中地形环境的表面表示。它在 Revit 软件中不作为一个立方体来建模，然而，在任何剖切面视图中它将表现为实地，就像在一个带有剖面框的三维视图里一样，如图 13-2 所示。

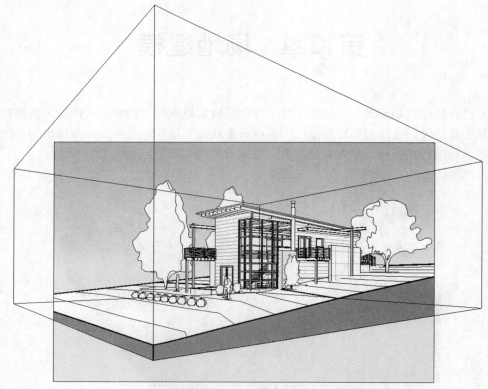

图13-2　只有使用剖面框时，地形表面才表现为三维视图里的实地

可以用 3 种方法创建地形表面：通过在特定的高程放置点来创建；通过使用被链接的在不同高程具有线或点的 CAD 文件创建；通过使用土木工程软件生成的点集文件创建。

13.1.1　通过放置点创建地形表面

创建地形表面的最简单方法是在 Revit 项目中的一些特定高程放置点。为了创建一个边缘简洁的地形表面，在场地平面图上用详图线绘制一个大的矩形。当通过放置点创建一个地形表面时，没有基于线的几何图形工具，然而，点能被捕捉到详图线。下面的练习将显示如何通过放置点来创建地形表面。

【练习13-1】：通过放置点创建地形表面。

1. 打开 "c13-1start.rvt" 文件。
2. 激活名为 "Site" 的楼层平面，我们将看到由详图线创建的一个矩形。
3. 要改变场地设置，找到 "体量和场地" 选项卡中的 "场地建模" 面板，单击面板右边的箭头，弹出 "场地设置" 对话框。在本练习中我们将等高线间隔值设为 500，如图 13-3 所示。单击 "确定" 按钮关闭这个对话框。
4. 选择 "场地建模" 面板中的 "地形表面" 工具。在 "修改|编辑表面" 选项卡上，默认工具是 "放置点"。

本练习视频

5. 注意"选项"栏里的高程值，在此设置放置点的高程值。还要注意，高程值总是与 Revit 项目基点有关，而与任何共享坐标无关。

6. 将高程值设为 0，在矩形的每个左角放置一个点。

7. 将高程值改为 6000，在矩形的每个右角放置一个点。可以看到，在这个表面的第三个点放置完之后，表面上的等高线开始出现。

8. 单击功能区中的"完成表面"按钮（绿色对号）完成地形表面的创建。双击项目浏览器三维视图节点下的{3D}，将看到这个斜面，如图 13-4 所示。

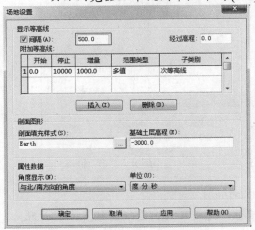

图13-3　将等高线间隔值设为 500　　　　图13-4　通过放置点生成的一个简单地形表面

9. 将文件另存为"c13-1end.rvt"，留待在后面的练习中使用。

13.1.2　从输入的 CAD 数据创建地形表面

在下面的练习里将用到一个带有等高线的 DWG 文件，在创建地形表面之前，必须链接这个文件到 Revit 项目中。

【练习13-2】：从输入的 CAD 数据创建地形表面。

1. 使用建筑样板创建一个新的 Revit 项目。

2. 确认"c13-1Site.dwg"文件保存在资源文件夹中。

3. 在项目浏览器中激活"楼层平面"节点下的"场地"平面视图。

4. 找到功能区中的"插入"选项卡，单击"链接 CAD"按钮，在弹出的对话框中选择"c13-1Site.dwg"文件，并设置好如下选项。

- 仅当前视图：取消勾选。
- 导入单位：自动检测。
- 定位：自动 – 中心到中心。
- 放置于：标高 1。

图 13-5 显示了该对话框的设置情况。

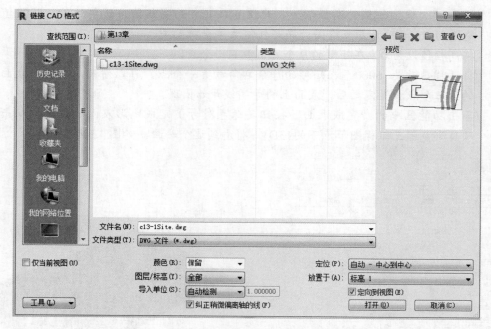

图13-5 "链接 CAD 格式"对话框中的有关设置

5. 单击对话框中的"打开"按钮关闭该对话框,完成 CAD 链接的插入。打开默认的三维视图查看结果,如图 13-6 所示。

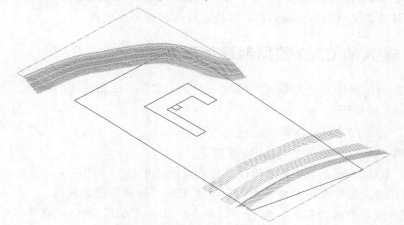

图13-6 显示在三维视图中的被链接 CAD 文件

6. 单击"体量和场地"选项卡中的"地形表面"按钮。

7. 在"修改|编辑表面"选项卡的"工具"面板上,选择"通过导入创建"工具,然后选择下拉列表中的"选择导入实例"选项。

8. 单击视图上显示的被链接的 CAD 文件,弹出"从所选图层添加点"对话框,如图 13-7 所示。

9. 单击"放弃全部"按钮,然后勾选"C-TOPO-MAJR"和"C-TOPO-MINR"图层。

10. 单击"确定"按钮关闭这个对话框。Revit 可能要花费几秒来生成一些点,这些点基于链接文件里的等高线。当这些点被放置好以后，它们将以黑色方块的形式出现，如图 13-8 所示。

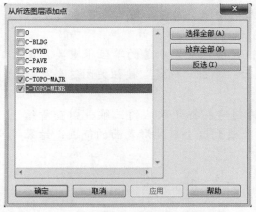

图13-7　"从所选图层添加点"对话框　　　　图13-8　从所选图层添加了点之后的地表

11. 如果希望用较少的点定义地形表面，可以选择"简化表面"工具，在弹出的"简化表面"对话框里输入一个较大的值，如 300，如图 13-9 所示，然后单击"确定"按钮。

12. 单击"表面"面板中的"完成表面"按钮，创建地形表面。如果将视图的视觉样式设为"一致的颜色"，看到的结果如图 13-10 所示。

图13-9　"简化表面"对话框　　　　　　　图13-10　创建的地形表面

13.1.3　由点文件创建地形表面

尽管与使用被链接的 CAD 数据具有同样的效果，但使用点文件创建地形表面是一个不常见的方法。点文件是个文本文件（TXT 或 CSV 格式），它通常由土木工程软件生成。在这种文件中，点的 x、y 和 z 坐标是第一个数值。在下面的练习里，我们提供一个点文件，该文件由 AutoCAD Civil 3D 软件输出。

【练习13-3】：使用点文件创建地形表面。

1. 打开 "c13-3start.rvt" 文件。
2. 准备好 "c13-Points.csv" 文件。
3. 激活项目浏览器中的 "Site" 平面图。
4. 找到"体量和场地"选项卡，单击"地形表面"按钮，在"修改|编辑表面"

本练习视频

选项卡的"工具"面板上,选择"通过导入创建"工具,然后选择"指定点文件"。

5. 找到"c13-Points.csv"文件,单击"打开"按钮。注意,如果使用的是 TXT 格式文件,应该把文件类型的选项改为"逗号分隔文本"。

6. 在弹出的"格式"对话框中选择"米"。了解点文件中值的单位很重要,因为这能保证以正确的比例尺创建地形表面。单击"确定"按钮关闭这个对话框。

7. 单击"完成表面"按钮完成地形表面的创建,打开默认的三维视图查看结果。可能需要使用"缩放匹配"命令才能看到这个新地形表面的范围,结果如图 13-11 所示。

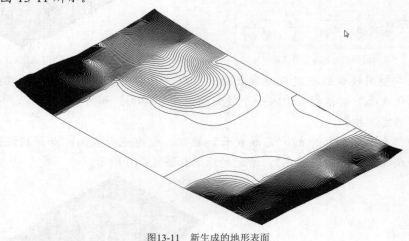

图13-11 新生成的地形表面

13.1.4 使用"子面域"工具修改地表

练习 13-3 中的点文件代表了横跨米德湖的一段地形。如果希望定义地面上具有不同材料的一个区域,但不改变整个表面的几何形状,应该使用"子面域"工具。在下面的练习里将使用这个工具创建一个区域,该区域表示这个湖的水体。

【练习13-4】:使用"子面域"工具修改地表。

本练习视频

1. 打开"c13-4start.rvt"文件,在项目浏览器中激活"Site"平面视图,在这个视图里有表示水体边缘的虚线。

2. 选择"体量和场地"选项卡中的"子面域"工具。

3. 找到功能区中的"绘制"面板,切换到"拾取线"模式。

4. 把光标停在左边一段虚线上面,按 Tab 键选择整个线段链,然后单击选中它们,将看到一条紫色的草图线出现。

5. 对右边的虚线重复步骤 4 的操作。

6. 在"绘制"面板上,切换到"直线"模式,绘制连接水体边缘线端点的直线。子面域的草图边界必须是闭合环,但是可以与地表的边缘重叠。所以可能要修整连接点来满足这个要求,结果如图 13-12 所示。

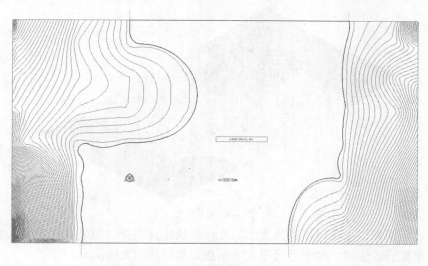

图13-12　绘制出的子面域

7. 单击功能区中的"完成编辑模式"按钮完成子面域的创建。

8. 激活默认的三维视图，选择刚创建的子面域。

9. 在属性面板里选择"材质"参数，单击省略号按钮打开材质浏览器对话框，找到并选择名称为"Site–Water"的材质。注意，在对话框上部的搜索栏输入"Water"，我们能够轻易地找到这种材质，如图 13-13 所示。

图13-13　找到"Site–Water"材质

10. 单击"确定"按钮关闭材质浏览器对话框。确定处于三维视图，单击视图控制栏中的"视觉样式"按钮，选择"着色"选项，结果如图 13-14 所示。

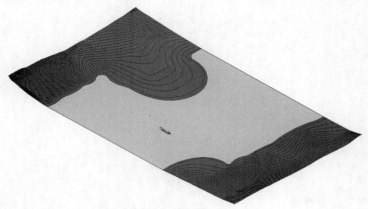

图13-14　着色效果

当使用"子面域"工具时，初始表面的几何形状保持不变。如果不再需要这个子面域，可以选择并删除它。注意，地形表面不能显示指定给材质的表面图案。

13.1.5　使用"拆分表面"工具

出于编辑几何图形的目的，如果需要分割地表成为分开的部分，可以使用"拆分表面"工具。使用这个工具能画出一条直线，沿着这条直线，表面被分成两个可以编辑的实体。通过使用"合并表面"工具，这些分开的实体可以重新合并。在下面的练习里将拆分地形表面，并编辑一些点。也可以使用"拆分表面"工具删除地表的一部分。

【练习13-5】：使用"拆分表面"工具。

1. 打开"c13-5start.rvt"文件或"c13-1end.rvt"文件（练习 13-1 的结果）。

2. 激活项目浏览器里的"Site"平面视图。

3. 选择"体量和场地"选项卡中的"拆分表面"工具。注意，如果仅对被分隔的区域指定一种不同的材料，应该使用"子面域"工具。

4. 选择地形表面将进入绘制模式，使用"绘制"面板中的"直线"工具绘制两条线段，这两条线段与表面的边沿交叉，如图 13-15 所示。

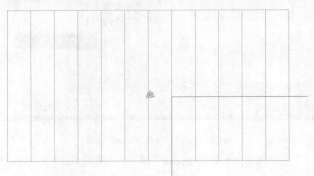

图13-15　绘制两条线段

5. 单击"完成编辑模式"按钮，将看到被分隔的表面蓝色高亮。

6. 激活默认的三维视图。

7. 取消勾选属性面板上的"剖面框"选项。

8. 选择分隔的表面，选择"修改|地表"选项卡中的"编辑表面"工具。

9. 选择位于地形表面转角的点，将"选项"栏中的标高值从6000改为3000。

10. 单击"完成编辑模式"按钮。注意，视觉样式选择"着色"，将看到图 13-16 所示的结果。

图13-16　编辑了角点高程之后的拆分区域

11. 为了演示拆分表面与其他地形表面的差异，选择主表面，然后选择功能区中的"编辑表面"工具，选择位于上角（图 13-17 中的 b 角）的点，把标高值改为 3000，单击"完成表面"按钮（绿色对号），结果如图 13-17 所示。应注意地表上其他点之间地面坡度内插的不同。

图13-17　比较一个编辑区域（a）与表面上一个直接编辑点（b）的差别

13.2　创建建筑地坪

Revit 中的建筑地坪是个类似于楼板的独特模型图元，它可以有厚度、有复合结构，关联于一个标高。在绘制地坪的边界时，使用斜度箭头可使它倾斜。建筑地坪不同于楼板，因为它将自动切透地形表面，为建筑物的花园标高或地下室定义出轮廓线。

【练习13-6】：创建建筑地坪。

创建建筑地坪的过程几乎与创建楼板一样，下面我们在一个样例项目里创建建筑地坪。

1. 打开"c13-6start.rvt"文件。

本练习视频

2. 在项目浏览器里激活名为"Site"的楼层平面图，看到一个已有的地形表面和建筑红线。

3. 从项目浏览器里激活"Cellar"楼层平面图。

4. 找到"体量和场地"选项卡，单击"建筑地坪"按钮。

5. 在属性面板中将"自标高的高度偏移"的参数值改为 0。

6. 选择"绘制"面板中的"拾取墙"工具，然后依次单击 4 面基本墙体的内边缘，也可以使用 Tab 键一次性放置4条线。

7. 单击功能区里的"完成编辑模式"按钮完成草图绘制，结果如图 13-18 所示。

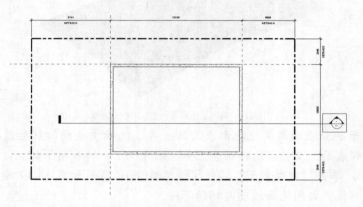

图13-18 绘制完成后的地坪草图

8. 双击平面视图上的剖面头查看结果。注意，建筑地坪的顶部位于"Cellar"高程，在地窖空间里，地形表面的阴影线被删除，如图 13-19 所示。

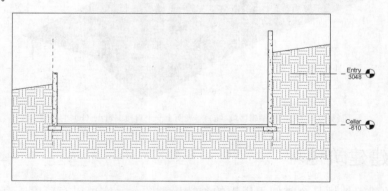

图13-19 显示建筑地坪如何改变地形表面

说明：调整地形表面的剖面阴影线。

如果希望定制阴影线的样式和密度设置，找到"体量和场地"选项卡，单击"场地建模"面板右下角的小箭头，这样就打开了"场地设置"对话框，如图 13-20 所示。

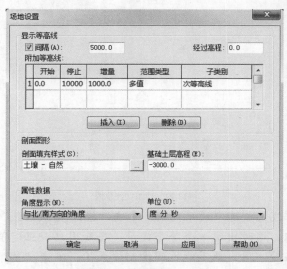

图13-20　"场地设置"对话框

正如在这个对话框中看到的，我们可以修改"剖面填充样式"和"基础土层高程"的设置。注意，高程值涉及"项目基础点"。也可以调整显示在地表上的等高线的显示格式，以及建筑红线所显示的单位。

13.3　建筑红线

建筑红线用于描绘地段的边界，建筑物将建造在这个地段之内。这些特殊的线与简单的模型线或详图线不同，因为它们可以用标准的建筑红线标签标记，这个标签将显示区段的长度。建筑红线对象也能在一个特殊的标签里报告面积。

13.3.1　创建建筑红线

可以通过划线或在一个表格里输入距离和方位两种方式之一创建建筑红线。在下面的练习里将通过绘制来创建一条简单的建筑红线，并把这条绘制好的建筑红线转换成距离和方位的表格。

【练习13-7】：创建建筑红线。

1. 打开"c13-7start.rvt"文件，在项目浏览器里激活"Site"平面图。
2. 打开"体量和场地"选项卡，单击"建筑红线"按钮，出现"创建建筑红线"对话框，选择"通过绘制来创建"选项。
3. 在"修改|创建建筑红线草图"选项卡的"绘制"面板上，选择"矩形"工具，绘制出一个 36m×21m 大小的矩形。
4. 单击"完成编辑模式"按钮完成草图绘制，如图 13-21 所示。

本练习视频

图13-21 建筑红线草图

5. 在这个建筑红线仍被选中的情况下，单击"修改|建筑红线"选项卡中的"编辑表格"按钮，这时出现一个警告提示，告知用户一旦建筑红线被转换成距离和方位表格后，用户就不能返回绘制模式了。单击"是"按钮继续进行。现在将看到建筑红线的每个顶点表达为距离和方位的表格，如图 13-22 所示。

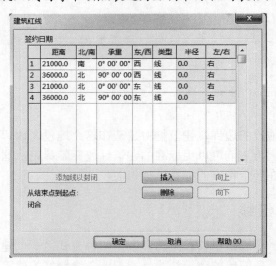

图13-22 建筑红线可以用距离和方位表格的形式定义

6. 单击对话框中的"确定"按钮关闭"建筑红线"对话框。

13.3.2 用面积标注建筑红线

在标准的施工文件里，习惯上用距离和方位标注建筑红线的每个顶点。有两种不同标记类型用于标注建筑红线。在下面的练习里，将从 Revit 默认的库中加载这两种类型来标注每段建筑红线，并且显示包围在建筑红线中的面积。

【练习13-8】：用面积标注建筑红线。

1. 打开"c13-8start.rvt"文件，单击"插入"选项卡中的"载入族"按钮，弹出"载入族"对话框，向上返回到"Libraries"文件夹开始寻找，依次双击"US Metric"→"Annotations"→"Architectural"→"Civil"

文件夹。

2. 在"Civil"文件夹中找到 M_Property Line Tag.rfa 和 M_Property Tag.rfa 文件，并选择它们，如图 13-23 所示。

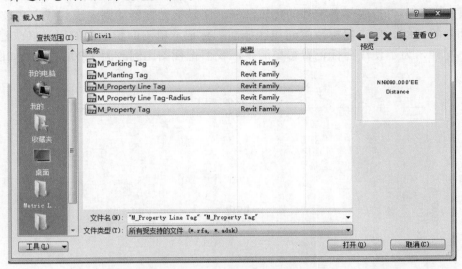

图13-23　在"载入族"对话框中选择两个族文件

3. 单击"打开"按钮载入这两个族。

4. 选择"注释"选项卡中的"按类别标记"工具，然后取消选项栏中"引线"选项的勾选。

5. 单击每段建筑红线来放置指示距离和方位的标记。为了使标记相对大一些，调整属性面板上的"视图比例"参数，由 1:100 改为 1:200，结果如图 13-24 所示。

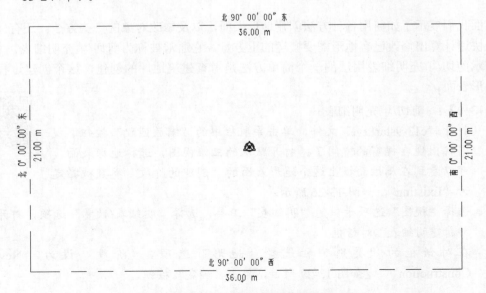

图13-24　标记用于显示每段建筑红线的距离和方位

现在，已标记了建筑红线的每个顶点，接下来可以显示建筑红线内的面积。这个过程不同于应用面积标记，因为对于建筑红线而言不存在面积对象。作为替代，当建筑红线的全部线段都被选中时，注释族"M_Property Tag.rfa"被用于建筑红线。

　　对于先前创建的建筑红线可以试用这个方法。回到"注释"选项卡，选择"按类别标记"工具，这次不再拾取每条单独的建筑红线，而是把光标移动到一段红线上，按 Tab 键高亮全部建筑红线。单击鼠标放置建筑区域面积标记，单击面积上面的问号修改建筑红线的名称。同样，为了使注释标记看得更清楚，我们把视图比例改为 1:200，结果如图 13-25 所示。

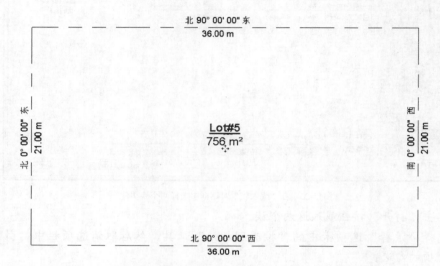

图13-25　使用 Tab 键为所有线段放置一个建筑红线标记

13.4　剪切/填充明细表

　　前面我们展示了如何用各种方法创建地形表面，以及修改对象的一些方法。还有一种方法可以快速计算出修改已有地形需要搬运的土方量，它通常被称为剪切/填充明细表。

　　演示剪切/填充明细表用法的一个简单方法是考查建筑地坪的创建，这个创建过程自动修改地形表面。

【练习13-9】：　剪切/填充明细表。

1. 打开"c13-9start.rvt"文件，单击导航栏中的"缩放匹配"按钮，视图就出现在视窗的中间了。打开默认的三维视图，选择地形表面，可以看到在属性面板上这个地形表面的"创建的阶段"参数被指定为"Existing"，如图 13-26 所示。
2. 选择"视图"选项卡中的"明细表"工具，选择"明细表/数量"选项，打开"新建明细表"对话框。
3. 在对话框的"类别"栏选择"地形"选项，"阶段"设为"New Construction"，如图 13-27 所示，单击"确定"按钮。

图13-26　"创建的阶段"参数

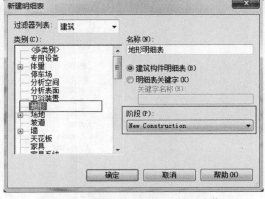

图13-27　选择"地形"的"阶段"参数

4. 弹出"明细表属性"对话框，在"字段"选项卡上选择"名称""投影面积"
   "净剪切/填充""创建的阶段"和"拆除的阶段"字段。每选中一项就单击
   "添加参数"按钮，把这些字段添加到"明细表字段（按顺序排列）"栏中。
   然后再调整这些字段的顺序，如图 13-28 所示。最后单击"确定"按钮关闭对
   话框。

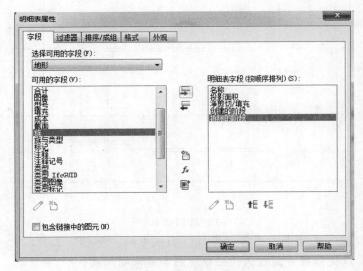

图13-28　选择明细表字段并排序

5. 这时工作区会出现刚才创建的地形明细表，如图 13-29 所示。查看属性面板，
   设置明细表的"阶段过滤器"参数为"Show Previous + New"，如图 13-30 所
   示。这将只允许用"平整区域"命令修改过的地形表面显示在这个明细表
   里，完整的已有地形将不被列在这个表里。

<地形明细表>				
A	B	C	D	E
名称	投影面积	净剪切/填充	创建的阶段	拆除的阶段
	9504 SF	0.00 CF	Existing	无

图13-29　生成的地形明细表

271

图13-30　设置"阶段过滤器"参数

6. 激活项目浏览器里"楼层平面"节点下的"Cellar"平面,按照本章前面介绍的方法创建一个建筑地坪,所创建的建筑地坪如图 13-31 所示。

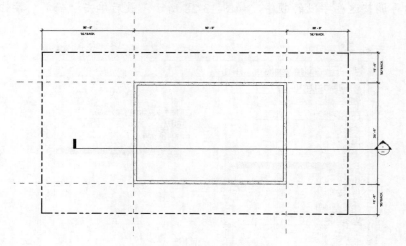

图13-31　创建的建筑地坪

7. 找到"视图"选项卡,选择"窗口"面板中的"平铺"工具,打开所有的工作窗口,以便能够看到默认的三维视图和地形明细表。

我们可以看到,在完成了这个建筑地坪的创建且地形表面被修改之后,地形明细表里的"净剪切/填充"值还是 0。这是因为"平整区域"工具必须用于一个表面上,以计算出按设计要求有多少体积需要剪切和填充。

8. 选择"体量/场地"选项卡中的"平整区域"工具,将看到一个对话框出现,它含有两个选项,选择"创建与现有地形表面完全相同的新地形表面"选项,该选项可创建现有与拟建的相重叠表面,这样就允许软件列出剪切或填充体积的差值。

9. 选择已有的地形表面,将看到地形明细表里的体积值发生了更新,它反映了建筑地坪的挖方如何影响整个土地。注意,这类计算不考虑各种施工方法,如回填。

10. 单击功能区中的"完成表面"按钮结束"平整区域"命令。

激活项目浏览器"剖面"节点下的"Section 1"视图，以便更清晰地查看建筑地坪。选择建筑地坪，修改属性面板上"自标高的高度偏移"的值。观察"净剪切/填充"值是如何变化的，因为地坪定义了地基的挖掘范围。

通过给每个地形表面指定描述信息，可以使地形明细表更加易读。方法选择一个表面，然后在属性面板中的"名字"字段输入值。把主表面的名称改为"Existing Grade"，然后找到建筑地坪所在的表面，把它的名称改为"Pad Area"。再次观察地形明细表的变化。这时的地形明细表如图 13-32 所示。

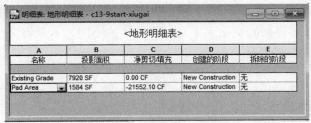

图13-32　输入了名称后的地形明细表

13.5　小结

本章介绍了场地建模的概念和各种方法，首先介绍了通过在特定的高程放置点来创建、通过使用被链接的在不同高程具有线或点的 CAD 文件来创建、通过使用土木工程软件生成的点集文件来创建 3 种方法。然后讲解了如何使用"子面域"和"拆分表面"两种工具修改地形表面。此外，较为详细地描述了建模建筑地坪和创建建筑红线的方法。在本章的最后部分，阐述了如何使用"平整区域"工具自动计算出地表施工的土方量。

第14章　工作流程

了解 Revit 软件并学会如何使用它不是个困难的挑战，真正的挑战是确定使用 Revit 和建筑信息模型（BIM）将怎样改变组织文化和项目工作流程，如果以前工作基于 CAD 环境，则更是如此。Revit 带来的变化远不是画线方式的不同，本章将关注这些变化，并提供一些工具帮助用户应对这些变化。

本章主要内容

- 理解 BIM 工作流程。
- 组建 BIM 项目团队。
- 使用 Revit 的项目角色。
- 对模型实施质量控制——关注文件大小。

14.1　理解 BIM 工作流程

无论用户已经建立了什么样的工作流程，迁移到 Revit 都将改变用户处理项目的方式。用户需要一些工具，帮助从当前的工作流程转换到使用 Revit 的工作流程。首先，我们讨论基于 CAD 系统与基于 BIM 系统之间的一些主要差异。

向 BIM 工作流程迁移涉及设计者和施工企业如何看待贯穿整个项目生命周期的设计和文档处理。在传统的基于 CAD 的工作流程（见图 14-1）里，每个视图分别绘制，图纸之间没有内在联系，在这种生产环境下，团队创建平面图、剖面图、立面图、方案和透视图，并且必须手工保持文件之间任何变化的一致性。

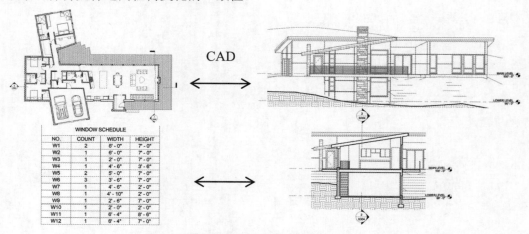

图14-1　基于 CAD 的工作流程

在一个基于 BIM 的工作流程里，团队创建一个三维参数化模型，并使用这个模型自动生成图纸，平面图、剖面图、立面图、明细表和透视图都是创建一个精美 BIM 模型的副产品，如图 14-2 所示。这种增强的文档方法学不仅允许图纸集合中的高度一致，而且提供了用于分析的基本模型几何结构，例如，这样的分析有采光研究，能量、材料估量等。

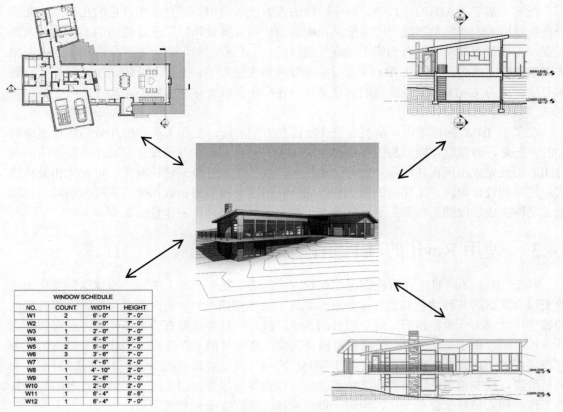

图14-2　BIM 工作流程

　　使用 Revit 不仅仅是工作软件的变化，它也带来了工作流程和方法学意义上的变化。当各种专业设计互动，生成建筑模型时，可以看到结构因素、力学因素、能耗因素、光照因素和其他因素如何提示设计方向，也能刻画出这些因素之间的关系。而在传统方法里这些关系不可能如此明显。尽管从历史上讲其中一些专业（如结构和力学）是单独的系统，通过把它们整合到一个单一的设计模型中，就能看到在一个建筑里它们是如何与其他系统相互影响的。

　　举例来说，日照分析能够提供建筑朝向和建筑结构等信息。根据玻璃镶装方案，也可能影响机械要求。依据计算流体动力学模型（用于计算气流），能看到其中的一些影响。地理信息系统数据将给出项目在地球上的位置，使用户知道将接收多少光照，或者一天当中当地气温的波动情况。正如我们所看到的，所有这些因素无疑会影响建筑设计。

14.2 组建 BIM 项目团队

当工作流程从 CAD 变迁到 BIM 时，人力资源分配、完成任务的时间和按阶段划分的工作进度都会受到影响，这是方法变化带来的结果。

在一个基于 CAD 的项目中，每个阶段的人力投入量相当清楚。在过去的几年里，业界一直在使用人们非常熟悉的一些度量。在概念设计和方案设计阶段安排适当的工作量和人员配置，工作量逐渐增强，直到施工图纸生成阶段，工作量达到顶点，在这个阶段，当试图加快图纸集的完成时，一个 CAD 项目可能需要增加大量人手。工作人员的增加可能是个有效的办法，因为 CAD 图纸是典型的独立文件，在一张图纸上移动线段不会动态地改变另一张图纸。

在基于 BIM 的框架内，从概念设计阶段到方案阶段，工作人员和工作量仍然是逐渐增加的，但是，方案设计期间的工作量比使用 CAD 时更大。在方案设计和设计开发期间，项目团队仍要完成出现在任何设计过程中的任务，这些任务有验证设计概念、可视化和设计迭代。在早期设计阶段，工作量的增加使得团队利用这个模型的参数化性质来极大地减少后期施工文件生成阶段的工作量，这样就带来了整个项目周期总体工作量的减少。

14.3 使用 Revit 的项目角色

基于 BIM 的项目工作流程使得工作量方面的情况发生了巨大变化，理解这种变化如何改变项目团队的各种角色和责任十分重要。对于成功实施 BIM 的许多项目来说，传统角色的转变可能成为一块拦路石。对于项目的各个阶段，项目经理要有能力预计人力配置和完成任务的时间。由于基于 BIM 的项目可能显著地改变项目的工作流程，因此许多以前的任务完成进度表不再有效。然而，一个基于 BIM 的项目可以被分解成几个基本角色，对于各个项目阶段，这些角色使用户具有某种程度的可预测性。尽管部门之间（甚至项目之间）的具体工作量和人员分配会有变化，但对于每个项目，需要考虑一些通用角色。

每个 BIM 项目涉及 3 个基本角色。

- 建筑师：处理设计问题、代码兼容、净宽度和墙类型等。
- 模型师：创建二维或三维形式的内容。
- 草图设计师：处理注释、图纸布局、视图创建和详图创建。

这些角色代表在任何 Revit 项目上需要考虑的常规任务。下面详细地描述这 3 个角色，并讨论这些角色如何与项目生命周期相互作用。

14.3.1 建筑师

建筑师处理所有与项目有关的建筑问题。创建模型时自然需要解决一些问题，如可施工性和墙类型、设定走廊宽度、安排公寓面积、处理涉及代码或整个建筑设计的其他问题。建筑师关注于项目实施标准（如墙体类型和主旨等）和整理文件集，建筑师这个角色不一定仅局限于一个人。

建筑师这个角色也可能不是一个"设计者"，虽然他们有可能使用 Revit 进行早期设计，但许多项目团队更喜欢利用其他工具，如 SketchUp（建筑草图大师）软件，甚至铅笔和描图纸。建筑师的任务是把控 Revit 中建筑物的创建，该角色包括以下任务。

- 领导体量（如果使用）和主要建筑图元的创建，然后从模型创建建筑物。
- 按照规范要求和其他建筑逻辑进行设计。
- 确保可施工性和设计细节方面的正确。

14.3.2 模型师

模型师的作用是创建项目需要的所有的二维内容和三维内容，其内容包括图元的全部参数化族，这样的图元有窗、门、墙类型、楼梯、栏杆扶手和家具。典型地，这个角色由经验较少的成员担任，他们可能没有能力胜任建筑师的角色。这些经验较少的团队成员易于有比较长不被打扰的时间，使他们专注于处理建模内容方面一些耗时更长更复杂的任务。决定性的一点在于他们一般具有一些从学校得到的三维内容开发经验，他们也许没有直接使用过 Revit 软件，但可能使用过 3ds Max 或 SketchUp 软件，因此熟悉在三维环境下如何工作。模型师角色包括以下任务。

- 用更具体的建筑图元替换早期设计阶段使用的通用图元。
- 创建和添加新的族构件，修改项目中已有的构件。
- 定期评估和消除项目警告信息。

14.3.3 草图设计师

草图设计师的作用是创建图纸和视图，并用注释或其他二维内容修饰视图，这个角色要做大量的项目文档工作。在项目的早期阶段，这个角色通常由建筑师或模型师承担，但是当文档工作进入提速阶段时，对于较大的项目，它可能迅速地变成由多人承担的角色。草图设计师角色包括以下任务。

- 确定主旨。
- 标注尺寸。
- 构建图表和视图。
- 创建明细表。

对于人员编制计划来说，我们讨论各种角色进入项目的理想时间，项目设计开始时，模型师角色最重要，能帮助创建建筑形态、增加概念内容并得到建筑物的体量。如果正在使用概念建模工具，模型师甚至能做一些早期的可持续设计计算工作。

一旦设计接近完成，则需要建筑师进入项目。因为设计更为复杂，应该开始应用特定材质和墙类型，开始验证空间要求和业主计划。

在方案设计阶段，需要包括草图设计师角色来开始设计图纸和创建视图，这些图纸和视图不一定用于施工文件，只是必须为任何方案设计提交建立视图。如果这些视图正确地创建，那么当模型继续细化时，对于设计开发和施工文件提交，这些视图能在以后重用。

14.4 对模型实施质量控制——关注文件大小

我们应该采取若干措施保证用户的模型能够平稳、高效地运行。按理想情况来讲，在多数项目完成之后，项目团队中的人员应该审查模型，以管理模型的文件大小和警告数量。

对于一般的文件稳定性而言，查看文件大小是一个很好的指标。对于项目施工文件，一个典型的 Revit 建筑文件大小为 100MB～250MB。文件过大，模型打开速度将变慢，在三维视图中旋转模型时将出现卡顿现象，并且其他视图（如建筑立面图和总体规划图）的打开速度也将变慢。

如果文件过于臃肿，可以采用下面的方法精简文件，使模型简洁、响应灵敏。

14.4.1 清除未被使用的族和组

在"管理"选项卡上有个"清除未使用项"命令，这个命令能从模型中删除所有未使用的族和组。在设计过程中用户可能多次改变窗户类型或墙类型，或者多次把一种族集合交换为另一种，即使一些图元在这个项目中不再使用，但它们仍被存储在这个项目文件中。因此，当这个文件被打开时，图元就会被加载到内存中。根据项目所处的阶段，应该定期从模型中删除这些无用图元以减小文件大小。

选择"管理"选项卡，选择"设置"面板中的"清除未使用项"选项，依据模型的大小和加载族的多少，Revit 完成这个功能可能要花费几分钟时间。Revit 将提供给用户一个清单，这是包含在这个文件中的在一个视图中不处于活动状态的族和组。图 14-3 所示为一个"清除未使用项"对话框实例，在此可选择希望删除或保留的图元。

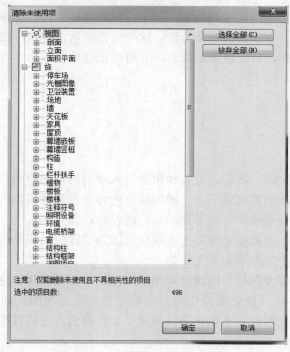

图14-3 "清除未使用项"对话框

不建议在设计的早期阶段就使用"清除未使用项"命令，因为文件尺寸在早期不会太大，在这个阶段做清除工作将删除可能包含在样板里的预加载族。在方案设计和设计开发期间，要不断地进行设计迭代，会经常添加和删除内容，不时地向模型中加载或重载族也是一件很麻烦的工作，如果模型没有遇到性能问题或文件大小不是难驾驭时，就没必要使用"清除未使用项"命令。

14.4.2 管理链接和图像

管理项目文件大小的另一个方法是删除模型中全部不用的链接文件和栅格图像，如果用户链接了来自土木工程师或其他专业人士的 CAD 文件，而现在不再需要它们做参考了，删除它们也将从模型卸载存储的数据。除此之外，如果输入了栅格图像到项目中，删除它们也可以极大地减小文件大小。如果它们在项目中不再被使用，尤其是在主要的截止期限之后，定期从模型中删除这类文件是个好的做法。

要访问这些选项，找到"管理"选项卡中的"管理项目"面板。注意其中的"管理链接"和"管理图像"工具，这两个工具允许删除任何链接的 CAD 文件、Revit 文件、点云文件或 DWF 文件，以及项目中不再需要的栅格图像。选择"管理链接"工具可删除任何不想要的文件，这时弹出"管理链接"对话框，找到其上适当的选项卡，选择要删除的文件，然后单击"删除"按钮即可。图 14-4 所示为一个"管理链接"对话框实例。"管理图像"工具的使用方法与其类似，选择"管理图像"工具，弹出"管理图像"对话框，高亮要删除的图像，然后单击对话框中的"删除"按钮即可。

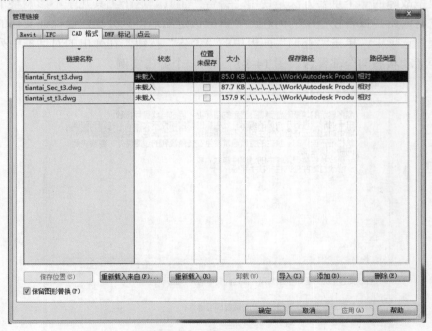

图14-4 "管理链接"对话框

14.4.3　削减视图数量

快速创建模型视图是 Revit 的优势,不过这种优势也要合理利用,要有个度,不能无限制地创建多个视图,过多的视图将影响系统性能和增加文件大小。另外,还应该分类管理视图,减少寻找需要的视图所带来的麻烦。

显而易见,为了创建施工文件,模型中需要一些视图。除此之外,用户为了研究设计、处理模型创建问题,或者从新的视角查看建筑或项目而创建视图。这类工作视图不会收入图纸集,而且有些只在短时期内使用。

说明:多少视图算多?

模型里有多少视图算多呢?答案是当性能开始不佳,用户需要寻找方法使这个模型精简并加快响应时间的时候。一个项目团队中的一些 Revit 新人抱怨文件打开和操作的速度太慢,当查看他们的模型时,发现这个文件的大小约 800MB! 简直难以想象。

为减小文件大小,我们要做的首要工作是查看所有不在图纸上的视图,发现超过 1200 个视图未被使用。删除这些视图,并配合文件保存选项中的"压缩文件"选项(位于"文件保存选项"对话框),将文件减小到 500MB。当然这个文件仍然很大,还应该进一步削减。

14.4.4　处理警告

排除模型故障的一个重要方法是使用"警告"工具。这个工具几乎不影响整个文件的大小,但是它将向用户报告模型中的问题。警告应该定期地得到处理,以保证文件的稳定性。找到"管理"选项卡,单击"查询"面板中的"警告"按钮,在弹出的对话框中列出了项目文件中处于活动状态的全部警告。图 14-5 所示为一个警告实例。

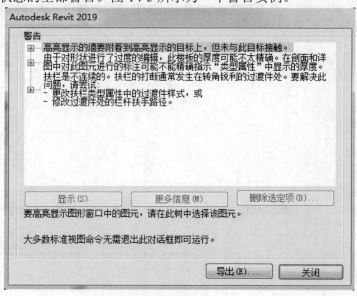

图14-5　警告实例

错误和警告本质上都是当 Revit 试图解决几何形体问题、矛盾或不平衡公式时给出的问题类型。出现在这个对话框中的内容包括多个图元的直接重叠（因此导致错误的明细表计数）、不整洁的墙体连接、墙体与房间分隔线重叠、楼层之间踢脚面数目错误的楼梯等。

警告对话框以黄色提示框的形式出现在屏幕的右下角，可以忽略它。当然，未加核查的错误可能会产生其他错误，也可能导致明细表中错误的报告甚至文件损坏。定期检查警告对话框应作为周期性文件维护工作的一部分。

警告对话框有个导出功能，可以利用该功能将错误清单导出为一个 HTML 文件，以便在用户闲暇时通过浏览器软件审查这份清单。也可以把这份清单另存为 Word 或 Excel 文件，以便能够在团队中发布这些错误。

在一个文件里有多少个错误算是太多呢？这在很大程度上依赖于用户的模型、计算机的能力、错误类型和用户的交付物。例如，如果交付一个 BIM 模型给客户或合同方，客户或合同方可能有零错误要求。在这种情况下，不可以有任何错误。然而，如果仍处在项目的设计阶段，则总会有些错误，这在设计的迭代过程中是不可避免的。当改善图纸时，有些错误将得到解决。当增加新的内容到模型中时，新的错误也将产生。当然，模型错误越少，运行得就越顺畅。

14.5　小结

本章学习了如何由二维 CAD 环境向 Revit 建筑 BIM 工作流程过渡，以及组建一个 BIM 项目团队。学习了对模型进行质量控制的措施，包括清除未使用的族和组、管理链接和图像、减少视图数量和维护项目警告，以保证 Revit 建筑项目运行快捷，响应灵敏。

第15章 Revit 中的复用功能

本章简要介绍 Revit 软件中重复对象的基本方法，以及可以利用的高效技巧和快捷方式。

本章主要内容

- 重复几何形体。
- 高效技巧和快捷方式。

15.1 重复几何形体

Revit 有几种工具用于在项目中重复几何形体，每种工具在功能上有所不同，因此，弄清哪种工具适合于用户的要求颇为重要。本节将介绍用于重复几何形体的 4 种不同工具，重点关注每种工具的特性。

15.1.1 构件族

我们在第 5 章和第 6 章介绍过构件族，构件族是重复对象的核心类型，可以用参数化方法构建它们，即创建同一个族的多个类型。例如，考虑具有 10 种类型的门，以表示标准尺寸上的变种。构件族也能与组、链接和集合一起使用。

在下面的练习里，将使用变化的参数值创建两个新族，然后将新族应用于项目中的族实例。

【练习15-1】：创建构件族。

1. 打开"c15-1start.rvt"文件，选择"Level 1"楼层平面视图，图中有几个"Cubicle_Standard"家具系统族的实例。选择其中一个实例，选择"修改|家具系统"选项卡下的"编辑族"工具。

2. 进入族编辑器之后，单击"创建"选项卡中属性面板上的"族类型"按钮，弹出"族类型"对话框，当前只有"Type A"一种类型。为了适应更大的隔间尺寸，需要创建另外两个类型。

3. 在"族类型"对话框中单击"新建类型"按钮，在弹出的"名称"对话框中输入"Type B"，单击"确定"按钮。重复同样的步骤创建"Type C"。

此时，有了 3 种族类型。下面，将为创建的两种新类型指定不同的尺寸。

4. 在"族类型"对话框中将"类型名称"设置为"Type B"，将"Panel1 Length"参数值改为 6′ -6″（1980mm）。接下来，将"类型名称"设置为"Type C"，将"Panel2 Length"参数值改为 8′ -0″（2438mm），如图 15-1

所示。

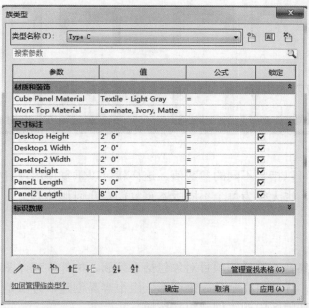

图15-1　族类型参数

5. 单击"确定"按钮关闭这个对话框。现在，在这个族里有了 3 种类型，它们
具有不同的尺寸。单击功能区中的"载入到项目并关闭"按钮，并在出现
"保存文件"对话框提示时单击"否"按钮，这样就更新了这个项目里的族
的版本。这时出现"族已存在"对话框，选择"覆盖现有版本及其参数值"
选项。

6. 已有的族实例还没有发生改变，因为它们都正在使用"Type A"，我们还没有
改变"Type A"的任何尺寸。

7. 选择位于楼层平面视图右上侧的 8 个隔间实例，从属性面板的类型选择器中
把族类型由"Type A"改为"Type B"。注意，隔间的尺寸增加了，因为要匹
配在该族中指定的尺寸 6′ -6″，如图 15-2 所示。

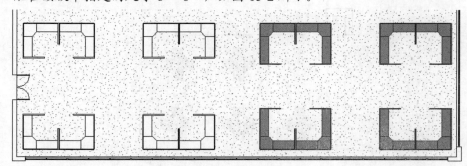

图15-2　"Type B"族实例

8. 选择位于视图右下侧的 15 个隔间实例，从类型选择器中把族类型由"Type
A"改为"Type C"。注意，这次尺寸增加得更多，以反映用户在该族中所指
定的尺寸 8′ -0″，如图 15-3 所示。

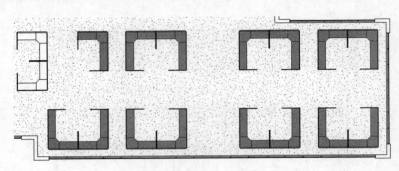

图15-3 "Type C"族实例

对于每个族类型可以指定不同的参数值,这样就可以重复使用项目中的几何形体,而无须创建不同的族文件,也无须为每个不同版本重复创建几何形体。

15.1.2 组

组是项目对象的集合,这样的项目对象包括系统族、构件族或详图项。模型组是三维几何形体的集合,然而,详图组完全是二维图形。组很容易创建,方法是选择要包含到这个组里的对象,然后单击功能区中的"创建组"按钮,

创建一个组将产生一个单独的元素,这个元素包含一个对象集合,说明组概念的一个较好案例是公寓项目。对于在项目中将多处出现的典型单元或套型,可以选择对象并创建一个组,这个组能够复制或插入到多个项目地点。编辑一个组类型,全部实例都会对应更新。

在下面的练习里将创建一个家具布置,然后创建一个组,一旦这个组被创建,将把它复制到另一个区域,以便重复同样的家具布置。

【练习15-2】: 组的运用。

1. 打开 "c15-2start.rvt" 文件,激活 "Level 1" 楼层平面视图。注意,在图的左上角有个圆桌族,创建该圆桌的 8 个副本,于是,就有了 3 排桌子,每排 3 张桌子。每张桌子之间的间距设为 8′-0″ (2438mm),如图 15-4 所示。

本练习视频

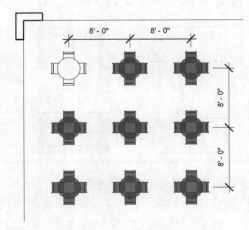

图15-4 桌子布局与间距

2. 选择全部 9 张桌子，在"修改|家具"上下文选项卡中选择"创建组"工具，Revit 将提示用户命名这个组，从创建模型组对话框指定这个组的名称为"9 Table"。

3. 单击"确定"按钮，创建这个组。现在单击任一桌子将选择整个组，软件将组视为一个容器。

4. 有新创建的实例被选中后，创建这个组的 5 个副本，放在原物的右边，间距为 7315mm。然后在原物的下面创建 3 个副本，也是间距 7315mm。此时，楼层平面视图看上去如图 15-5 所示。

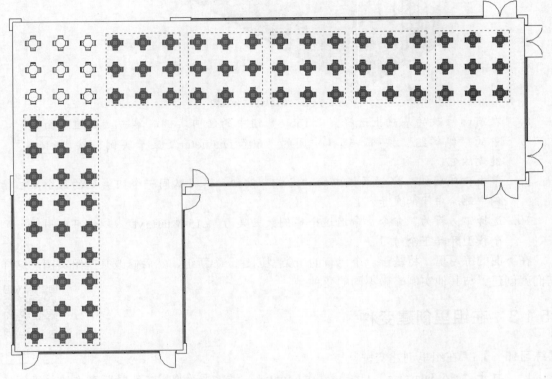

图15-5　全体组布局

5. 选择"9 Table"组中的任何一个实例，单击"成组"面板中的"编辑组"按钮，进入组编辑模式。对这个模型所做的任何改变都将被应用到同一个组类型的其他实例中。

6. 选择位于中间的 3 个垂直桌子实例，在类型选择器里改变类型，从"36″ Diameter"变为"60″ Diameter"。

7. 单击"编辑组"浮动面板中的"完成"按钮，这将把刚才所做的改变应用于组里的每个其他实例。打开三维视图观看修改后的家具布局，如图 15-6 所示。

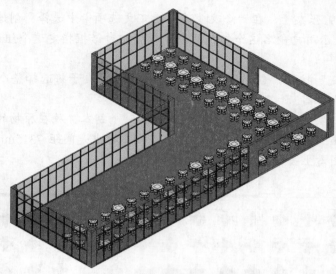

图15-6　修改布局后的三维视图

8.　在前面修改的基础上选择"9 Table"组中的任何实例，单击"成组"面板中的"编辑组"按钮，选择中间的"60″ Diameter"桌子实例，按 $\boxed{\text{Delete}}$ 键删除它。

9.　单击"编辑组"浮动面板中的"完成"按钮，这将从同一个组类型的每个实例中删除中间的桌子。

10.　选择"另存为"命令，命名这个样例数据集为"c15-3start.rvt"，以便可以用这个模型开始下个练习。

在下面的练习里，将基于一个已有的组类型创建一个新组，然后修改某些组实例，这样它们就创建了与其他实例略微不同的变种。

15.1.3　在组里创建变种

【练习15-3】：在组里创建变种。

本练习视频

1.　打开"c15-3start.rvt"文件，在"Level 1"楼层平面视图中选择距离右边最近的"9 Table"组实例，然后单击属性面板中的"编辑类型"按钮，单击"类型属性"对话框中的"复制"按钮，输入新名称为"6 Table"。

2.　单击"确定"按钮关闭"名称"对话框，再次单击"确定"按钮关闭"类型属性"对话框。至此，我们复制了这个组类型，并且把这个新的组类型仅指定给了选中的组实例。

3.　选择刚创建的"6 Table"实例，单击"成组"面板中的"编辑组"按钮，删除两个"60″ Diameter"桌子族实例，然后单击"编辑组"浮动面板中的"完成"按钮。图 15-7 显示了新创建的组类型。

4.　把新的组类型指定给一些其他组实例。选择位于楼层平面图底部区域的 3 个组，从属性面板的类型选择器中把这 3 个组改为新的"6 Table"类型。每个组实例将发生更新以反映这个新的类型，修改后的结果如图 15-8 所示。

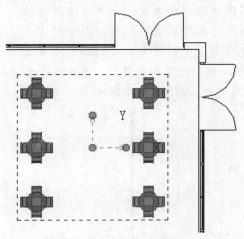

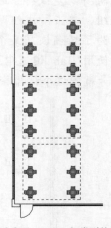

图15-7　新创建的组类型　　　　　　图15-8　改为"6 Table"组类型的其他实例

对于仅有轻微变化而又不希望创建一个新类型的情况，也可以采用从组实例中排除成员的方法。

5.　例如，有 6 张桌子距离室外门较近，我们希望把它们从组实例中删除，而不希望创建一个新的类型。移动光标到这 6 张桌子中的某一张上面，按 Tab 键直到要排除的桌子被预选中。

6.　桌子被预选中后，左击它。注意出现的符号，这是组实例中包括或排除成员的开关，单击这个符号就排除了这个组成员，如图 15-9 所示。

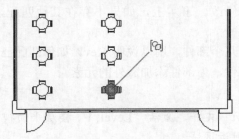

图15-9　包括或排除组成员的开关符号

7.　对于靠近室外门的其他 5 张桌子重复这个过程。注意，当光标移动到有移除成员的组上时，可以看到一个阴影轮廓，它指示先前桌子的位置，如图 15-10 所示。

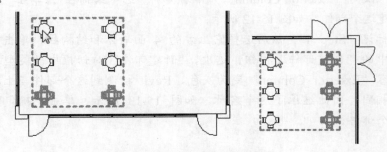

图15-10　具有被排除成员的组实例

287

8. 如果需要恢复被排除的组成员，可以使用两种不同的方法。一种方法是选择整个组，单击"成组"面板中的"恢复所有已排除成员"按钮。另一种方法是，为了精确恢复某个元素，可以移动光标到这个组里要恢复的那个元素上面，使用 $\boxed{\text{Tab}}$ 键选中这个元素，然后左击，就会出现开关符号，单击这个开关符号就把这个被排除的元素恢复到了组实例中，如图 15-11 所示。

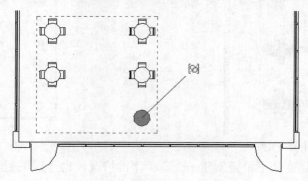

图15-11　恢复组实例

15.1.4　部件

部件是项目浏览器中组织在一起的对象集合，在某些方面部件类似于组，但它具有一些用于施工工作流程方面的特殊属性。部件与组的主要差别是，如果部件被修改（且不再匹配其他实例），则部件不传播修改。事实上，如果不存在其他匹配，则部件将创建一个新类型。

在下面的练习中将创建几个部件，用以说明 Revit 如何匹配已有的部件，而非创建一个新类型。用户也可以编辑部件，为部件添加额外的元素。

【练习15-4】：　创建部件。

1. 打开 "c15-4start.rvt" 文件，激活 "Level 1" 楼层平面视图，放大标记为 "Step 2" 的附近区域。

2. 选择 "Step 2" 标记上方的 4 面砖墙和结构柱，单击 "创建" 面板中的 "创建部件" 按钮。

3. 弹出 "新建部件" 对话框，Revit 自动检测选择集合中图元的类别。把 "类型名称" 改为 "Exterior Column"，"命名类别" 选 "结构柱"。单击 "确定" 按钮创建这个部件，如图 15-12 所示。

4. 找到标记 "Step 4"，然后选择它上方的 4 面墙体和结构柱，单击 "创建" 面板中的 "创建部件" 按钮。这次，"新建部件" 对话框中 "类型名称" 栏的内容 "Exterior Column" 变为灰色，Revit 检测到这个部件与上次创建的完全相同，因此继承了这个名称，如图 15-13 所示。单击 "确定" 按钮创建这个部件。

本练习视频

图15-12 "新建部件"对话框（1）

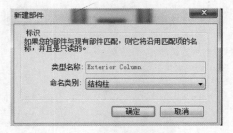

图15-13 "新建部件"对话框（2）

5. 对于下一个部件，找到标记"Step 5"，选择 4 面砖墙和结构柱，单击"创建"面板中的"创建部件"按钮。因为这个结构柱是个不同的族，Revit 即创建一个新的部件类型，命名为"Exterior Column 2"。单击"确定"按钮创建这个部件。

6. 找到标记"Step 6"，这个部件与步骤 5 中创建的部件完全相同。选择 4 面砖墙和结构柱，单击"创建"面板中的"创建部件"按钮。这个部件将继承"Exterior Column 2"类型。单击"确定"按钮创建这个部件。

在本练习的后半部分，我们将编辑已有部件中的两个。

7. 选择位于标记"Step 5"附近的部件"Exterior Column 2"，单击"部件"面板中的"编辑部件"按钮，现在处在编辑模式（部件编辑模式类似于组编辑模式），选择这个部件内部的结构柱实例，在属性面板的类型选择器中把类型由"W10X33"变为"W10X49"。

8. 单击"编辑构造"浮动面板中的"完成"按钮，Revit 将警告"编辑导致部件与现有部件类型匹配，将沿用新名称"，如图 15-14 所示。

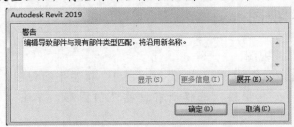

图15-14 Revit 警告

Revit 检查这个修改是否匹配任何已有的类型，如果找到匹配，即切换到那个类型。

9. 单击"确定"按钮关闭对话框。这个部件实例自动从"Exterior Column 2"类型转换为"Exterior Column"类型。

10. 下面将编辑"Step 2"附近的"Exterior Column"部件实例，选择这个部件，单击"编辑部件"按钮，选择任意一面砖墙，按键盘上的 Delete 键删除它。

11. 单击"编辑构造"浮动面板中的"完成"按钮，Revit 将检测并确认刚才所做的编辑不匹配任何已有的类型，于是就创建一个新类型，如图 15-15 所示。单击"确定"按钮关闭这个对话框。Revit 试图保持类似的命名规则，于是，有了一个被称为"Exterior Column 3"的新类型，如图 15-16 所示。打开默认的三维视图查看所有这些类型，如图 15-17 所示。

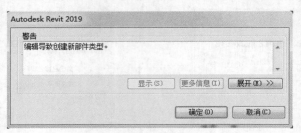

图15-15　警告内容

图15-16　新创建的 "Exterior Column 3" 类型

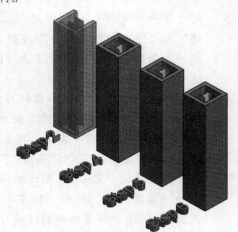

图15-17　部件类型

在下面的练习里将利用部件的特性和 "创建视图" 功能。

15.1.5　创建部件视图

本练习视频

【练习15-5】：创建部件视图。

1. 打开 "c15-5start.rvt" 文件，激活 "Level 1" 楼层平面视图，图中有一些常规的砌石墙及两个电梯族，选择所有这些几何图形，单击 "创建" 面板中的 "创建部件" 按钮。

2. 在 "新建部件" 对话框里，可以保持所有的设定不变，包括指定的类型名称 "专用设备 001"，如图 15-18 所示，单击 "确定" 按钮创建这个部件。

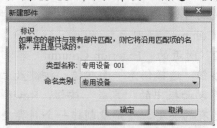

图15-18　"新建部件" 对话框（3）

3. 在项目浏览器里，点开 "部件" 节点。注意，用户的部件被组织在这个位置。下一步将创建部件视图，部件视图专门针对部件。本质上，它们是 Revit 视图、图纸和明细表集合，这个集合对于具体部件的几何形体是独一无二的。右键单击项目浏览器里的"专用设备001",选择"创建部件视图"
命令。

4. 在"创建部件视图"对话框中,勾选图15-19所示的选项,把"图纸"选项由
"无"改为"E1 30×42 Horizontal: E1"。单击"确定"按钮创建部件视图,
结果如图15-20所示。

图15-19 "创建部件视图"对话框   图15-20 项目浏览器中出现的部件视图

5. 部件视图组织在一个具体的部件下面,这些视图在项目浏览器中创建。单击
"+"号展开这个清单,就可看到所有的部件视图。

6. 该练习的最后步骤将在部件图纸"A101"上添加一些部件视图。双击项目浏
览器中"专用设备001"节点下的"图纸: A101-图纸",打开这张图纸。

7. 右键单击项目浏览器中的"图纸 A101",选择"添加视图"命令,弹出"视
图"对话框,如图15-21所示。首先,选择"专用设备 001:三维视图:三维正
交"。单击"在图纸中添加视图"按钮,移动光标到一个合适的位置,单击即
可把这个视图放置到图纸上。

图15-21 "视图"对话框

8. 重复步骤7,添加"专用设备 001:详图视图:平面详图"和"专用设备 001:详
图视图:剖面详图 A"两个视图。完成后,得到一个布局美观的图纸,其中包

含我们添加的部件视图，结果如图 15-22 所示。

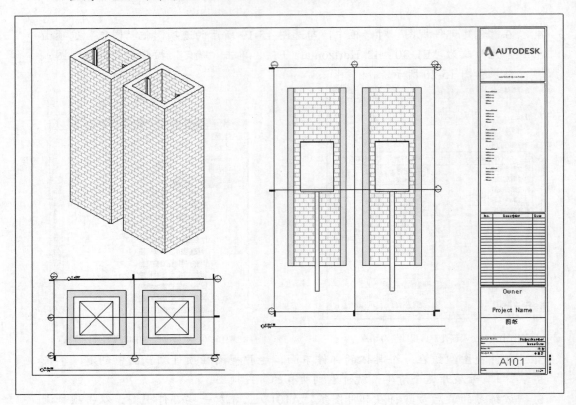

图15-22　图纸上的部件视图

15.1.6　Revit 链接

Revit 项目文件能够彼此链接，这不仅有助于分解大型项目，而且对复用几何形体也非常有用。例如，一个项目在校园里可能有完全相同的配楼或建筑物。Revit 项目可以被链接，甚至允许创建这个链接的副本（如果重载，全部实例将发生更新）。使用"管理链接"工具，链接也可以实现项目范围的控制。依靠链接工具，能够重载和卸载链接，甚至从宿主项目中完全删除链接。

在下面的练习中，将从已有几何形体创建两个 Revit 链接，方法是先创建组，然后把组实例转换为链接。

【练习15-6】：创建 Revit 链接。

插入 Revit 链接的最直接方法是使用"插入"选项卡中的"链接 Revit"工具，本练习将使用项目中已有的几何形体，把它转换为两个 Revit 链接。

1.　打开"c15-6start.rvt"文件，确认激活了"Level 1"楼层平面视图。
　　注意这个平面视图上"RVT Link A"和"RVT Link B"标记的区域。
2.　选中围绕"RVT Link A"的全部墙体及周围的文本，单击创建面板中的"创建组"按钮，弹出"创建模型组"对话框，在名称栏中输入"RVT Link A"，

本练习视频

单击"确定"按钮。

3. 选中围绕"RVT Link B"的全部墙体及周围的文本，单击创建面板中的"创建组"按钮，弹出"创建模型组"对话框，在名称栏中输入"RVT Link B"，单击"确定"按钮。

4. 到目前为止，我们创建了两个组，但是需要把它们转换为 Revit 链接。选择组"RVT Link A"，单击"成组"面板中的"链接"按钮，弹出"转换为链接"对话框时，选择"替换为新的项目文件"选项，如图 15-23 所示。找到保存本章范例文件的位置，保存这个 Revit 链接。

5. 对于"RVT Link B"重复同样的过程，然后打开默认的三维视图进行查看。注意，现在有了两个已创建好且插入到项目中的 Revit 链接，如图 15-24 所示。

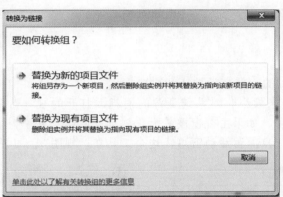

图15-23　选择"替换为新的项目文件"选项

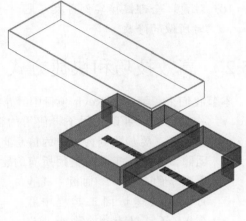

图15-24　转换为 Revit 链接的组

6. 我们假设在现有建筑的对面有相同的镜像建筑。回到"Level 1"楼层平面视图，选择这两个 Revit 链接，选择"修改"面板中的"镜像-拾取轴"工具，单击位于建筑中心线上的参考平面。这样，就镜像和复制了这两个链接，如图 15-25 所示。

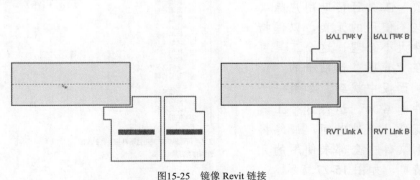

图15-25　镜像 Revit 链接

7. 对于最后的步骤，需要编辑一个 Revit 链接来添加几何形体，这类似于编辑组类型。在项目浏览器中点开"Revit 链接"，右击"RVT Link A.rvt"，选择"打开（和卸载）"命令，弹出"卸载链接"对话框，如图 15-26 所示，单击"确定"按钮。

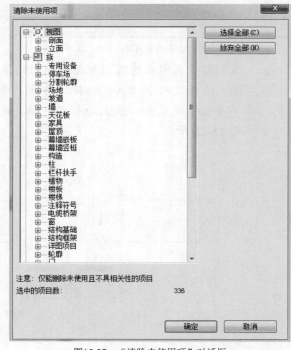

图15-26　"卸载链接"对话框

8. 当这个链接打开后，添加一些室内墙体，然后保存并关闭这个模型。这将把我们带回到"c15-6start.rvt"模型。

9. 当为了编辑而打开 Revit 链接时，这个链接是卸载的。要重载这个链接和刚才对所有实例所做的更改，在项目浏览器里再次右击"RVT Link A.rvt"，这次选择"重新载入"命令。

10. 注意，全部链接实例再次可见，并且发生了更新，反映在编辑这个 Revit 链接时所做的修改。

15.2　高效技巧和快捷方式

本节我们来了解一下 Revit 项目中经常用到的一些高效技巧和快捷方式。

- 关闭窗口。可以关闭不再使用的窗口来最小化对系统资源的消耗。打开的视窗越多，要加载到内存中的信息也越多，如果主视窗被最大化，可以使用"关闭隐藏对象"工具来关闭所有的窗口，只保留活动窗口，这个工具在"视图"选项卡的"窗口"面板中（也可以在快速访问工具栏中找到），还可以为这个命令指定快捷键，如 $\boxed{X}$+$\boxed{X}$。

- 使用"清除未使用项"工具。当不再使用在模型中创建的族和组时，"清除未使用项"工具可帮助用户除去那些不使用的元素，以保持文件大小合理。这个工具可以在"管理"选项卡的"设置"面板中找到。如果一个文件非常大，运行这个工具将花费几分钟时间，最终将看到文件中全部未使用的元素清单，如图 15-27 所示。

- 使用"显示约束"模式。"显示约束"是个临时视图模式，它最早出现在 2015 R2 版本

图15-27　"清除未使用项"对话框

中。显示约束是查看一个具体视图中全部显式尺寸限制的简便方式。另一个很好的特性是用户能选择红色约束对象，Revit 将显示受约束的对象作为选中的对象，如图 15-28 所示。

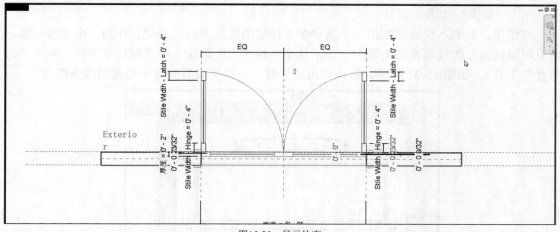

图15-28　显示约束

- 使用"选择框"工具。在"修改"选项卡的"视图"面板中有个"选择框"工具，该工具能够使三维视图剖面盒生效，该盒用于呈现被选中的对象。这个工具也可用在三维视图中隔离元素。
- 过滤选择。通过定制链接、基线图元、锁定图元、按面选择图元和选择时拖曳图元等的组合，可以过滤选择行为。例如，在一个大型项目中，可能要失能链接选择，以防止意外选择被链接模型。这些选项可以通过单击功能区最左端的"修改"工具下的箭头来选择，也可以在状态栏的右下角来选择，如图 15-29 所示。
- 定制双击行为。依次进入"文件"→"选项"→"用户界面"→"双击选项"，就可以定制针对不同图元类型的操作，如图 15-30 所示。可用的操作依图元类型而不同，但是每种类型都有"不进行任何操作"选项。

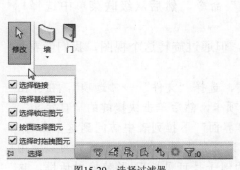

图15-29　选择过滤器

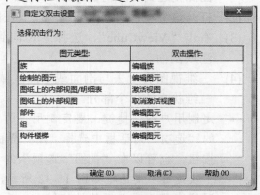

图15-30　自定义双击设置

- 在平面图中使电梯可见。假设用户希望创建一个竖井，这个竖井贯穿建筑物的全部楼层。用户要在竖井里面安装一部电梯，并使这个电梯显示在所有的平面图中。要做到这一点，可以使用一个电梯族，通过编辑楼层剖面图，在这些楼层切出一系列洞口，但是有时这些洞口并未自己对齐。十分幸运，我们能够同时做这两件事情，方法是使用"建筑"选项卡"洞口"面板中的"竖井"工具。

在这里，我们不仅能切割出一个贯穿多个楼层的垂直洞口，并把它作为一个单独对象，而且可以插入二维线画在平面视图中表示这个电梯（当编辑这个竖井洞口草图时，利用"符号线"工具），如图 15-31 所示。每次切出竖井时，一定可以看到这个电梯的线条图形。

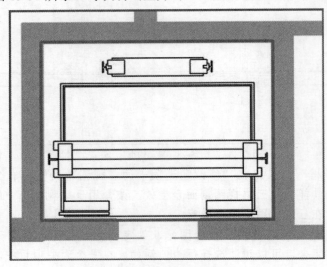

图15-31　向竖井中添加电梯

- 定向到视图。在平面视图或剖面视图里创建被隔离设计图元的透视图可能很便捷，但如果我们要看到三维视图里的同样图元以便弄清细节，则需要进行如下操作。

(1) 创建一个隔离了讨论区域的标注或剖视图，如果在使用剖面，应确保设置视图深度达到实际物体。

(2) 打开这个项目的默认三维视图或任何其他三维正视图。

(3) 右击"ViewCube"，选择"定向到视图"命令，然后从级联菜单中选择标注或剖面。

(4) 三维视图看上去与剖面或平面区域一样，但通过旋转这个视图，我们能看到三维状态的那个部分。

- 定制用户的快捷键。要定制用户的快捷键，选择"文件"→"选项"，在弹出的"选项"对话框中选择"用户界面"选项卡，然后单击快捷键的"自定义"按钮。也可以在"视图"选项卡的"用户界面"下拉列表中访问到这个命令。
  "快捷键"对话框如图 15-32 所示，该对话框允许用户编辑快捷键。可以使用同样字母生成普通的快捷键，一个很好的例子是可见性/图形替换对话框，这里 Ｖ+Ｖ 和 Ｖ+Ｇ 被默认地设为快捷键（Ｖ+Ｖ 被用于更快速的访问）。

图15-32 "快捷键"对话框

- 在项目之间复制三维视图。假设在上一个项目中生成了满意的三维视图,但不知道如何把它加入当前的项目中。非常幸运,有个方法可以把视图从一个项目复制到另一个项目。在 Revit 的同一个实例中打开两个文件,然后进行如下操作。

(1) 打开要复制的三维视图,在项目浏览器里右击这个三维视图,选择级联菜单中的"显示相机"命令。

(2) 按 Ctrl+C 键复制这个选中的相机。

(3) 在新模型里,按 Ctrl+V 键,并单击这个视图来粘贴这个相机。这个视图及它的全部设置就被复制到新模型中(另一种方法是,使用"修改"→"粘贴"→"与当前视图对齐"选项来粘贴这个视图)。

- 不允许墙体连接。默认情况下,Revit 将连接相交的墙体,然而,很可能会遇到替换这个行为的情况。首先选择一个墙体,把光标移动到"拖曳墙端点"操纵柄上,然后右击并选择"不允许连接"命令。这样将分离该墙体与其他墙体的连接,在拖曳这个墙端操纵柄时,该墙不会自动跳接到相交的墙上。

- 连接平行墙体上的几何体。如果有两个平行墙体,并且在一个墙体上有个洞口(如门或窗户),用户可能希望在第二个墙体上也自动切出一个洞口。如果这两个墙体足够靠近,间距 300mm 左右,可以在这两个墙体之间使用"连接几何图形"工具。操作之后,在另一个平行墙体上将切出一个洞口,并且这个洞口将随着最初的族移动,如图 15-33 所示。

图15-33　连接几何体

- 在剪切/粘贴操作时防止房间编号变化。默认情况下,当在一个项目里剪切和粘贴房间时,房间编号将变为下一个可用的编号。有一种方法可以在剪切和粘贴操作时保持房间编号不变。选择要剪切到剪贴板的房间,并创建一个组。一旦这些房间处在一个组里,它们可以被剪切和粘贴,而不会改变房间编号。然后,可以解散这个组,并把这个组从项目浏览器中删除。

- 复制 Revit 链接里的对象。想要复制来自 Revit 链接的一个对象,并把它粘贴到宿主项目中吗?没问题,简单地把光标移动到这个链接里要复制的对象上,按 Tab 键直到这个对象高亮。点选这个对象,使用标准的复制和粘贴功能,该对象将从链接中被复制和粘贴到宿主项目里,在宿主项目里这个对象可以被直接操纵。

- 显示 Revit 链接里的注释。一些注释对象可以从 Revit 链接中显示出来。如果这个链接包含了注释(如房间标记、尺寸等),而我们希望在宿主项目里显示注释,那么就设置这个 Revit 链接的可见性/图形替换属性为"按链接视图"或"自定义"。通过调整"基本"选项卡上"链接视图"项的名称,能进一步定制显示哪个视图。具体方法是用快捷键 V+V 调出可见性/图形替换对话框,然后选择对话框中的"Revit 链接"选项卡,如图 15-34 所示。单击"显示设置"栏下的"按主体视图"单元,弹出"RVT 链接显示设置"对话框,可以选择"按链接视图"或"自定义",也可以进一步选择链接视图,如图 15-35 所示。

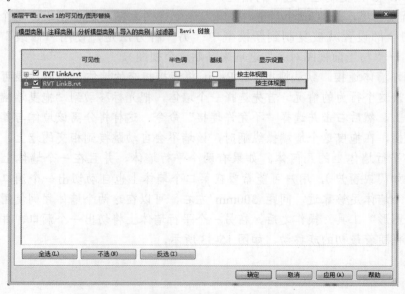

图15-34　可见性/图形替换对话框中的"Revit 链接"选项卡

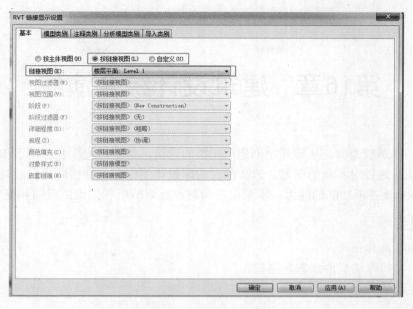

图15-35 "RVT 链接显示设置"对话框

15.3　小结

　　本章首先论述了 Revit 中用于重复的 4 种基本方法（构件族、组、部件和 Revit 链接），我们所做的每个项目至少会用到其中的某些方法，最后介绍了有关这些方法的一些技巧和快捷方式。

第16章 建筑设计综合演练

本章以一栋别墅为例，从零开始创建出完整的建筑，整个过程综合运用了 Revit 建筑设计的主要功能。通过对本章的学习，读者能对实际设计工作有一种感性认识，同时也初步具有综合运用 Revit 各项功能的能力。本章可视为对前面章节所学知识的巩固和提高。

本章主要内容

- 绘制标高和轴网。
- 墙体、门与楼板的绘制和编辑。
- 创建玻璃幕墙。
- 创建屋顶。
- 平面区域与视图范围。
- 创建楼梯、扶手和坡道。
- 创建结构柱、建筑柱、雨篷和竖井。
- 创建场地。

16.1   绘制标高和轴网

【练习16-1】：绘制项目中的标高和轴网。

标高用来定义楼层层高及生成平面视图；轴网用于为构件定位，在 Revit 中轴网确定了一个不可见的工作平面。轴网编号及标高符号样式均可定制修改。这里首先绘制项目中的标高和轴网。

本练习视频

1.   选择"新建"→"项目"命令，打开"新建项目"对话框，从"样板文件"
    下拉列表中选择"建筑样板"，选中"项目"选项，如图 16-1 所示，然后单击
    "确定"按钮新建项目文件。

图16-1 "新建项目"对话框

2.   找到"管理"选项卡，单击"项目设置"面板中的"项目信息"按钮，打开
    "项目信息"对话框，可以在其中输入有关信息，如图 16-2 所示，然后单击
    "确定"按钮关闭对话框。

3. 单击"项目设置"面板中的"项目单位"按钮，打开"项目单位"对话框，将长度单位设置为 mm（毫米），面积单位设置为 m²（平方米），体积单位设置为 m³（立方米），如图 16-3 所示，然后单击"确定"按钮关闭对话框。

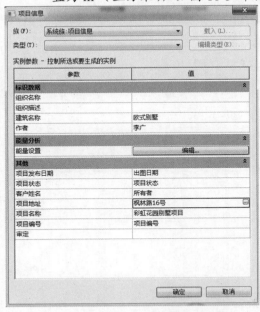

图16-2 在"项目信息"对话框中输入有关信息　　　　　　图16-3 设置项目里的有关单位

4. 选择"文件" → "另存为" → "项目"命令，弹出"另存为"对话框，单击"另存为"对话框右下角的"选项"按钮，弹出"文件保存选项"对话框，设置最大备份数为 3，单击"确定"按钮关闭对话框。然后在"另存为"对话框中设置文件名和文件的保存路径，这里输入文件名称为"别墅_01"，如图 16-4 所示，单击"保存"按钮即可保存项目文件。

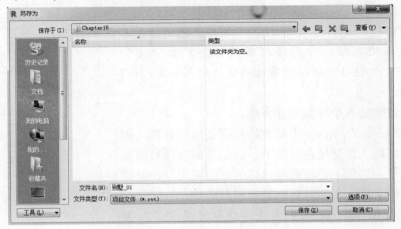

图16-4 设置文件的保存路径和文件名称

在 Revit 中，"标高"命令只有在立面视图和剖面视图中才能使用，因此在正式开始项目设计前，必须先打开一个立面视图。

5. 在项目浏览器中展开"立面（建筑立面）"节点，双击"南立面"进入南立面视图。调整"标高 2",将一层与二层之间的层高修改为 3.3m,如图 16-5 所示。单击"建筑"选项卡,选择"基准"面板中的"标高"工具,绘制"标高 3",然后调整它与"标高 2"的间距为 3m,如图 16-6 所示。

图16-5　修改"标高 2"的高度

图16-6　绘制"标高 3"并调整它与"标高 2"的间距

6. 利用"复制"工具,创建地坪标高和-1F。

(1) 选择"标高 2",选择"修改|标高"选项卡"修改"面板中的"复制"工具,然后勾选选项栏中的"多个"选项。

(2) 移动光标到"标高 2"上单击,捕捉一点作为复制参考点,然后垂直向下移动光标,同时直接在键盘上输入间距值 3750,按回车键确认,复制新的标高。继续向下移动光标,分别输入间距值 2850 和 200 后按回车键确认,复制另外两根新的标高。

(3) 分别选择新复制的 3 根标高,单击蓝色的标头名称激活文本框,分别输入新的标高名称 "0F" "-1F" "-1F-1" 后按回车键确认,结果如图 16-7 所示。

至此,建筑物的各个标高创建完成。

需要注意的是,在 Revit 中复制的标高是参照标高,因此新复制的标高标头都是黑色显示的。我们看到在项目浏览器中的"楼层平面"项下也没有创建新的平面视图,而且标高标头之间互相干扰。下面对标高进行局部调整。

(4) 按住 Ctrl 键,通过单击操作拾取标高 "0F" 和 "-1F-1",从属性面板的类型选择器中选择"标高下标头"类型,这样,两个标头自动发生翻转。结果如图 16-8 所示,可以看到已经消除了标头互相干扰的情况。

图16-7　复制标高并编辑标头

(5) 选择"视图"→"平面视图"→"楼层平面"命令,弹出"新建楼层平面"

对话框，从列表中选择"-1F"，如图 16-9 所示，单击"确定"按钮。这时在项目浏览器中已经创建新的楼层平面"-1F"，并且自动打开了"-1F"作为当前视图。

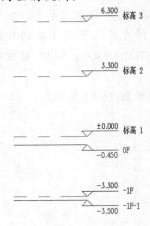

图16-8　编辑标头

图16-9　在"新建楼层平面"对话框中选择"-1F"

(6) 在项目浏览器中双击"立面（建筑立面）"节点下的"南立面"，回到"南立面"视图，发现标高"-1F"的标头已经变成蓝色显示。

7.　下面在平面视图中创建轴网。

在 Revit 中，轴网只需在任意一个平面视图中绘制一次，然后在其他平面视图、立面视图和剖面视图中都将自动显示。

(1) 打开"标高 1"视图，单击"建筑"选项卡，选择"基准"面板中的"轴网"工具，在视图的左边绘制第一条垂直轴线，轴号为 1，然后利用"修改"面板中的"复制"工具创建 2~9 号轴线。选择 1 号轴线，选择"复制"工具，移动光标在 1 号轴线上单击，捕捉一点作为复制参考点，然后水平向右移动光标，输入间距值 1200 后按回车键确认，复制 2 号轴线。保持光标位于新复制的轴线右侧，分别输入 4300、1100、1500、3900、3900、600、2400，并按回车键确认，绘制 3~9 号轴线。

(2) 选择 8 号轴线，标头文字变为蓝色，单击文字输入"1/7"后按回车键确认，将 8 号轴线改为附加轴线。同理，选择后面的 9 号轴线，修改标头文字为"8"。框选全部轴线，从类型选择器中选择"轴网 6.55mm 编号"类型。创建的垂直轴线如图 16-10 所示。

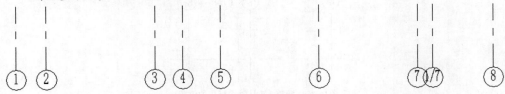

图16-10　创建的垂直轴线

(3) 选择"建筑"→"轴网"命令，移动光标到视图中 1 号轴线标头左上方位置，单击鼠标捕捉一点作为轴线起点。然后从左向右水平移动光标到 8 号轴线右侧一段距离后，再次单击鼠标，创建第一条水平轴线。

(4) 选择刚创建的水平轴线，修改标头文字为 "A"。从类型选择器中把轴线的类型改为 "轴网 6.55mm 编号"。下面利用 "复制" 工具，创建 B～I 号轴线。选择 A 号水平轴线，选择 "复制" 工具，移动光标在 A 号轴线上单击，捕捉一点作为复制参考点，然后垂直向上移动光标，保持光标位于新复制的轴线右侧，分别输入 4500、1500、4500、900、4500、2700、1800、3400 后按回车键确认，完成复制。

(5) 选择 I 号轴线，修改标头文字为 "J"，创建的轴网如图 16-11 所示。

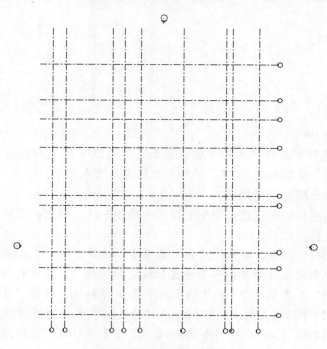

图16-11　创建的轴网

绘制完轴网后，需要在平面视图和立面视图中手动调整轴线标头位置，修改 7 号和 1/7 号轴线、D 号和 E 号轴线标头互相干扰的情况，以满足出图需要。

(6) 打开 "南立面" 视图，使用前述编辑标高和轴网的方法，调整 1/7 号轴线标头位置、添加弯头，结果如图 16-12 所示。

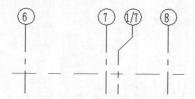

图16-12　调整 1/7 号轴线标头的位置

(7) 用同样方法调整 "东立面" 视图、"西立面" 视图和 "北立面" 视图上的标高和轴网。打开 "东立面" 视图，调整 D 号轴线标头位置，调整后的标头如图 16-13 所示。

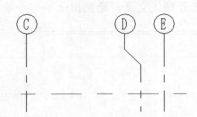

图16-13 调整 D 号轴线标头的位置

(8) 分别进入"北立面"视图和"西立面"视图，调整 1/7 号或 D 号轴线标头的位置，使之与邻近标头互不干扰。

至此，标高和轴网创建完成，保存文件。

16.2 墙体、门与楼板的绘制和编辑

16.2.1 地下一层的创建

练习 16-1 完成了标高和轴网等定位参照的设计，从本小节开始，将从地下一层平面开始，分层逐步完成别墅三维模型的设计。本小节将创建地下一层平面的墙体、门窗和楼板构件，完成后的建筑模型如图 16-14 所示。

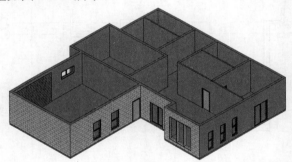

图16-14 完成后的建筑模型

首先为地下一层自定义墙类型，然后再逐一绘制地下一层室内外墙体，并插入地下一层门窗，设置门窗的底高度等各项参数，调整门窗开启方向等。最后拾取外墙位置绘制地下一层楼板轮廓边界线，为地下一层创建楼板。

【练习16-2】：创建地下一层的墙体。

1. 打开"别墅_01.rvt"文件，或继续练习 16-1，另存该文件为"别墅_02.rvt"。

(1) 打开"-1F"平面视图，选择"建筑"选项卡中的"墙"工具，在类型选择器中选择"基本墙：常规－200mm"，设置属性面板中的有关参数，"底部约束"设为"-1F-1"，"顶部约束"设为"直到标高：标高1"。

(2) 选择"绘制"面板中的"直线"工具，单击 E 号轴线和 2 号轴线交点，以该点作为绘制墙体的起点，顺时针单击 E 号轴线和 1 号轴线交点、F 号轴线和 1 号轴线交点、F 号轴线和 2 号轴线交点、H 号轴线和 2 号轴线交点、H 号轴线和 7 号轴

线交点、D 号轴线和 7 号轴线交点，绘制出上半部分墙体，如图 16-15 所示。

图16-15 绘制出的上半部分墙体

(3) 绘制下半部分墙体。选择"建筑"选项卡中的"墙"工具，从类型选择器中选择"基本墙：常规 – 225mm 砌体"类型，在属性面板中设置"底部约束"为"-1F-1"，"顶部约束"为"直到标高：标高 1"。

(4) 选择"绘制"面板中的"直线"工具，单击 E 号轴线和 2 号轴线交点作为绘制墙体的起点，然后光标垂直向下移动，用键盘输入"8280"，按回车键确认；将光标水平向右移动到 5 号轴线单击，继续单击 E 号轴线和 5 号轴线交点、E 号轴线和 6 号轴线交点、D 号轴线和 6 号轴线交点、D 号轴线和 7 号轴线交点，绘制出下半部分墙体，如图 16-16 所示。

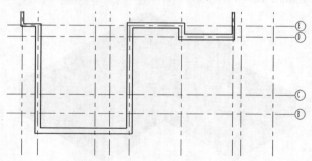

图16-16 绘制出的下半部分墙体

(5) 打开三维视图，查看创建的地下一层外墙，如图 16-17 所示。

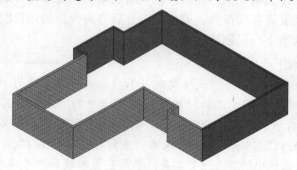

图16-17 地下一层外墙

(6) 可以看到，下半部分墙体的室内面具有砖块图案，但这不是我们需要的。为此，对这种墙体进行编辑修改。单击视图中的一段这种墙体，然后单击属性面板中的"编辑类型"按钮，打开"类型属性"对话框，单击"复制"按钮，在弹出的"名称"对话框中输入"外墙饰面砖"，单击"确定"按钮关闭"名称"对话框。单击"结构"项后面的"编辑"按钮，弹出"编辑部件"对话框。在此给墙体增加一个内面层，设置材质类型为"默认墙"，厚度设为20mm，如图 16-18 所示。

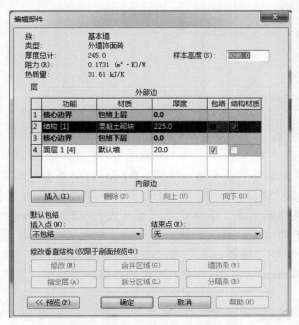

图16-18　定义"外墙饰面砖"墙类型

(7) 完成后观察修改墙体的效果，如果发现墙的内面砖墙图案未变，则打开平面视图，修改这个墙体的方向。将其他几段下部墙体也改为"外墙饰面砖"类型，然后修改这些墙体的方向，最终效果如图 16-19 所示。

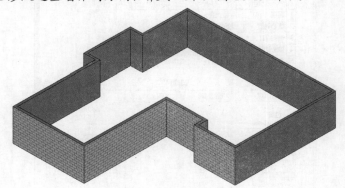

图16-19　地下一层外墙最终效果

2. 绘制地下一层内墙。

(1) 选择"建筑"选项卡中的"墙"工具，在类型选择器中选择"基本墙：常规 –200mm"类型，选择"绘制"面板中的"直线"工具，选项栏的"定位线"选择"墙中心线"，在属性面板中设置"底部约束"为"-1F"，"顶部约束"为

"直到标高：标高 1"。按图 16-20 所示的内墙位置绘制"常规-200mm"地下一层内墙。

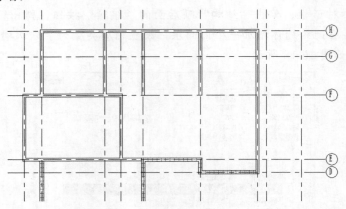

图16-20　地下一层中"基本墙：常规-200mm"类型墙体的位置

(2) 在类型选择器中选择"基本墙：常规-90mm 砖"类型，然后用前述方法自定义一个墙类型"基本墙：常规-100mm"，即通过修改"基本墙：常规-90mm 砖"类型而生成，具体设置可参考图 16-21 所示的"编辑部件"对话框。选项栏中的"定位线"选择"核心面：外部"。在属性面板中设置"底部约束"为"-1F"，"顶部约束"为"直到标高：标高 1"。墙类型选择"基本墙：常规-100mm"，按图 16-22 所示的内墙位置绘制"常规-100mm"地下一层内墙。

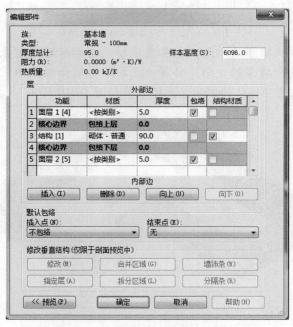

图16-21　自定义"基本墙：常规-100mm"墙类型

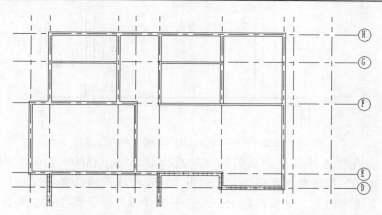

图16-22　地下一层中"基本墙：常规－90mm"类型墙体的位置

(3)　图 16-23 所示是地下一层墙体的平面视图和三维视图，保存文件。

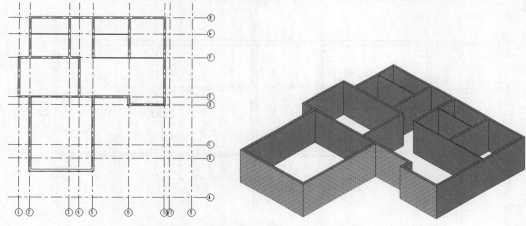

图16-23　地下一层墙体的平面视图和三维视图

【练习16-3】：　在地下一层放置门窗和创建楼板。

1.　接练习 16-2，或打开"别墅_02.rvt"文件，把该文件另存为"别墅_03.rvt"。

本练习视频

(1)　打开"-1F"视图，选择"建筑"选项卡中的"门"工具，然后从类型选择器中寻找将使用的门类型，结果发现没有适用的，单击属性面板中的"编辑类型"按钮，弹出"类型属性"对话框，单击"载入"按钮，加载需要的门类型。选择"单扇-与墙齐：750×2000"类型。单击"标记"面板中的"在放置时进行标记"按钮，以便对门进行自动标记。如果要引入标记引线，应选择选项栏中的"引线"选项并指定引线长度。

(2)　将光标移动到 3 号轴线"基本墙：常规－200mm"类型的墙上，此时会出现门与周围墙体间距的灰色相对尺寸，这样可以通过相对尺寸大致捕捉门的位置。在平面视图中放置门之前，按空格键可以控制门的左右开启方向。在墙上合适位置单击放置门，然后调整门的位置，使门到 F 号轴线"基本墙：常规－200mm"墙的上边缘距离为 175mm，如图 16-24 所示。

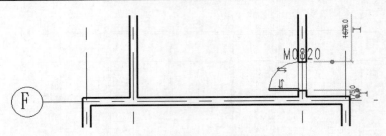

图16-24 放置"单扇-与墙齐：750×2000"类型的一扇门

(3) 同理，在类型选择器中分别选择"双扇推拉门 5：1500×2100""卷帘门：4100×3000"门类型，按图 16-25 和图 16-26 所标识的位置插入地下一层的墙上。为了清晰起见，这里把地下一层的平面视图拆分成图 16-25 和图 16-26。同样，如果类型选择器中没有需要的门类型，则从库中载入。

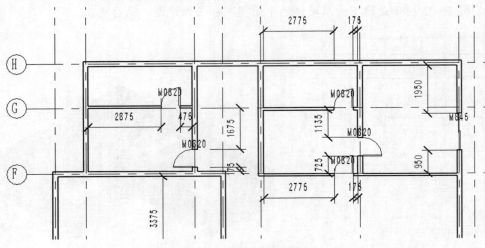

图16-25 地下一层的上半部分

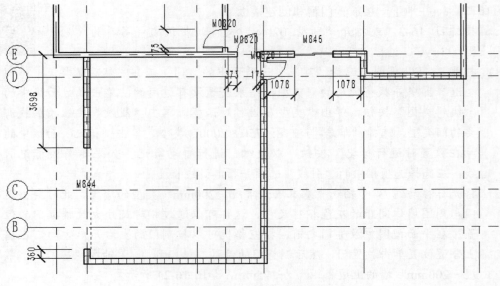

图16-26 地下一层的下半部分

(4) 打开三维视图，观察门放置的情况，如图 16-27 所示。

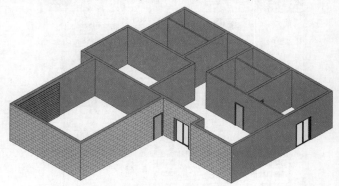

图16-27　放置门之后的地下一层

2. 在地下一层放置窗户。

(1) 打开"-1F"视图，选择"建筑"选项卡中的"窗"工具。在类型选择器中分别选择"上下拉窗 1: 600×1200""上下拉窗 1: 900×1800""推拉窗 6: 1200×1500""固定: 1500×1500"类型，按照图 16-28 所示的位置在墙上单击，将窗户放置在合适位置。

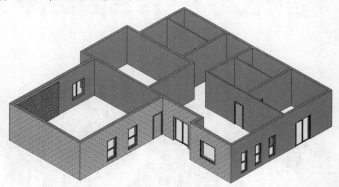

图16-28　在墙上放置窗户

(2) 放置完成后，发现卷帘门旁边的推拉窗尺寸不合适，需要进行修改。选中这个窗户，单击属性面板中的"编辑类型"按钮，单击"类型属性"对话框中的"复制"按钮，将名称设为"1500×800"。然后将高度改为 800，宽度改为 1500，如图 16-29 所示。接着，向上拖动这个窗户到适当的位置。

(3) 对于"固定: 1500×1500"类型的窗户也不太满意，在 Revit 自带的库里没有找到合适的窗户类型。但网上有许多现成的类可供下载，可以找到一款窗户类型，下载到本机上，然后将它载入到项目中替换原有的窗户，结果如图 16-30 所示。与图 16-28 比较，注意两个修改过的窗户。

(4) 接下来，可以调整各个窗户的底高度，方法有两种，一种是在属性面板中输入新的底高度值，另一种方法是打开立面视图，在视图上修改窗户的底高度。这里对各个窗户的底高度都满意，因此不进行修改。

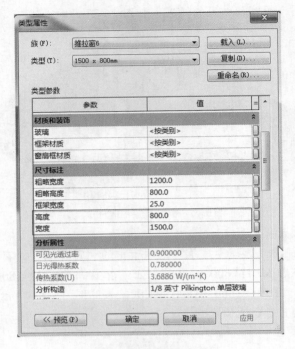

图16-29 修改窗户的尺寸

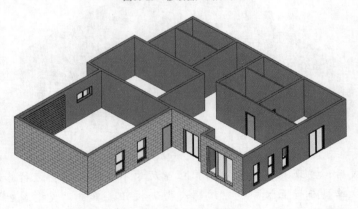

图16-30 修改了两个窗户

3. 创建地下一层楼板。

(1) 打开地下一层 "-1F" 平面视图，选择 "建筑" 选项卡中的 "楼板" 工具，进入楼板绘制模式，选择 "绘制" 面板中的 "拾取墙" 工具，在选项栏中设置偏移为 "-20"，楼板类型选择 "楼板：常规 - 150mm"，属性面板中的 "标高" 选择 "-1F"。依次单击拾取外墙外边线，自动创建楼板轮廓线，再经过修改，轮廓线如图 16-31 所示。

(2) 单击 "完成编辑模式" 按钮，这时弹出一个提示框，如图 16-32 所示，单击 "是" 按钮。当弹出图 16-33 所示的提示框时，单击 "是" 按钮。至此，完成了地下一层楼板的创建。打开三维视图，结果如图 16-34 所示，保存文件。

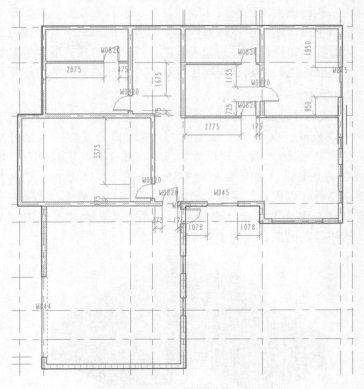

图16-31　楼板轮廓线

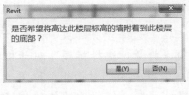

图16-32　提示框（1）

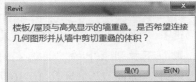

图16-33　提示框（2）

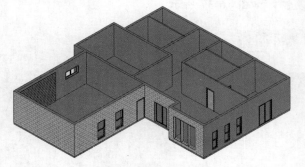

图16-34　地下一层楼板

16.2.2　首层的创建

与建筑师现有的设计习惯一样，在完成了地下一层的设计后，可以复制地下一层的构件到首层，经过局部编辑修改后，即可快速完成其他楼层平面设计，而无须从头逐一绘制首层的墙体和门窗等构件，从而极大地提高设计效率。本小节将首先整体复制地下一层外墙，将其"对齐粘贴"到首层平面，然后用"修剪"和"对齐"等编辑工具修改复制的墙体，并补充绘制首层内墙。接着插入首层门窗，并精确定位，编辑其"底高度"等参数。最后将综合使用"拾取墙"和"直线"工具绘制首层楼板轮廓线，创建带露台的首层平面楼板。

【练习16-4】： 首层的创建。

1. 接练习 16-3，或打开"别墅_03.rvt"文件，另存文件为"别墅_04.rvt"。

   本练习视频

(1) 复制地下一层外墙。切换到三维视图，将光标放在地下一层的外墙上，高亮显示后按 Tab 键，发现除了所有外墙全部高亮显示外，有两段内墙也高亮显示，因此需要使用"拆分图元"工具把它们与外墙进行拆分。拆分完成后，将光标放在地下一层的外墙上，高亮显示后按 Tab 键，所有外墙全部高亮显示，内墙灰显，单击鼠标左键，地下一层外墙将全部选中，构件蓝色亮显，如图 16-35 所示。

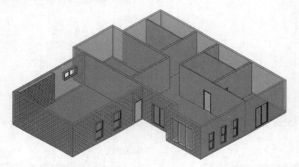

图16-35　选中全部外墙

(2) 选择"剪贴板"面板中的"复制到剪贴板"工具，选择"剪贴板"面板"粘贴"下拉列表中的"与选定的标高对齐"选项，打开"选择标高"对话框，选择"标高 1"，如图 16-36 所示，单击"确定"按钮关闭对话框。地下一层平面的外墙都被复制到首层平面，同时由于默认门窗是依附于墙体的构件，所以一并被复制，如图 16-37 所示。

图16-36　选择"标高 1"

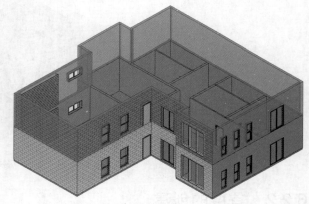

图16-37　复制到首层的墙体和门窗

(3) 打开"标高 1"一层平面视图，框选所有构件，选择"选择"面板中的"过滤器"工具,打开"过滤器"对话框,取消勾选"墙"选项,单击"确定"按钮。然后选择所有的门窗,按 Delete 键删除,结果如图 16-38 所示。

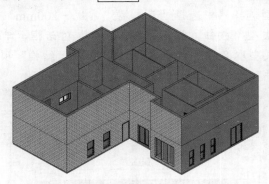

图16-38 删除门窗后的首层

2. 编辑首层外墙,首先调整外墙位置。

(1) 选择"修改"面板中的"对齐"工具,单击 B 号轴线作为对齐目标位置,移动光标到 B 号轴线下方的墙上,按 Tab 键拾取墙的中心线位置,单击左键,则墙的中心线就与 B 号轴线对齐了,如图 16-39 所示。

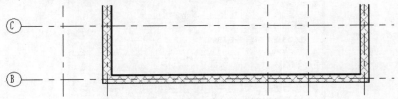

图16-39 使墙的中心线与 B 号轴线对齐

(2) 选择"建筑"选项卡中的"墙"工具,在类型选择器中选择"外墙 - 机刨横纹灰白色花岗石墙面"类型。在属性面板中设置"底部约束"为"标高 1","顶部约束"为"直到标高:标高 2"。选项栏的"定位线"选择"墙中心线"。

(3) 单击 H 号轴线和 5 号轴线的交点作为绘制墙体的起点,然后逆时针单击 G 号轴线与 5 号轴线的交点、G 号轴线与 6 号轴线的交点、H 号轴线与 6 号轴线的交点,绘制出三面墙体。再用"修改"面板中的"对齐"工具,按前述方法,将 G 号轴线上墙的外边线与 G 号轴线对齐。选择"修改"面板中的"拆分"工具,单击 H 号轴线上的墙(5 号轴线和 6 号轴线之间的任意位置),墙被拆分为两段,然后使用"修改"面板中的"修剪/延伸为角"工具进行修剪,结果如图 16-40 所示。

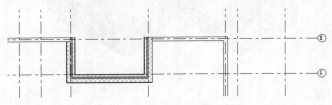

图16-40 修剪结果

(4) 因为在现有的墙类型中没有找到适合我们需要的，因此需要编辑生成新的墙类型。下面在"基本墙：常规－200mm"类型的基础上进行编辑。单击一段外墙体，从类型选择器中选择"基本墙：常规－200mm"类型，单击属性面板中的"编辑类型"按钮，弹出"类型属性"对话框，单击"复制"按钮，为新建的墙体类型取名"一层外墙"，然后单击"结构"项的"编辑"按钮，弹出"编辑部件"对话框，参数设置如图 16-41 所示。

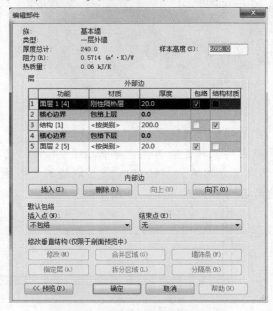

图16-41 "编辑部件"对话框参数设置

(5) 移动光标到复制的外墙上，按 Tab 键，发现无法使全部外墙亮显，仔细观察，发现在 2 号轴线和 F 号轴线的交点处有需要裁剪的墙体，使用"修剪/延伸为角"工具进行裁剪。然后再次把光标移动到外墙上，按 Tab 键，这次所有外墙链亮显。单击鼠标选择所有外墙，从类型选择器中选择"一层外墙"类型，更新所有外墙类型。最后结果如图 16-42 所示。

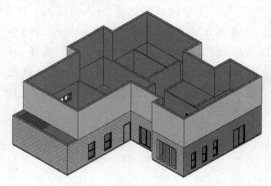

图16-42 生成的一层外墙

3. 绘制首层内墙。

(1) 选择"建筑"选项卡中的"墙"工具，在类型选择器中选择"基本墙：常规－

200mm"类型，选项栏中的"定位线"选择"墙中心线"。在属性面板中设置
"底部约束"为"标高1"，"顶部约束"为"直到标高：标高2"。绘制3段内
墙，如图16-43所示。

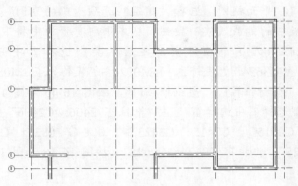

图16-43　绘制3段内墙

(2)　在类型选择器中选择"基本墙：常规－100mm"类型，在属性面板中设置
"底层约束"为"标高1"，"顶部约束"为"直到标高：标高2"。绘制内
墙，如图16-44所示，绘制完的一层墙体如图16-45所示。

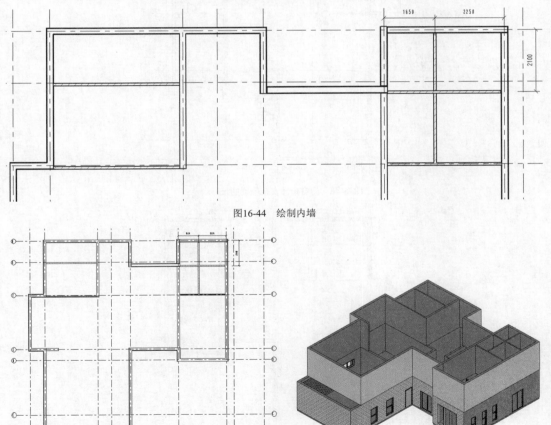

图16-44　绘制内墙

图16-45　一层墙体

4. 创建首层门窗。

编辑完首层平面内外墙体后，就可以创建首层门窗。门窗的插入和编辑方法与地下一层时所用的门窗方法相同，此处不再详述。

(1) 打开"标高 1"平面视图，选择"建筑"选项卡中的"门"工具，然后单击"模式"面板中的"载入族"按钮，从本书配套资源中将下面要用到的门族和窗族一次性载入这个项目中，之后从类型选择器中分别选择门类型"YM3627：YM3624""装饰木门-M0921""装饰木门-M0821""双扇现代门：M1824""型材推拉门：塑钢推拉门"，按图 16-46 和图 16-47 所示位置放置门；在类型选择器中选择窗类型"推拉窗 2406：C2406""C0615：C0609""C0615""C0915""C3415：C3423""固定窗 0823：C0823""推拉窗C0624：C0825""推拉窗 C0624：C0625"，按图 16-46 和图 16-47 所示位置放置窗户。

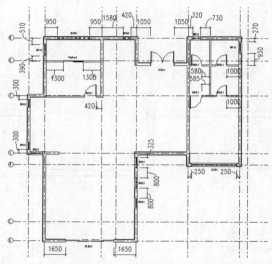

图16-46 门窗构件安装位置的尺寸表示

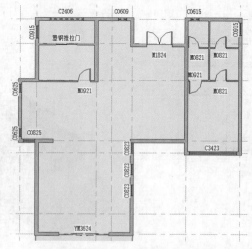

图16-47 不同类型门窗安装位置示意图

(2) 编辑窗台高度。在平面视图中选择窗户，在属性面板中设置"底高度"参数值，调整窗户的窗台高度：C2406 为 1200mm、C0609 为 1400mm、C0615 为 900mm、C0915 为 900mm、C3423 为 100mm、C0823 为 100mm、C0825 为 150mm、C0625 为 300mm。

5. 创建首层楼板。

(1) 打开首层平面"标高 1"，选择"建筑"选项卡中的"楼板"工具，进入楼板绘制模式，选项栏中的"偏移"量设为 20。选择"绘制"面板中的"拾取墙"工具，把光标移动到外墙外边线上，按 Tab 键选择所有外墙，单击鼠标自动生成一层的轮廓线。检查确认轮廓线完全封闭，单击"完成编辑模式"按钮，这时弹出一个对话框，如图 16-48 所示，单击"是"按钮，又弹出一个提示框，如图 16-49 所示，单击"取消"按钮。

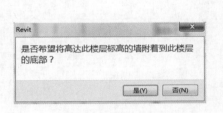

图16-48　对话框

图16-49　提示框

(2) 选择"修改|楼板"选项卡"模式"面板中的"编辑边界"工具，选择 B 号轴线下面的轮廓线，向下拖动到某个位置，在尺寸框中输入 4490，结果如图 16-50 所示。对图 16-50 所示图形做局部修改，结果如图 16-51 所示。绘制完成后的楼板轮廓线如图 16-52 所示。

图16-50　将边界线下移 4490mm

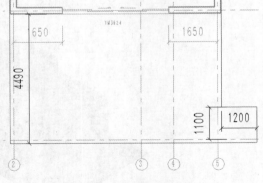

图16-51　局部修改结果

(3) 在类型选择器中选择楼板类型为"楼板：常规 – 100mm"。单击"完成编辑模式"按钮完成创建首层楼板，结果如图 16-53 所示，保存文件。

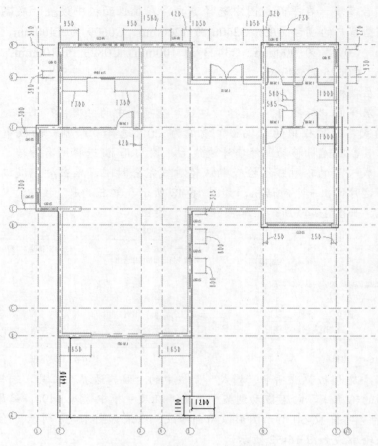

图16-52　绘制完成后的楼板轮廓线

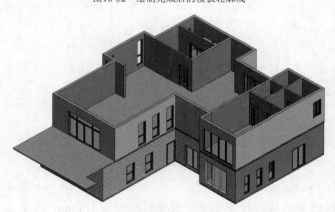

图16-53　创建完成的首层楼板

16.2.3　创建二层

16.2.2　小节通过复制地下一层外墙的方法，创建了首层外墙，并绘制了内墙，放置了门窗，创建了首层楼板，完成了首层设计。本小节用类似方法，首先整体复制首层所有墙体、门窗和楼板构件，然后修改复制的墙体，补充绘制二层内墙，插入二层门窗并精确定位，编辑其"底高度"等参数，最后编辑楼板轮廓线，创建新的二层楼板，快速完成二层的设计。

【练习16-5】： 二层的创建。

1. 接练习 16-4，或者打开"别墅_04.rvt"文件，把文件另存为"别墅_05.rvt"。

(1) 打开"南立面"视图。用鼠标框选首层所有构件，选择"选择"面板中的"过滤器"工具打开"过滤器"对话框，确保只勾选了"墙""门""窗""楼板"类别，单击"确定"按钮关闭对话框。选择"剪贴板"面板中的"复制到剪贴板"工具，选择"剪贴板"面板中"粘贴"下拉列表中的"与选定的标高对齐"选项，打开"选择标高"对话框，选择"标高 2"，单击"确定"按钮关闭对话框。这样，首层所有的构件都已被复制到二层上，如图 16-54 所示。

图16-54　把首层上的建筑构件复制到二层上

(2) 在复制的二层构件处于选择状态时（如果已经取消选择，应在"南立面"视图中再次框选二层所有构件），选择"过滤器"工具打开"过滤器"对话框，只勾选"门""窗"类别，单击"确定"按钮选择所有门窗，按 Delete 键删除所有门窗。

2. 编辑二层外墙。

(1) 在三维视图中依次删除二层的所有内墙。在第二层，所有外墙都是从一层复制过来的"基本墙：一层外墙"类型，这里需要创建一种新的墙类型用于二层。为此，选择二层的一段外墙，单击属性面板中的"编辑类型"按钮，弹出"类型属性"对话框，单击"复制"按钮，命名为"外墙-白色涂料"，单击"确定"按钮关闭对话框。单击"结构"项的"编辑"按钮，弹出"编辑部件"对话框，如图 16-55 所示，单击"材质"栏的"刚性隔热层"，出现一个小图标，单击这个图标，弹出"材质浏览器－刚性隔热层"对话框，可以发现左边列表中没有合适的材质，选择左下角的"新建材质"选项，如图 16-56 所示，在列表中出现了"默认为新材质"选项，单击"标识"选项卡，在名称栏输入新材质的名字"白色涂料"，然后单击"图形"选项卡，将颜色选为白色，单击"确定"按钮关闭"材质浏览器－刚性隔热层"对话框。这时，"编辑部件"对话框如图 16-57 所示，单击"确定"按钮关闭"编辑部件"对话框。再次单击"确定"按钮关闭"类型属性"对话框。

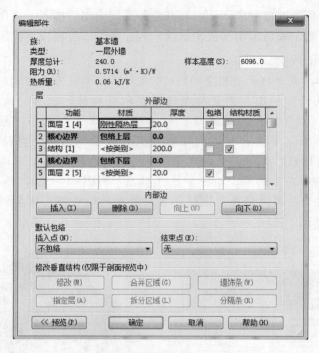

图16-55 "编辑部件"对话框

图16-56 选择"新建材质"选项

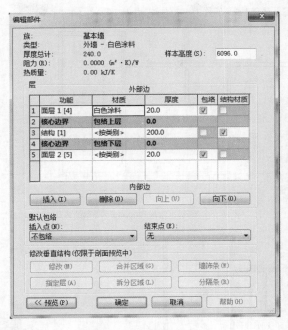

图16-57 创建的墙类型

(2) 二层外墙的类型都选择"基本墙：外墙-白色涂料"，确定属性面板中的"顶部约束"为"直到标高：标高 3"，"底部约束"为"标高 2"，"顶部偏移"参数为 0。

修改后的二层外墙如图 16-58 所示。

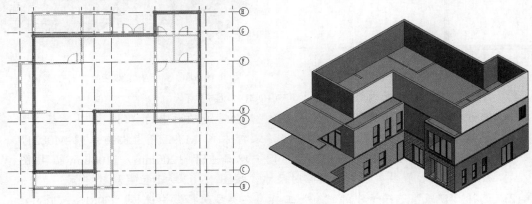

图16-58 修改后的二层外墙

3. 绘制二层内墙。

选择"建筑"选项卡中的"墙"工具，在类型选择器中选择"基本墙：常规 - 200mm"类型，在属性面板中设置"底部约束"为"标高 2"，"顶部约束"为"直到标高：标高 3"。选项栏中的"定位线"选择"墙中心线"。按图 16-59 所示位置绘制"常规 - 200mm"内墙。在类型选择器中选择"基本墙：常规 - 100mm"类型，在属性面板中设置"底部约束"为"标高 2"，"顶部约束"为"直到标高：标高 3"，按照图 16-60 所示位置绘制"常规 - 100mm"

内墙。完成内墙绘制后的二层三维视图如图 16-61 所示。

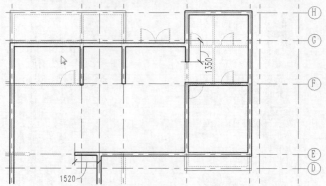

图16-59　绘制"常规-200mm"类型的内墙

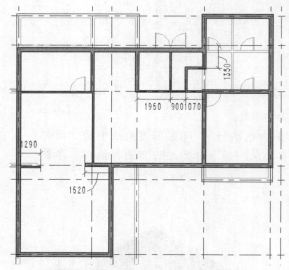

图16-60　绘制完两种类型内墙后的二层视图

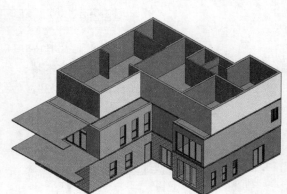

图16-61　完成内墙绘制后的二层三维视图

4.　编辑完成二层平面内外墙体后，即可创建二层门窗。

(1)　打开"标高 2"楼层平面视图，选择"建筑"选项卡中的"门"工具，在类型选择器中选择"移门：YM3324""装饰木门-M0921""装饰木门-M0821""LM0924""YM1824：YM3267""门－双扇平开 1200mm×2100mm"，按图 16-62 所示位置放置门并编辑临时尺寸，按图 16-62 所示位置精确定位。

(2)　选择"建筑"选项卡中的"窗"工具，在类型选择器中选择"C0615：C0609""C0615：C1023""C0923""C0615""C0915"，按图 16-62 所示位置放置窗户并编辑临时尺寸，按图 16-62 所示位置精确定位。

(3)　编辑窗台高度。在属性面板中设置每个窗户的"底高度"参数值，调整窗台高度，C0609 为 1450mm、C0615 为 850mm、C0923 为 100mm、C1023 为 100mm、C0915 为 900mm。

(4)　打开三维视图，如图 16-63 所示。

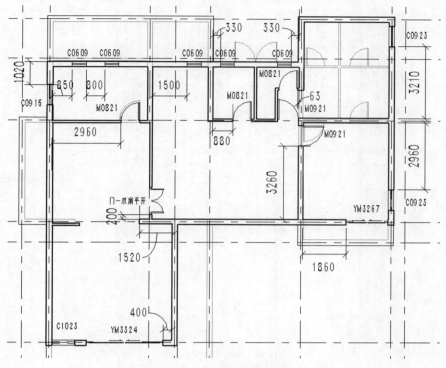

图16-62　门和窗户的放置位置

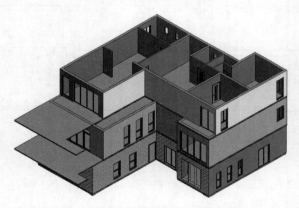

图16-63　完成门窗放置后的二层三维视图

5. 编辑二层楼板。二层楼板不需要重新创建，只需编辑复制过来的楼板边界位置即可。

(1) 在视图中选择二层楼板，单击"模式"面板中的"编辑边界"按钮，打开楼板轮廓草图，如图 16-64 所示。选择"工作平面"面板中的"参照平面"工具，选择"绘制"面板中的"直线"工具，在 B 号轴线下方 100mm 处绘制一个参照平面，目的是之后要在这个位置绘制楼板边界。然后对图 16-64 所示的楼板轮廓线进行编辑，编辑后的楼板边界如图 16-65 所示。

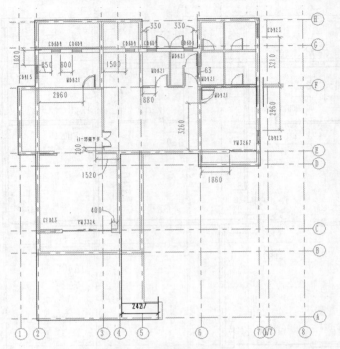

图16-64 编辑前的楼板轮廓

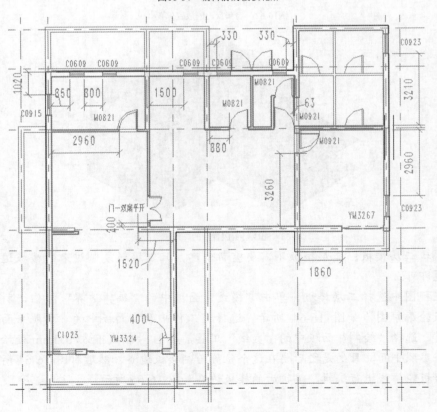

图16-65 编辑后的楼板轮廓

(2) 完成轮廓编辑后，单击"完成编辑模式"按钮创建二层楼板。注意，楼板轮廓必须是闭合回路，如编辑后无法创建楼板，应检查轮廓是否未闭合或重叠。编辑完成后的三维视图如图 16-66 所示，保存文件。

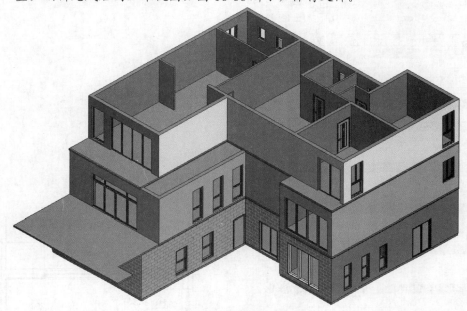

图16-66　二层楼板编辑完成后的三维视图

16.3　创建玻璃幕墙

【练习16-6】：创建玻璃幕墙。

1. 打开"别墅_05.rvt"文件，或接练习 16-5，把文件另存为"别墅_06.rvt"。打开"标高 1"平面视图，选择"建筑"选项卡中的"墙"工具，在类型选择器中选择"幕墙"类型，单击"编辑类型"按钮，打开"类型属性"对话框，单击"复制"按钮，在弹出的"名称"对话框中输入新的名称"C2156"，单击"确定"按钮完成创建新的幕墙类型。

2. 在属性面板中设置"底部约束"为"标高 1"，"底部偏移"为"100"，"顶部约束"为"未连接"，"无连接高度"为"5600"。

要将幕墙嵌入墙中并自动切割幕墙洞口，必须在"类型属性"对话框中勾选"构造"栏下的"自动嵌入"选项。本例中的幕墙分割与竖梃是通过参数设置自动完成的，按图 16-67 所示在幕墙"C2156"的"类型属性"对话框中设置有关参数。

3. 设置完参数后，单击"确定"按钮关闭对话框。按照与绘制墙体一样的方法在 5 号轴线和 6 号轴线之间的 E 号轴线上单击两点绘制幕墙，位置如图 16-68 所示。绘制完成后的幕墙如图 16-69 和图 16-70 所示。图 16-69 是"南立面"视图，保存该文件。

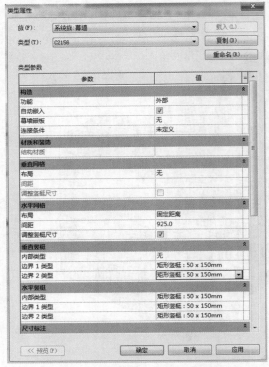

图16-67 设置"C2156"幕墙的有关参数

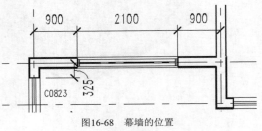

图16-68 幕墙的位置

图16-69 添加幕墙后的"南立面"视图

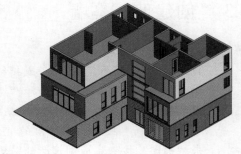

图16-70 添加幕墙后的三维视图

16.4 创建屋顶

前面完成了从地下到地上二层的所有墙体、门窗和楼板等建筑主体构件的创建，本节将为建筑各层创建各种双坡和多坡屋顶。

【练习16-7】：创建屋顶。

1. 接练习 16-6，或打开"别墅_06.rvt"文件，另存为"别墅_07.rvt"。

(1) 打开"标高 2"平面视图，在属性面板中设置"基线"栏下的参数"范围：底部标高"为"标高 1"。

(2) 选择"建筑"选项卡"工作平面"面板中的"参照平面"工具，在 F 轴向外

800mm 处和 E 号轴线向外 800mm 处各绘制一个参照平面，在 1 号轴线向左 500mm 处绘制一个参照平面，如图 16-71 所示。

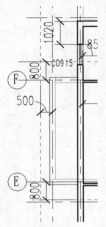

图16-71　3 个参照平面的位置

2. 单击"建筑"选项卡中的"屋顶"下拉列表，选择"拉伸屋顶"选项，弹出"工作平面"对话框，选择"拾取一个平面"，单击"确定"按钮关闭对话框。单击刚才绘制的垂直参照平面，弹出"转到视图"对话框，选择对话框中的"立面-西"，如图 16-72 所示。单击"打开视图"按钮关闭对话框，这时弹出"屋顶参照标高和偏移"对话框，如图 16-73 所示，这里不进行更改，单击"确定"按钮关闭对话框，进入"西立面"视图。

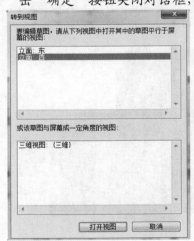

图16-72　选择"立面：西"

图16-73　标高和偏移的选择

(1) 在"西立面"视图中可以看到两个纵向的参照平面，这是刚才在"标高 2"平面视图中绘制的两个水平参照平面在西立面的投影，用来创建屋顶时精确定位。选择"绘制"面板中的"直线"工具，按图 16-74 所示尺寸绘制拉伸屋顶截面形状线，屋顶截面形状线的两端距离"标高 2"轴线 162mm。这里要使用的屋顶厚为 150mm，但是从类型选择器下拉列表中没有找到现成的类型，需创建这种屋顶。为此，从类型选择器下拉列表中选择"常规－125mm"类型，单击"编辑类型"按钮,弹出"类型属性"对话框,单击"复制"按钮,命名新类型为"常规－150mm",再单击对话框中的"编辑"按钮,在弹出的"编辑部件"对话框中进行设置,插入一个面层,材质设为"瓦片-筒瓦",厚度设为25,将面层的颜色设为蓝色,如图 16-75 所示。单击"确定"按钮关闭对话框,再次单击"确定"按钮关闭"类型属性"对话框。

(2) 单击"完成编辑模式"按钮完成屋顶的创建,结果如图 16-76 所示。

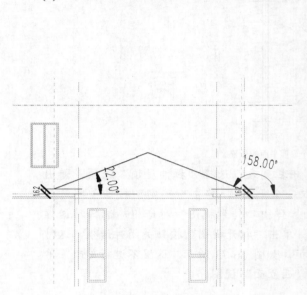

图16-74　拉伸屋顶截面的尺寸

图16-75　对新创建屋顶进行参数设置

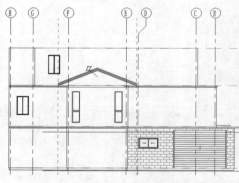

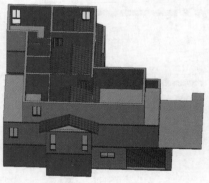

图16-76　创建屋顶后的立面视图和三维视图

3. 修改屋顶。从三维视图中可以看到屋顶长度过长,延伸到了二层屋内,同时屋顶下面没有山墙。下面逐一完善这些细节。

(1) 打开三维视图,选择"修改"选项卡"几何图形"面板中的"连接/取消连接屋顶"工具,先单击延伸到二层屋内的屋顶边缘线,再单击拾取左侧二层外墙墙面,即可自动调整屋顶长度使其端面和二层外墙墙面对齐,最后结果如图 16-77 所示。

(2) 按住 Ctrl 键连续单击选择屋顶下面的三面墙体,单击"修改墙"面板中的

"附着顶部/底部"按钮，然后选择屋顶为被附着的目标，则墙体自动将其顶部附着到屋顶下面，如图 16-78 所示。这样就在墙体和屋顶之间创建了关联关系。

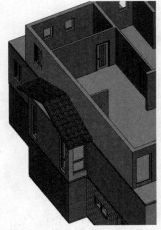

图16-77　调整后的屋顶长度

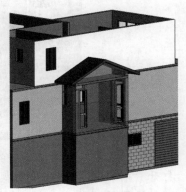

图16-78　墙体连接到了屋顶

4. 使用"迹线屋顶"工具创建项目北侧二层的多坡屋顶。

(1) 打开"标高 2"平面视图，单击"建筑"选项卡"构建"面板中的"屋顶"下拉菜单，选择"迹线屋顶"选项，进入绘制屋顶轮廓迹线草图模式，选择"绘制"面板中的"直线"工具，绘制屋顶轮廓迹线，如图 16-79 所示，轮廓线沿相应轴网向外偏移 800mm。

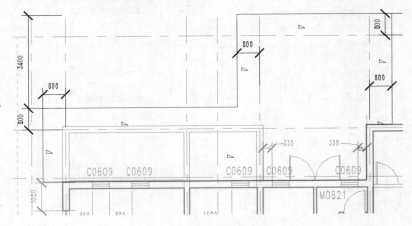

图16-79　绘制屋顶轮廓迹线

(2) 从类型选择器中选择"常规－150mm"屋顶类型。在属性面板中设置"坡度"参数为 22°，单击"确定"按钮后所有屋顶迹线的坡度值自动调整为 22°。单击"完成编辑模式"按钮完成编辑。

(3) 选择"模式"面板中的"编辑迹线"工具，按住 Ctrl 键连续单击选择最上面、最下面和右侧最短的水平迹线，以及下方左右两条垂直迹线，取消勾选选项栏中的"定义坡度"选项，这样就取消了这些边的坡度。可以看到几条边线旁边的小三角符号消失了。单击"完成编辑模式"按钮完成编辑。

(4) 同前所述，选择屋顶下的墙体，单击"修改墙"面板中的"附着顶部/底部"
按钮，然后选择屋顶为被附着的目标，则墙体自动将其顶部附着到屋顶下
面，如图 16-80 所示。

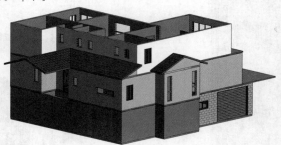

图16-80　墙体附着到屋顶

5.　创建第三层多坡屋顶。三层多坡屋顶的创建方法与创建二层屋顶一样。

(1) 打开"标高 3"楼层平面视图，设置属性面板中的"底部标高"为"标高
3"，设置屋顶的"坡度"参数为 22°。单击"建筑"选项卡"构建"面板中
的"屋顶"下拉菜单，选择"迹线屋顶"选项，进入绘制屋顶迹线草图模
式，选择"绘制"面板中的"直线"工具，在相应的轴线向外偏移 800mm，
绘制出屋顶的轮廓，如图 16-81 所示。

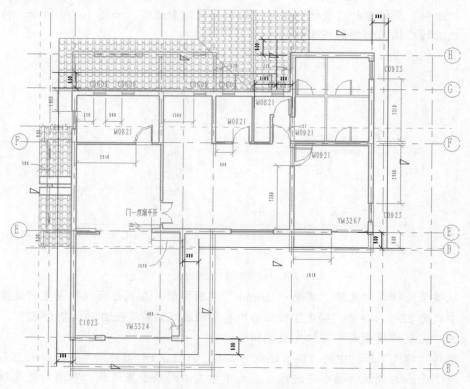

图16-81　绘制三层屋顶轮廓

(2) 选择"工作平面"面板中的"参照平面"工具，如图 16-82 中箭头所示，绘制

两个参照平面，它们与中间两条水平迹线平齐，并与左右最外侧的两条垂直迹线相交。

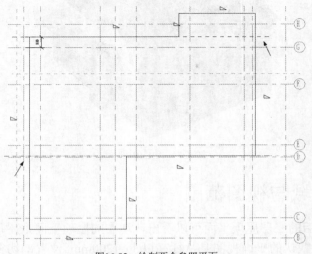

图16-82　绘制两个参照平面

(3) 选择"修改"面板中的"拆分"工具，在参照平面和左右最外侧的两条垂直迹线交点位置分别单击鼠标，将两条垂直迹线拆分成上下两段。拆分位置如图 16-83 中的箭头所示。

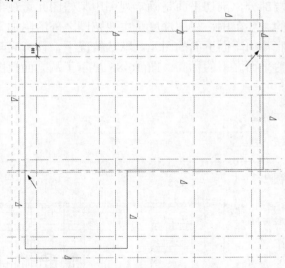

图16-83　迹线拆分位置示意图

(4) 按住 Ctrl 键，单击选择最左侧迹线拆分后的上半段和最右侧迹线拆分后的下半段，选项栏取消勾选"定义坡度"选项，取消坡度。单击"完成编辑模式"按钮退出编辑模式，这时弹出一个对话框，单击"否"按钮。打开三维视图，观察创建的三层多坡屋顶。选择三层墙体，单击"附着顶部/底部"按钮将墙体顶部附着到屋顶下面。最后结果如图 16-84 所示，保存文件。

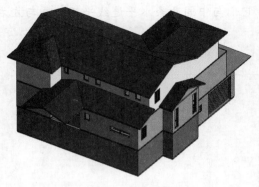

图16-84　创建的屋顶

16.5　平面区域与视图范围

从 16.4 节完成后的三层屋顶平面可以看出，现在的屋顶平面是屋顶的剖切平面，没有显示全部屋顶，因为默认的平面视图是从标高以上 1200mm 位置剖切得到的。如要显示完整的屋顶平面，需要设置平面视图的"视图范围"。每个平面视图都具有"视图范围"属性，"视图范围"是用于控制视图中对象可见性和外观的一组水平平面，这些水平平面包括顶裁剪平面、剖切面、底裁剪平面和视图深度。顾名思义，顶裁剪平面和底裁剪平面表示视图范围的最顶端和最底端部分，剖切平面是确定视图中某些图元可视剖切高度的平面，这 3 个平面定义了视图范围的主要范围；视图深度是主要范围之外的附加平面，可以设置视图深度的标高，以显示位于底裁剪平面下面的图元。默认情况下，该标高与底裁剪平面重合，可以将其设置为位于底裁剪平面之下的标高。图 16-85 显示了从立面视图角度所看到的视图范围内几个平面间的关系。

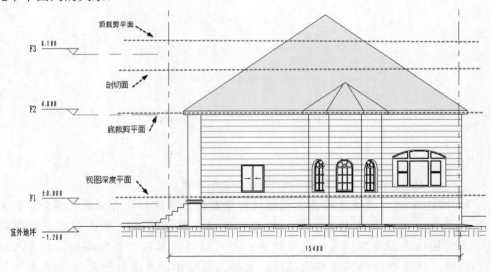

图16-85　视图范围内有关平面间的关系

在某些特殊情况下，局部区域的视图范围和整体平面视图不同，需要单独设置，以满足特殊的出图要求。使用"平面区域"工具，在需要设置不同视图范围的位置绘制封闭轮廓，并设置"视图范围"参数，即可将局部区域视图范围设置为与整体平面视图不同。注意，平面区域轮廓必须是封闭轮廓，不同的平面区域可以有重合边，但不能相互重叠。

【练习16-8】： 设置平面区域和视图范围。

本练习设置二层屋顶平面区域和三层屋顶平面视图的范围。

1. 打开"别墅_07.rvt"文件，或接练习16-7，把文件另存为"别墅_08.rvt"。

(1) 打开"标高 2"楼层平面视图，单击"视图控制栏"中的"视觉样式"按钮，选择"着色"选项，能看到图 16-86 所示的屋顶，它被截断而显示为两个矩形框。因为 Revit 的楼层平面视图默认是在标高往上 1200mm 处剖切生成的平面，所以屋顶是被截断的。要显示完整的屋顶，需要给屋顶部分创建平面区域。

(2) 单击"视图"选项卡中的"平面视图"下拉菜单，选择"平面区域"选项，进入绘制轮廓草图模式。选择绘制面板中的"直线"工具，在左侧双坡屋顶周围绘制矩形轮廓，其右侧边线和屋顶右侧边线重合，如图 16-87 所示。

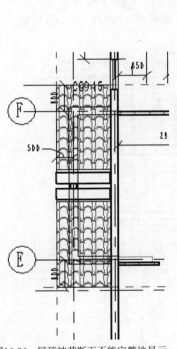

图16-86 屋顶被截断而不能完整地显示

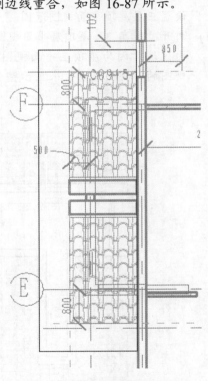

图16-87 绘制一个矩形

(3) 单击属性面板中"视图范围"右边的"编辑"按钮，打开"视图范围"对话框，如图 16-88 所示。设置"剖切面"参数的"偏移"值为 2000，单击"确定"按钮关闭对话框。单击"完成编辑模式"按钮，这样就给左侧双坡屋顶区域设置了不同的视图范围。这时，平面视图中显示了完整的双坡屋顶，如图 16-89 所示。

图16-88　"视图范围"对话框

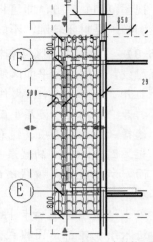

图16-89　在平面视图中显示了完整的双坡屋顶

2.　设置三层屋顶平面视图范围。

(1)　打开"标高 3"屋顶层平面视图，看到图 16-90 所示屋顶被截断了，显示为空白区域。因为屋顶层平面视图没有墙体等其他构件，因此可以调整整个平面视图的"视图范围"来显示整个屋顶。

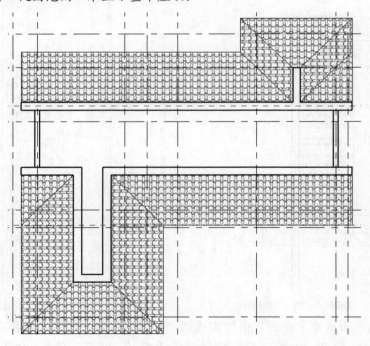

图16-90　被截断的屋顶

(2)　在属性面板中设置"基线"项的"范围：底部标高"参数为"无"，单击"视图范围"右边的"编辑"按钮，打开"视图范围"对话框，设置"顶部"为"无限制"，"剖切面"的"偏移"值为 3000，如图 16-91 所示。单击"确定"两次关闭所有对话框，完成屋顶层平面视图范围设置。

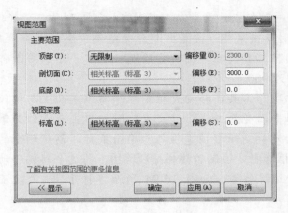

图16-91　设置"视图范围"对话框中的参数

3. 最终的三层屋顶平面如图 16-92 所示，保存文件。

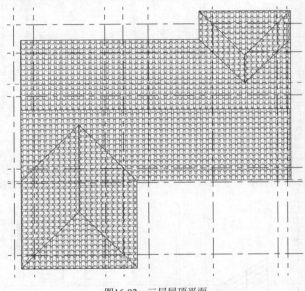

图16-92　三层屋顶平面

16.6　创建楼梯、扶手和坡道

【练习16-9】：创建室内外楼梯。

1. 打开"别墅_08.rvt"文件，或接练习16-8，把文件另存为"别墅_09.rvt"。

(1) 打开"-1F"地下一层平面视图，单击"建筑"选项卡"楼梯坡道"面板中的"楼梯"下拉菜单，选择"楼梯（按草图）"选项，进入草图绘制模式。

(2) 单击"类型编辑"按钮，单击"类型属性"对话框中的"复制"按钮，为新楼梯起名"室外楼梯"，单击"确定"按钮关闭对话框。接着在属性面板中设置楼梯的"底部标高"为"-1F"，"顶部标高"为"标高 1"，"宽度"为"1150"，"所需踢面数"为"20"，"实际踏板深度"为"280"。

(3) 选择"绘制"面板中的"梯段"工具，选择"直线"绘图工具，在建筑外单击一点作为第一跑起点，垂直向下移动光标，直到显示"创建了 10 个踢面，剩余 10 个"时单击鼠标，按 Esc 键结束绘制命令。选择"工作平面"面板中的"参照平面"工具，在草图下方绘制一个水平参照平面作为辅助线，改变临时尺寸距离为 900。

(4) 继续选择"梯段"工具，移动光标到水平参照平面上与梯段中心线延伸相交位置，当参照平面亮显并提示"交点"时，单击交点作为第二跑起点位置，向下垂直移动光标到矩形预览框之外单击鼠标，创建剩余的踏步，结果如图 16-93 所示。框选刚才绘制的楼梯梯段草图，将这个楼梯移动到 5 号轴线"外墙饰面砖"外边缘位置，如图 16-94 所示。打开"东"立面视图，结果如图 16-95 所示。

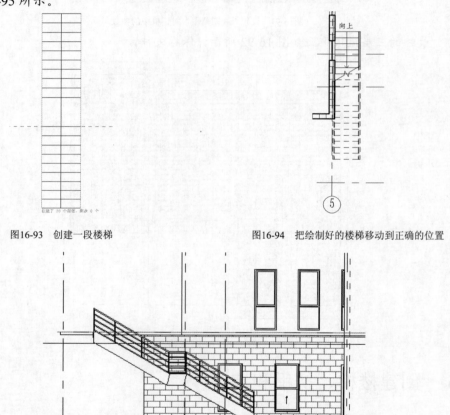

图16-93　创建一段楼梯　　　　　　　　　图16-94　把绘制好的楼梯移动到正确的位置

图16-95　"东"立面视图中的楼梯

(5) 打开"标高 1"一层平面视图，在一层平面视图中选择室外的扶手，选择"编辑路径"工具，进入绘制草图模式。选择"绘制"面板中的"直线"工具，单击扶手下面端点为起点，沿着轴网绘制 3 段扶手线，如图 16-96 所示。绘制完成后，单击"完成编辑模式"按钮，Revit 自动将楼梯扶手延伸到一层室外平台，结果如图 16-97 所示。

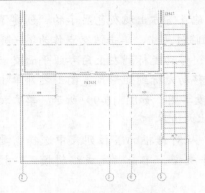

图16-96　绘制出栏杆轮廓线

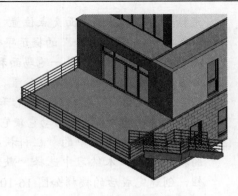

图16-97　生成的栏杆

2. 打开地下一层"-1F"平面视图，选择"建筑"选项卡"工作平面"面板中的"参照平面"工具，在地下一层楼梯间绘制 4 个参照平面，如图 16-98 所示，并用临时尺寸精确定位参照平面与墙边线的距离。其中左右两个垂直参照平面到墙边线的距离为 575mm，是楼梯梯段宽度的一半；下面水平参照平面到下面墙边线的距离为 1380mm，为第一跑起跑位置；上面水平参照平面距离下面参照平面的距离为 1820mm。

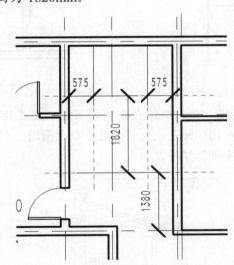

图16-98　参照平面的位置

(1) 单击"建筑"选项卡"楼梯坡道"面板中的"楼梯"下拉菜单，选择"楼梯（按草图）"选项，在类型选择器中选择楼梯类型为"整体浇筑楼梯"，单击"编辑类型"按钮，单击"复制"按钮，命名新类型为"整体式楼梯"。在"类型属性"对话框中设置"楼梯踏步梁高度"为"80"，"平台斜梁高度"为"100"，"最小踏板深度"为"260"，单击"确定"按钮关闭对话框。在属性面板中设置楼梯的"底部标高"为"-1F"，"顶部标高"为"标高 1"，"宽度"为"1150"，"所需踢面数"为"19"，"实际踏板深度"为"260"。

(2) 选择"梯段"工具，选择"直线"绘图模式，移动光标至参照平面右下角交点位置，两个参照平面亮显时，单击该交点作为第一跑起点位置，向上垂直移动光标至右上角参照平面交点位置，这时在起跑点下方出现灰色显示的"创建了7 个踢面，剩余 12 个"的提示字样和蓝色的临时尺寸，单击该交点作为第一跑终点位置，自动绘制第一跑踢面和边界草图。移动光标到左上角参照平面交点位置，单击作为第二跑起点位置，向下垂直移动光标到矩形预览图形之外单击一点，系统会自动创建缓步平台和第二跑梯段草图，如图 16-99 所示。单击楼梯顶部的绿色边界线，移动它使它与顶部墙体内边界重合。

(3) 选择"工具"面板中的"栏杆扶手"工具，从对话框的下拉列表中选择需要的扶手类型。本练习中选择"默认"的扶手类型。单击"完成编辑模式"按钮，创建完成后的楼梯如图 16-100 所示。

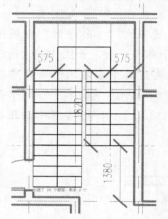

图16-99　自动生成的楼梯和缓步平台

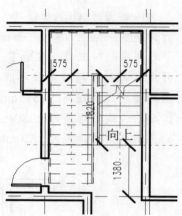

图16-100　创建完成后的楼梯

(4) 由于墙体挡住了视线，我们不便直接从侧面看到生成的楼梯。可以创建剖面图进行观察，图 16-101 就是我们创建的一个剖面图，创建剖面图需选择"视图"选项卡中的"剖面"工具。

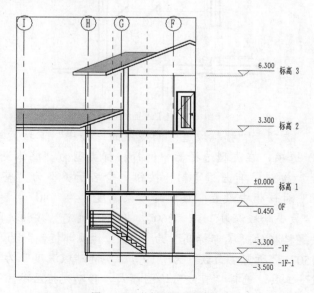

图16-101　从剖面图观察楼梯

3. 创建多层楼梯。打开 "-1F" 平面视图, 选择地下一层的楼梯, 把属性面板中的 "多层顶部标高" 参数设为 "标高 2", 单击属性面板中的 "应用" 按钮即可自动创建其余楼层的楼梯和扶手。使用 "视图" 选项卡中的 "立面" 工具创建一个立面, 在这个立面图中可以清楚地看到我们刚才创建的多层楼梯, 如图 16-102 所示, 保存文件。

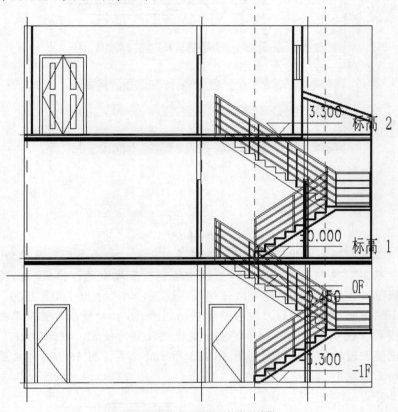

图16-102　立面图显示的多层楼梯

【练习16-10】：　创建坡道和台阶。

1. 打开 "别墅_09.rvt" 文件, 或接练习 16-9, 把文件另存为 "别墅_10.rvt", 激活 "-1F-1" 平面视图。为了便于观察, 我们将中间的屋顶隐藏起来, 为此, 选中这个屋顶, 单击视图控制栏的 "临时隐藏/隔离" 按钮, 从列表中选择 "隐藏图元"。

(1) 选择 "建筑" 选项卡 "楼梯坡道" 面板中的 "坡道" 工具, 在属性面板中先设置 "顶部偏移" 为 "200"、"宽度" 为 "2500", 然后设置 "底部标高" 和 "顶部标高" 都为 "-1F-1"。单击 "编辑类型" 按钮打开坡道的 "类型属性" 对话框, 设置 "最大斜坡长度" 为 "6000"、"坡道最大坡度（1/X）" 为 "2"、"造型" 为 "实体", 如图 16-103 所示。设置完成后单击 "确定" 按钮关闭对话框。

图16-103 设置坡道的有关参数

(2) 选择"工具"面板中的"栏杆扶手"工具，设置"扶手类型"参数为"无"，单击"确定"按钮关闭对话框。选择"绘制"面板中的"梯段"工具，选择"直线"工具，拖曳光标绘制坡道梯段，设置它的尺寸为 800×2500，然后框选这个坡道的所有草图线，把它整体移动到图 16-104 所示位置。单击"完成编辑模式"按钮退出编辑。为了看清楚坡道放置的位置，打开"-1F"平面视图，调整坡道的位置，移动到图 16-105 所示的位置。图 16-106 是坡道放置好之后的三维视图。

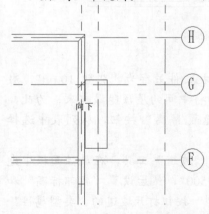

图16-104 把绘制好的坡道移动到的位置

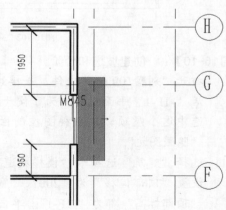

图16-105 坡道放置的准确位置

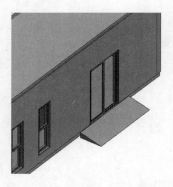

图16-106 坡道放置好之后的三维视图

2. 创建带边坡的坡道。前述"坡道"工具不能创建两侧带边坡的坡道，我们使用"楼板"工具来创建带边坡的坡道。

(1) 打开"-1F-1"平面视图，选择"建筑"选项卡中的"楼板"工具，在类型选择器中选择楼板类型为"常规－150mm"，在属性面板中把"标高"参数设为"-1F-1"。选择"绘制"面板中的"直线"工具，在视图区的空白处绘制一个1500mm×5200mm 的矩形，单击"完成编辑模式"按钮退出编辑。然后把这个矩形移动到左下角入口处，如图16-107 所示。

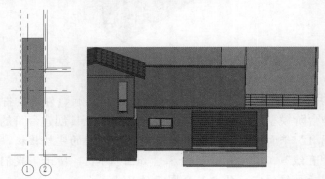

图16-107 坡道放置的位置

(2) 在这个楼板被选中的情况下，单击属性面板中的"编辑类型"按钮，在"类型属性"对话框中单击"复制"按钮，命名新的楼板为"边坡坡道"。单击"结构"后边的"编辑"按钮，在弹出的"编辑部件"对话框中设置"结构"的厚度为"2"，单击"确定"关闭对话框。再次单击"确定"按钮关闭"类型属性"对话框。这时，类型选择器中的楼板类型为"边坡坡道"。

(3) 选择刚绘制的平楼板，然后选择"形状编辑"面板中的"添加分割线"工具，楼板边界变成绿色虚线显示，在上下角位置各绘制一条蓝色分割线，如图 16-108 所示。选择"修改子图元"工具，单击右侧的楼板边界线，出现蓝色临时相对高程值（默认为 0），单击文字输入"150"后按回车键，将该边界线相对其他线条抬高 150mm，如图 16-109 所示。完成后按 Esc 键结束编辑命令，平楼板变为带边坡的坡道，如图 16-110 所示。

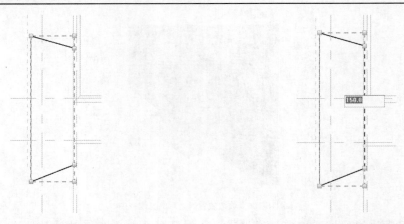

图16-108 添加两条分割线   图16-109 把楼板的右边缘抬高 150mm

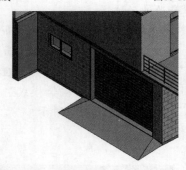

图16-110 创建的边坡坡道

3. 创建主入口台阶。

Revit 中没有专用的"台阶"工具，可以采用创建内建族、外部构件族、楼板边缘甚至楼梯等方式创建各种台阶模型。本例讲述用"楼板边缘"工具创建台阶的方法。

(1) 打开"标高 1"平面视图，首先绘制北侧主入口处的室外楼板，选择"楼板"工具，用"直线"工具绘制楼板轮廓，如图 16-111 所示。我们先绘制一个基本形状，然后再编辑它，使之符合图示的尺寸。

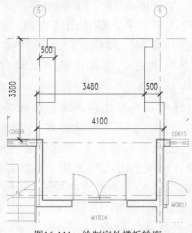

图16-111 绘制室外楼板轮廓

(2) 同前述方法一样，创建一个新的楼板类型，厚度是 450mm，取名"常规－450mm"，然后在类型选择器中选择这种类型，单击"完成编辑模式"按钮完成编辑。创建的室外楼板如图 16-112 所示。

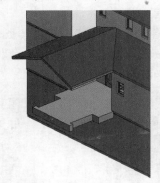

图16-112　创建的室外楼板

(3) 添加楼板两侧的台阶。因为要用到的台阶是项目之外的族，因此我们要把它载入到项目中。单击"插入"选项卡"从库中载入"面板中的"载入族"按钮，找到资源文件夹中的"室外台阶.rfa"族文件，载入到本项目中。

(4) 打开三维视图，选择"建筑"选项卡"楼板"下拉菜单中的"楼板：楼板边"选项，在类型选择器中选择"楼板边缘"类型，单击"编辑类型"按钮，弹出"类型属性"对话框，单击"复制"按钮，命名新类型为"楼板边缘-台阶"。"轮廓"项选择"室外台阶：室外台阶"，单击"确定"按钮关闭对话框。

(5) 移动光标到楼板一侧凹进部位的水平上边缘，边线高亮显示时单击鼠标放置楼板边缘。放置的台阶如图 16-113 所示。

图16-113　放置的室外台阶

4. 创建地下一层台阶。

使用与上面同样的方法给地下一层南侧入口添加台阶。因为要用到的台阶是项目之外的族，因此我们需要把它载入到项目中。

(1) 单击"插入"选项卡"从库中载入"面板中的"载入族"按钮，找到资源文件夹中的"地下一层台阶.rfa"族文件，载入本项目中。

(2) 打开三维视图，选择"建筑"选项卡"楼板"下拉菜单中的"楼板：楼板边”选项，在类型选择器中选择“楼板边缘”类型，单击“编辑类型”按钮，弹出“类型属性”对话框，单击“复制”按钮，命名新类型为“楼板边缘-地下一层台阶”。“轮廓”项选择“地下一层台阶：地下一层台阶”，单击“确定”按钮关闭对话框。

(3) 在类型选择器中选择“地下一层台阶”，拾取楼板的上边缘单击放置台阶，在两个上边缘单击的结果如图 16-114 所示。用鼠标拖曳台阶的端点调整其长度，得到最终的台阶，如图 16-115 所示。

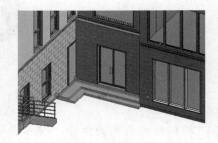

图16-114　放置了地下一层台阶　　　　　　　　　　图16-115　调整长度后的台阶

至此，我们完成了这栋别墅中坡道和台阶的创建，保存文件。

16.7　创建结构柱、建筑柱、雨篷和竖井

Revit 中的柱分为结构柱和建筑柱。结构柱用于创建建筑中的垂直承重图元，尽管结构柱与建筑柱共享许多属性，但结构柱还具有许多由它自己的配置和行业标准定义的属性；建筑柱只是一个模型，用于装饰作用，建筑柱可以继承连接到的其他图元的材质，如可以继承相交墙体的材质。可以使用建筑柱包结构柱的方式，用建筑柱来表现结构柱的粉刷层。布置结构柱和建筑柱的方法略有不同，我们可在下面的练习中仔细体会。

【练习16-11】：　创建建筑柱和结构柱。

1. 创建地下一层平面上的结构柱。

2. 打开“别墅_10.rvt”文件，或接练习 16-10，把文件另存为“别墅_11.rvt”。

(1) 打开“-1F-1”平面视图，选择“建筑”选项卡上“柱”下拉菜单中的“结构柱”选项，然后单击“模式”面板中的“载入族”按钮，从资源文件夹中找到“结构柱.rfa”族，把它载入项目中。在类型选择器中选择“结构柱：钢筋混凝土 250×450mm”类型，按照图 16-116 所示位置，单击放置结构柱，放置后发现结构柱截面的长宽取向不符合我们的设想，使用“修改”面板中的“旋转”工具调整其取向。然后调整结构柱的位置，使一个结构柱的中心点相对于 2 轴相距 630mm、相对 A 轴相距 1100mm，另一个结构柱的中心相对于 5 轴相距 630mm、相对 A 轴相距 1100mm（可先放置结构柱，然后编辑临时尺寸调整其位置）。

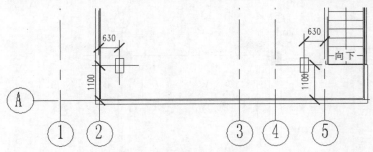

图16-116　两个结构柱的放置位置

(2) 打开三维视图，选择刚才放置的结构柱，单击"修改柱"面板上的"附着顶部/底部"按钮，将柱的顶部附着到楼板下面。不过，在三维视图中我们看到，这时结构柱穿过楼板，到达了楼板的上表面，如图 16-117 所示，而我们希望结构柱到达楼板的下表面，因此，在属性面板上将两个结构柱的"顶部偏移"参数设为"-100"，这是因为楼板的厚度是 100mm。修改后的结构柱如图 16-118 所示。

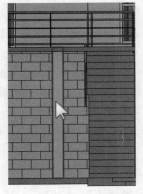

图16-117　结构柱到达楼板的上表面

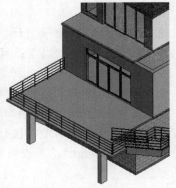

图16-118　修改后的结构柱

3. 创建一层平面上的结构柱。

(1) 打开"标高 1"平面视图，找到属性面板中的"视图范围"选项，单击它右边的"编辑"按钮，弹出"视觉范围"对话框，将"视觉深度"的标高设为"标高之下（-1F）"，单击"确定"按钮关闭对话框。进行这项设置的目的是使放置在"标高 1"平面视图上的结构柱可见。

(2) 选择"建筑"选项卡上"柱"下拉菜单中的"结构柱"选项，在类型选择器中选择"钢筋混凝土 350×350mm"柱类型，在主入口上方图 16-119 所示位置单击放置结构柱，柱子的精确位置我们稍后再设置。现在，在属性面板中设置参数"底部标高"为"0F"，"顶部标高"为"标高 1"，"顶部偏移"为"2800"，单击"应用"按钮完成修改。打开三维视图查看结果，然后回到"标高 1"平面视图，按图 16-119 中标注的尺寸调整两个结构柱的位置。

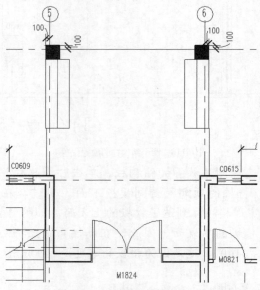

图16-119　两个结构柱的放置位置

(3) 选择"建筑"选项卡"柱"下拉菜单中的"柱：建筑"选项，使用"矩形柱 250×250mm"，但类型选择器中没有这种类型，因此，这里首先创建这种类型的建筑柱。在类型选择器里选择"矩形柱 475×610mm"，单击"编辑类型"按钮，弹出"类型属性"对话框，单击"复制"按钮，为新类型取名为"250×250mm"，然后把"深度"参数改为"250"，"宽度"参数改为"250"，单击"确定"按钮关闭对话框。在类型选择器中选择柱类型"矩形柱 250×250mm"，单击两个结构柱的中心位置，在结构柱上方放置两个建筑柱。

(4) 分别选择这两个建筑柱，在属性对话框中设置"底部标高"为"标高 1"，"顶部标高"为"标高 2"，"底部偏移"参数为"2800"，单击"应用"按钮。这时"矩形柱 250×250mm"底部正好在"钢筋混凝土 350×350mm"结构柱的顶部位置。

(5) 打开三维视图，选择这两个新建矩形柱，单击"附着顶部/底部"按钮，选项栏里的"附着对正"选项选择"最大相交"，再单击上面的屋顶，将矩形柱附着于屋顶下面，结果如图 16-120 所示。

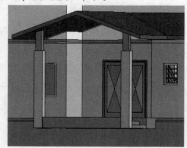

图16-120　主入口柱子

4. 创建二层平面上的建筑柱。

(1) 打开"标高 2"平面视图，选择"建筑"选项卡"柱"下拉菜单中的"柱：建筑"选项。在类型选择器中选择"矩形柱 250×250mm"柱类型，在此基础上创建出"矩形柱 300×200mm"类型的建筑柱，过程不再赘述。在类型选择器中选择"矩形柱 300×200mm"柱类型。

(2) 移动光标捕捉 B 号轴线与 4 号轴线的交点，如果矩形柱的方向不合适，可以先单击空格键调整柱子的方向，然后单击放置建筑柱；采用同样的操作，移动光标捕捉 C 号轴线与 5 号轴线的交点，单击放置建筑柱。结果就是图 16-121 中右下角所示的两个建筑柱。

(3) 选择刚创建的 B 号轴线上的建筑柱，单击工具栏中的"复制"按钮，在 4 号轴线上单击捕捉一点作为复制的基点，水平向左移动光标，输入"4000"后按回车键，在左侧 4000mm 处复制一个建筑柱，即图 16-121 左下角所示的建筑柱。

(4) 选择刚创建的 C 号轴线上的建筑柱，单击工具栏中的"复制"按钮，勾选选项栏中的"多个"选项，实现连续复制。在 C 号轴线上单击捕捉一点作为复制的基点，垂直向上移动光标，输入"1800"后按回车键，如此两次，在右侧复制出两个建筑柱，如图 16-121 所示。放置在二层平面上的 5 根建筑柱如图 16-122 所示，保存文件。

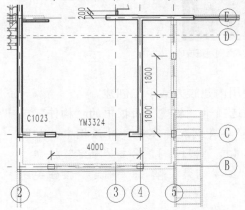

图16-121　在图示位置放置建筑柱

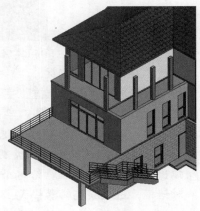

图16-122　放置在二层平面上的 5 根建筑柱

【练习16-12】：　创建雨篷和洞口。

与台阶一样，Revit 中也没有专用的"雨篷"工具，需要根据雨篷的不同形状，采用创建内建族、外部构件族、楼板边缘甚至屋顶等方式创建各种雨篷模型。

1. 创建二层雨篷玻璃。

(1) 接练习 16-11，或打开"别墅_11.rvt"文件，把文件另存为"别墅_12.rvt"，打开"标高 2"平面视图。

(2) 二层南侧的雨篷分为顶部玻璃和工字钢梁两部分，顶部玻璃可以用"迹线屋顶"的"玻璃斜窗"快速创建。选择"建筑"选项卡"屋顶"下拉菜单中的"迹线屋顶"选项，选择"绘制"面板中的"直线"工具，取消勾选选项栏中的"定义坡度"选项，绘制平屋顶轮廓线，如图 16-123 所示。

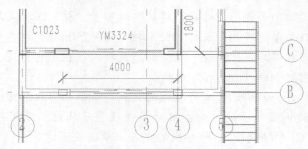

图16-123　绘制平屋顶轮廓线

(3) 在类型选择器中选择"玻璃斜窗"类型，"自标高的底部偏移"参数设置为
　　 "2600"。单击"完成编辑模式"按钮，创建二层南侧雨篷玻璃，如图 16-124
　　 所示。

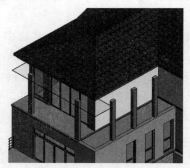

图16-124　创建完成后的二层南侧雨篷玻璃

2.　创建二层雨篷工字钢梁。

二层南侧雨篷玻璃下面的支撑工字钢梁可以使用内建族方式手工创建。

(1) 打开"标高 2"平面视图，单击"建筑"选项卡"构建"面板中的"构件"下
　　 拉菜单，选择"内建模型"选项，弹出"族类别和族参数"对话框中，如图
　　 16-125 所示。选择新建族类别为"屋顶"（或"楼板"），单击"确定"按钮，
　　 弹出"名称"对话框，给这个新族起名"工字钢梁"，单击"确定"按钮关闭
　　 对话框，进入族编辑器模式。

图16-125　"族类别和族参数"对话框

(2) 选择"形状"面板中的"放样"工具，选择"放样"面板中的"绘制路径"工具，选择"绘制"面板中的"直线"工具，绘制路径，如图 16-126 所示，然后单击"完成编辑模式"按钮。

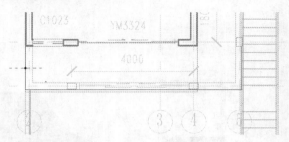

图16-126　绘制出的路径

(3) 选择"放样"面板中的"选择轮廓"工具，接着选择"编辑轮廓"工具，弹出"转到视图"对话框，选择其中的"立面：南"，如图 16-127 所示，单击"打开视图"按钮切换至南立面。

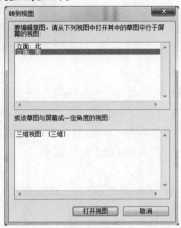

图16-127　"转到视图"对话框

(4) 选择"绘制"面板中的"直线"工具，在快速访问工具栏把线型切换为细线，在 16.6 节绘制的玻璃屋顶下方绘制工字钢轮廓，如图 16-128 所示。绘制完成后单击"完成编辑模式"按钮。

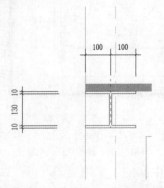

图16-128　按图示尺寸绘制工字钢梁的截面

(5) 单击属性对话框中的"材质"框，弹出"材质浏览器"对话框，选择"金属-钢-345MPa"，设置颜色为棕色，如图 16-129 所示。单击"确定"按钮关闭对话框，单击"在位编辑器"面板中的"完成模型"按钮，放样创建的工字钢梁如图 16-130 所示。

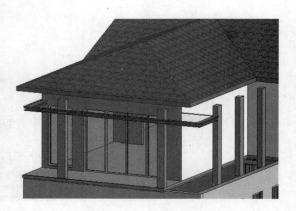

图16-129 "材质浏览器"中的选择   图16-130 创建的工字钢梁

(6) 给二层露台添加栏杆扶手。打开"标高 2"平面视图，单击"建筑"选项卡"楼梯坡道"面板中的"栏杆扶手"下拉菜单，选择"绘制路径"选项，按图 16-131 所示绘制路径。在类型选择器里选择"栏杆扶手：玻璃嵌板-底部填充"类型，单击"完成编辑模式"按钮。

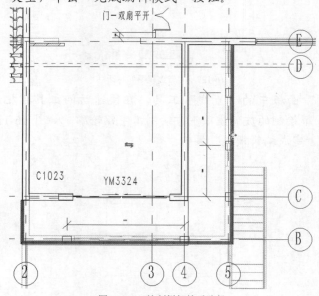

图16-131 绘制栏杆扶手路径

下面使用"拉伸"工具创建中间的工字钢梁。

(7) 打开"标高 2"平面视图，单击"建筑"选项卡"构建"面板中的"构件"下拉菜单，选择"内建模型"选项。在弹出的"族类别和族参数"对话框中，选择新建族类别为"屋顶"（或"楼板"），单击"确定"按钮，弹出"名称"对话框，给这个新族起名"工字小钢梁"，单击"确定"按钮关闭对话框，进入族编辑器模式。

(8) 选择"拉伸"工具，单击"工作平面"面板中的"设置"按钮，弹出"工作平面"对话框，选择"拾取一个平面"选项，单击"确定"按钮。在"标高2"平面视图中单击 B 号轴线，弹出"转到视图"对话框，选择"立面：南"，如图 16-132 所示，单击"打开视图"按钮切换至南立面视图。

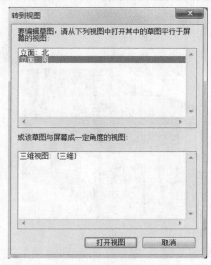

图16-132　选择"立面：南"

(9) 选择"绘制"面板中的"直线"工具，在左边那根二层柱的位置绘制工字钢轮廓，如图 16-133 所示。单击"完成编辑模式"按钮创建一根工字钢。

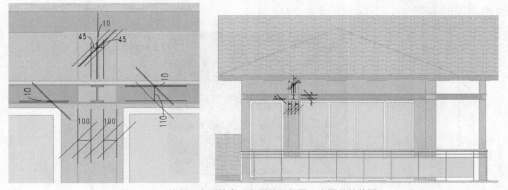

图16-133　绘制工字钢轮廓（左图是局部图，右图是整体图）

(10) 选择拉伸的工字钢，通过工具栏中的"复制"工具往右复制 3 根。选中这 4 根工字钢，在属性对话框中设置"拉伸终点"为"1480"，"拉伸起点"为"85"，"材质"为"金属－钢－345MPa"。单击"应用"按钮，单击"在位编辑器"面板中的"完成模型"按钮，这就生成了二层南侧雨篷玻璃下面的支撑工字钢梁。打开三维视图，如图 16-134 所示。

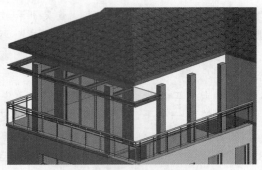

图16-134　用拉伸方法生成的小工字钢梁

(11) 选择雨篷下方的两根柱子，单击"附着顶部/底部"按钮，再单击那个大的工字钢梁，把两根柱子附着到了工字钢梁底部，结果如图 16-135 所示。

图16-135　两根柱子附着到工字钢梁的底部

现在，我们要把图 16-135 中其他 3 根柱子附着到屋顶。选择这 3 根柱子，单击"附着顶部/底部"按钮，再单击屋顶。但是软件给出了错误提示。我们开始检查图 16-135，为了更清楚地看到这 3 根柱子与屋顶的关系，转动别墅的方向，这时看到了问题所在。如图 16-136 所示，3 根柱子的上方没有屋顶，因此柱子无法附着到屋顶上。出现这种情况的原因是当初创建屋顶时有错误，下面我们来修改屋顶。

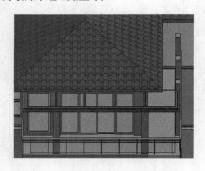

图16-136　3 根柱子的上方没有屋顶

(12) 选择屋顶，选择"编辑迹线"工具，显示出红色的屋顶迹线，如图 16-137 所示。选择柱子上的那根迹线，从外拖动，到合适位置释放鼠标放置这根迹线，具体位置参见图 16-138 中的数据。单击"完成编辑模式"按钮，可以看到这时 3 根柱子自动附着到了屋顶，如图 16-139 所示。

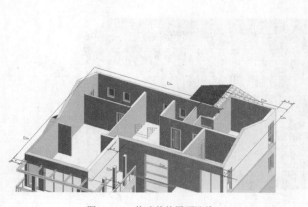

图16-137　修改前的屋顶迹线

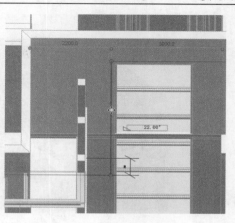

图16-138　修改后的屋顶迹线

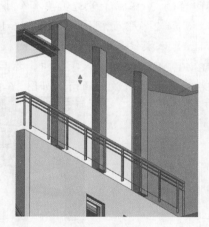

图16-139　3根柱子附着到了屋顶

(13) 仔细查看图 16-139，发现 3 根柱子似乎悬空，没有与楼板连接，调整三维视图视角，选择二层楼板，观察楼板边界线，可以明显看到在 3 根柱子的下面没有楼板，如图 16-140 所示。下面我们修改楼板边界。

图16-140　修改前的二层楼板边界

(14) 切换到"标高 2"平面视图，选择楼板，选择"编辑边界"工具，用鼠标拖动柱子边的楼板边界，调整到适当位置释放鼠标。图 16-141 所示是修改后的楼板边界。

图16-141　修改后的二层楼板边界

(15) 我们还发现，在二层阳台的 3 根柱子旁边需要有个小门，但我们在放置门构
件时遗忘了。打开"标高 2"平面视图，在图 16-142 所示位置放置一个
"LM0924"类型的门，具体操作是单击"模式"面板中的"载入族"按钮，
在资源文件夹找到"LM0924"，将它载入项目中，然后按图 16-142 中表示的
位置放置。打开三维视图，查看所放置的门，如图 16-143 所示。

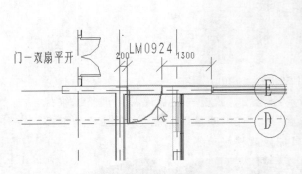

图16-142　门要放置的位置

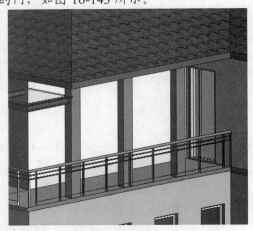

图16-143　放置了一扇"LM0924"类型的门

3.　创建地下一层雨篷。

地下一层雨篷的顶部玻璃同样用屋顶的"玻璃斜窗"创建，底部支撑比较简单，用墙体
实现。

(1) 绘制挡土墙。打开"-1F-1"平面视图，选择"建筑"选项卡"墙"下拉菜单
中的"墙：建筑"选项，在类型选择器中选择墙类型为"挡土墙-300mm 混凝
土"，在属性面板中设置"底部约束"为"-1F-1"，"顶部约束"为"直到标
高：标高 1"。在别墅右侧按图 16-144 所示位置绘制 4 面挡土墙。为了便于操
作，绘制挡土墙之前先把屋顶隐藏起来。绘制完成后打开三维视图，查看创
建的挡土墙，如图 16-145 所示。

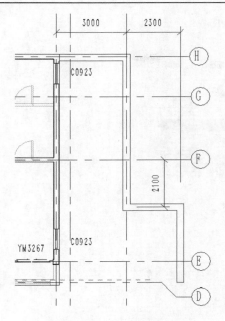

图16-144 挡土墙的位置

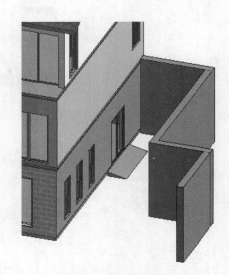

图16-145 三维视图中的挡土墙

(2) 绘制雨篷玻璃。打开"-1F-1"平面视图，选择"建筑"选项卡"屋顶"下拉菜单中的"迹线屋顶"选项，选择"绘制"面板中的"直线"工具，在选项栏取消勾选"定义坡度"选项，绘制屋顶轮廓线，如图 16-146 所示。在类型选择器中选择"玻璃斜窗"类型，在属性面板中，参数"底部标高"设为"标高 1"，"自标高的底部偏移"设为"550"。单击"完成编辑模式"按钮创建雨篷顶部玻璃，如图 16-147 所示。

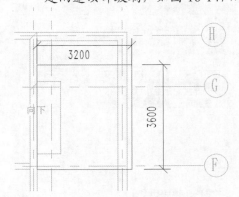

图16-146 绘制玻璃屋顶的边界

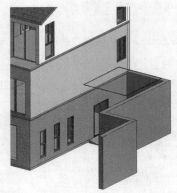

图16-147 创建的雨篷顶部玻璃

(3) 用墙来创建玻璃底部支撑。打开"标高 1"平面视图，选择"建筑"选项卡"墙"下拉菜单中的"墙：建筑"选项，在类型选择器中选择"基本墙：常规 – 100mm"墙类型。单击属性面板中的"编辑类型"按钮，打开"类型属性"对话框，单击"复制"按钮，在"名称"对话框中输入"支撑构件"，单击"确定"返回"类型属性"对话框，然后单击参数"结构"后面的"编辑"按钮，打开"编辑部件"对话框，如图 16-148 所示。

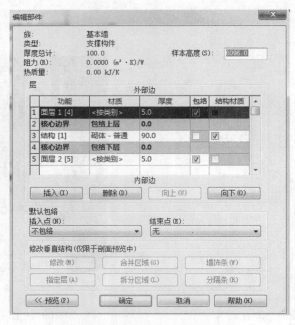

图16-148 打开的"编辑部件"对话框

(4) 删除上下两个面层，把结构层的厚度设为"100"，单击结构层的"材质"
栏，弹出"材质浏览器"对话框，选择材质"金属-钢-345MPa"，颜色设置不
变，如图 16-149 所示。单击"确定"按钮返回"编辑部件"对话框，这时的
对话框如图 16-150 所示。单击"确定"按钮关闭"编辑部件"对话框，再次
单击"确定"按钮关闭"类型属性"对话框。

图16-149 选择材质   图16-150 "编辑部件"对话框中的参数设置

(5) 在属性面板上，"底部约束"设为"标高 1"，"底部偏移"设为"0"，"顶部约
束"设为"未连接"，"无连接高度"设为"550"，单击"确定"按钮关闭对
话框。

(6) 选择"绘制"面板中的"直线"工具，选项栏中的"定位线"选择"墙中心线"，在图 16-151 所示位置绘制一面墙体，长度为"3100mm"（这时，我们发现玻璃雨篷位置有些偏上，适当下移玻璃雨篷，图 16-151 所示为玻璃下移后的位置），绘制完成后的墙体如图 16-152 所示。

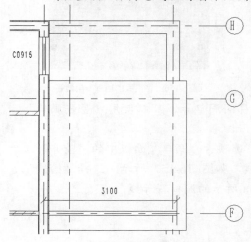

图16-151　在图中位置绘制一面墙体

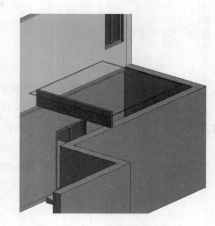

图16-152　绘制的墙体

(7) 编辑支撑墙的轮廓。切换至南立面，选择名称为"支撑构件"的墙体，选择"模式"面板中的"编辑轮廓"工具修改墙体轮廓，如图 16-153 所示，单击"完成编辑模式"按钮创建 L 形墙体。

图16-153　修改支撑墙的轮廓

(8) 打开"标高 1"楼层平面视图，先隐藏玻璃雨篷，然后选择刚编辑完成的"支撑构件"墙体，接着选择"修改"面板中的"阵列"工具。在选项栏设置"项目数"为"4"，勾选"成组并关联"选项，选中"最后一个"选项，如图 16-154 所示。

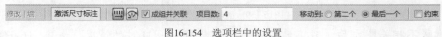

图16-154　选项栏中的设置

(9) 单击下面支撑墙体所在轴线上的一点作为阵列起点（图 16-155 下部圆圈所示的位置），再垂直移动光标单击上面轴线上的一点作为阵列终点（图 16-155 上部圆圈所示的位置），两次单击后的结果如图 16-155 所示。打开三维视图，查看完工后的地下一层雨篷，如图 16-156 所示。

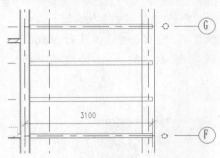

图16-155　设置阵列位置

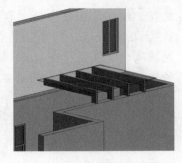

图16-156　完工后的地下一层雨篷

4. 对于本案例中上下贯通的中庭洞口、楼梯间洞口等，可以使用"竖井洞口"工具快速创建，而无须逐层编辑楼板。

(1) 打开"标高 2"平面视图，选择"建筑"选项卡"洞口"面板中的"竖井"工具，选择"直线"工具，绘制洞口轮廓线，如图 16-157 所示。选择"绘制"面板中的"符号线"工具，绘制图 16-158 所示的洞口符号线。

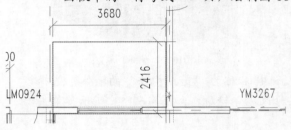

图16-157　绘制洞口轮廓线

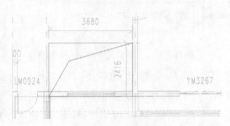

图16-158　绘制洞口符号线

(2) 在属性面板上，设置洞口的"底部约束"为"标高 1"，"顶部约束"为"直到标高：标高 3"，"底部偏移"为 0，"顶部偏移"为 0。单击"完成编辑模式"按钮创建中庭洞口，如图 16-159 所示。

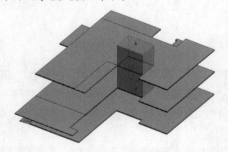

图16-159　创建的中庭洞口

(3) 隐藏不相关图元后，我们看到没有创建楼梯间洞口时的情况，如图 16-160 所示，接下来为楼梯间创建洞口，方法与创建中庭洞口一样。选择"建筑"选项卡"洞口"面板中的"竖井"工具，选择"绘制"面板中的"直线"工具，绘制一个矩形，如图 16-161 所示，这就是竖井的边界。选择"绘制"面板中的"符号线"工具，绘制符号线，如图 16-162 所示。

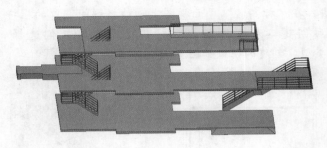

图16-160　楼梯间没有创建洞口时的情况

图16-161　绘制的竖井边界

图16-162　绘制的符号线

(4) 在属性面板上，设置"底部约束"为"-1F"，"顶部约束"为"直到标高：标高 2"，"底部偏移"为"0"，"顶部偏移"为"0"。最后单击"完成编辑模式"按钮，结果如图 16-163 所示。

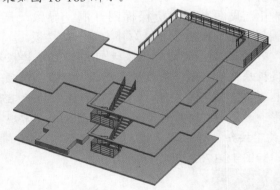

图16-163　绘制的楼梯间竖井

5.　为洞口创建栏杆。

(1) 创建中庭洞口栏杆。打开"标高 2"平面视图，单击"建筑"选项卡"楼梯坡道"面板中的"栏杆扶手"下拉菜单，选择"绘制路径"选项，选择"绘制"面板中的"直线"工具，按图 16-164 所示位置绘制栏杆路径，从类型选择器中选择"栏杆扶手：900mm"类型，在属性面板中设置"底部标高"为"标高 2"。单击"完成编辑模式"按钮，创建"标高 2"平面上中庭洞口的栏杆，如图 16-164 所示。

(2) 用同样方法，在"标高 2"平面视图上创建楼梯间洞口的栏杆，如图 16-165 所示。最后创建二层室外阳台栏杆，这个栏杆我们选择"栏杆扶手：1100mm"类型，创建的栏杆如图 16-166 所示。

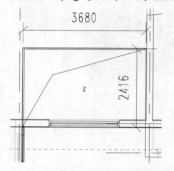
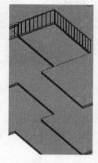

图16-164　创建的中庭洞口栏杆（左图是平面视图，右图是三维视图）

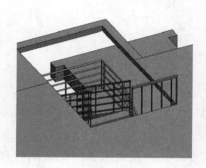

图16-165　创建的楼梯间洞口栏杆

图16-166　创建的二层室外栏杆

在创建栏杆的过程中，我们发现由于楼梯间开洞，导致一层楼板缺失一块，如图 16-167 所示。我们需要编辑一层的楼板边界，弥补上这一块楼板。

(3) 打开"标高 1"平面视图，通过隐藏图元可以只显示楼板和楼梯，如图 16-168 所示。在楼板缺失处绘制一块楼板，选择"建筑"选项卡"楼板"下拉菜单中的"楼板：建筑"选项，选择"绘制"面板中的"矩形"工具，在缺失处绘制一个矩形，如图 16-169 所示。楼板类型选择"常规-150mm"，单击"完成编辑模式"按钮，弹出提示框，单击"否"按钮。这样，就完成了缺失楼板的创建，如图 16-170 所示，保存文件。

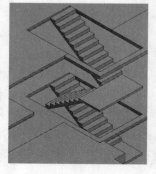
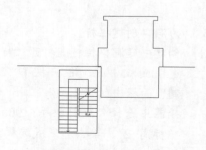

图16-167　一层楼板有缺失

图16-168　只显示楼梯和楼板

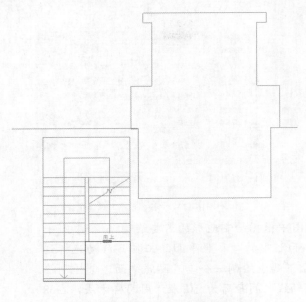

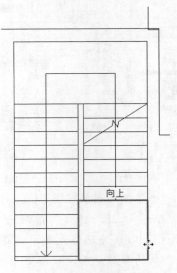

图16-169 在缺失处绘制一个矩形　　　　　　　图16-170 创建完成后的楼板

16.8　创建场地

在前面几个练习中，我们完成了别墅三维模型的设计，下面将为别墅模型创建场地平面。本练习将使用创建高程"点"的方法创建三维地形表面，并为建筑创建建筑地坪，然后用"地形子面域"命令规划别墅的进出道路，并创建植物等配景构件。

【**练习16-13**】：　创建场地。

我们先创建地形表面。地形表面是建筑场地地形或地块地形的图形表示，默认情况下，楼层平面视图不显示地形表面，可以在三维视图或在专用的"场地"视图中创建。

1.　打开"别墅_12.rvt"文件，或继续练习16-12，把文件另存为"别墅_13.rvt"。

(1)　需要先创建一个"场地"平面视图，为此，单击"视图"选项卡"创建"面板中的"平面视图"下拉列表，选择"楼层平面"选项。弹出"新建楼层平面"对话框，取消勾选"不复制现有视图"选项，选择"0F"，单击"确定"按钮关闭对话框。在项目浏览器中，将新创建的楼层平面视图重命名为"场地"。

(2)　打开"场地"视图，单击"视图"选项卡"图形"面板中的"视图样板"下拉列表，选择"将样板属性应用于当前视图"选项。弹出"应用视图样板"对话框，在"视图样板"下选择"场地平面"，如图16-171所示。在"视图属性"下，根据需要为场地视图修改任何视图属性，单击"视图范围"行的"编辑"按钮，弹出"视图范围"对话框，"顶部"选择"无限制"，"标高"选择"无限制"，如图16-172所示。单击"确定"按钮关闭对话框，再次单击"确定"按钮关闭"应用视图样板"对话框。

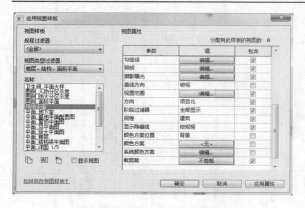

图16-171　"应用视图样板"对话框

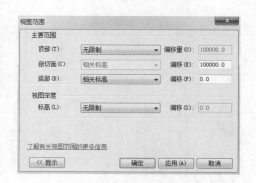

图16-172　"视图范围"对话框

(3) 为了便于捕捉，我们在场地平面视图中根据绘制地形的需要绘制 6 个参照平面。选择"建筑"选项卡"工作平面"中的"参照平面"工具，移动光标到图中 1 号轴线左侧单击垂直方向上下两点绘制一个垂直参照平面。选择刚绘制的参照平面，使参照平面到 1 号轴线之间距离为 10 米。用同样方法，在 8 号轴线右边 10m、A 号轴线下面 10m、I 号轴线上方 10m，H 号轴线上方 240mm、D 号轴线下方 1100mm 的位置绘制其余 5 个参照平面，如图 16-173 所示。

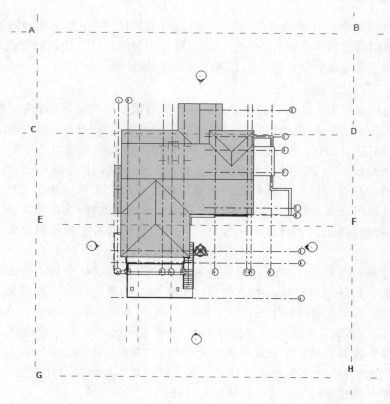

图16-173　绘制 6 个参照平面

(4) 捕捉 6 个参照平面的 8 个交点 A～H，通过创建地形高程点来设计地形表面。选择"体量和场地"选项卡"地形建模"面板中的"地形表面"工具，选择"工具"面板中的"放置点"工具，在选项栏中的"高程"项输入"-450"，按回车键完成高程值的设置。依次单击图 16-173 所示的 A、B、C、D 共 4 个点，即放置了 4 个高程为"-450"的点，并形成了以这 4 个点为端点的高程为"-450"的地形平面。再次修改选项栏中的"高程"值，设为"-3500"，按回车键。依次单击 E、F、G、H 共 4 个点，放置 4 个高程为"-3500"的点，单击"完成表面"按钮。

(5) 选择刚才创建的地形，单击属性面板上"材质"项后面的按钮，打开"材质浏览器"对话框，在左侧材质中添加一种"场地-草"材质，把这种材质的颜色设为绿色，单击"确定"按钮关闭对话框。此时给地形表面添加了草地材质。单击"完成表面"按钮创建地形表面，如图 16-174 所示。

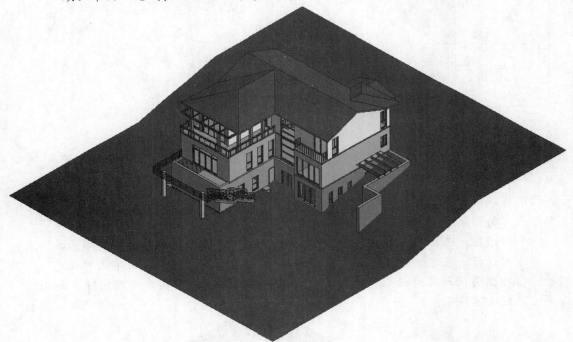

图16-174　创建的地形表面

2. 建筑地坪。

我们已经创建了一个带有简单坡度的地形表面，而建筑的首层地面是水平的，下面将进行建筑地坪的创建。"建筑地坪"工具适用于快速创建水平地面、停车场、水平道路等。建筑地坪可以在"场地"平面中绘制，为了参照地下一层外墙，也可以在"-1F"平面中绘制。

(1) 打开"-1F"平面视图。选择"体量和场地"选项卡"场地建模"面板中的"建筑地坪"工具，选择"绘制"面板中的"直线"工具，在绘图区域开始顺时针绘制建筑地坪轮廓，如图 16-175 所示，必须保证轮廓线闭合。

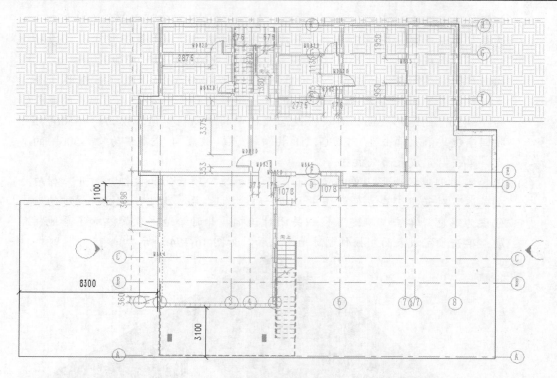

图16-175　地坪轮廓线

提示： 也可根据需要使用"绘制"面板中的"拾取墙"工具，结合"直线"工具，绘制地坪轮廓线，然后使用"修改"面板中的工具将红色线条修剪为闭合轮廓线。

(2) 在属性面板上，"标高"参数设为"-1F-1"。单击"编辑类型"按钮，打开"类型属性"对话框，单击"结构"后的"编辑"按钮，打开"编辑部件"对话框。选中"按类别"选项，单击后面的矩形图标，打开"材质浏览器"对话框，在左侧选择材质"场地-碎石"，颜色设为灰色。依次单击"确定"按钮关闭所有对话框，单击"完成编辑模式"按钮，创建建筑地坪，如图16-176 所示。

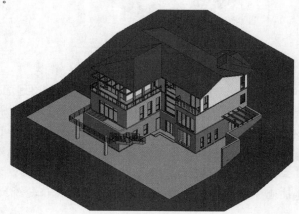

图16-176　创建的地坪

3. 使用"体量和场地"选项卡中的"子面域"工具在地形表面上绘制道路。

"子面域"是在现有地形表面中绘制的区域，例如，可以使用"子面域"工具在地形表面绘制道路或停车场区域。"子面域"工具和"建筑地坪"工具不同，"建筑地坪"工具会创建出单独的水平表面，并剪切地形；创建子面域不会生成单独的地平面，而是在地形表面上圈定了某块可以定义不同属性集（如材质）的表面区域。

(1) 打开"场地"平面视图。选择"体量和场地"选项卡中的"子面域"工具，选择"绘制"面板中的"直线"工具，顺时针绘制图 16-177 所示子面域轮廓。绘制到弧线时，选择"三点画弧"工具，并勾选"半径"选项，将半径值设置为"3400"。

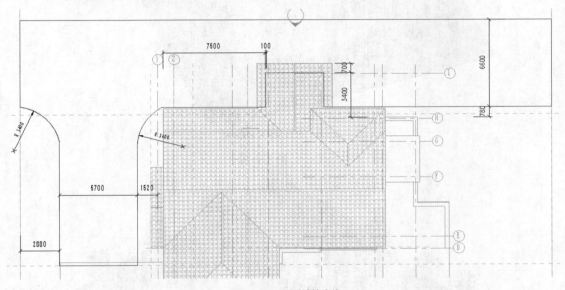

图16-177　子面域轮廓线

注意：子面域是附着于地形表面上的面，其高度走势完全依附于地形表面，因此无须单独设置子面域的标高。

(2) 在属性面板上，选择"材质"项后边的"按类别"选项，然后单击出现的矩形图标，打开"材质浏览器"对话框。在左侧材质中选择"沥青"，单击"确定"按钮关闭对话框。单击"完成编辑模式"按钮完成子面域的绘制，如图 16-178 所示。

4. 有了地形表面和道路，再配上花草、树木、车等场地构件，可以使整个场景更加丰富。场地构件的绘制同样在默认的"场地"视图中完成。打开"场地"平面视图，选择"体量和场地"选项卡的"场地构件"工具，单击"模式"面板中的"载入族"按钮，从族库中找到一个轿车族放置在场地上，再找到若干种树木放置在场地上适当的位置。最后的结果如图 16-179 所示。

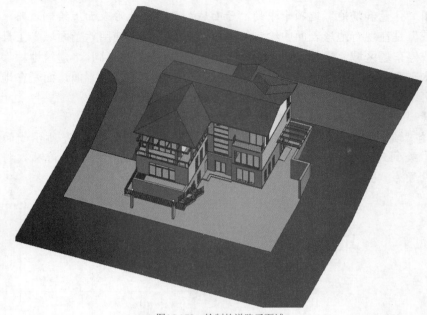

图16-178　绘制的道路子面域

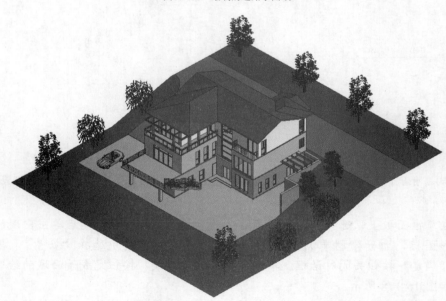

图16-179　最后生成的别墅模型

16.9　小结

　　本章通过一栋别墅建筑的设计，将全书的知识汇总，加以综合运用，帮助读者初步掌握运用 Revit 软件设计建筑的方法和技巧。